U0383722

城市复杂辐射场形成机理及热效应

刘大龙　著

中国建筑工业出版社

图书在版编目（CIP）数据

城市复杂辐射场形成机理及热效应 / 刘大龙著. —
北京：中国建筑工业出版社，2023.10
ISBN 978-7-112-29099-4

Ⅰ.①城…　Ⅱ.①刘…　Ⅲ.①城市环境 – 辐射场 – 热
环境 – 研究　Ⅳ.① X21

中国国家版本馆 CIP 数据核字（2023）第 168231 号

针对当前高度密集的城市空间形态，本书从建筑围合空间、下垫面和建筑表面多角度、多层次构建了城市三维辐射场，分析了辐射场形成机理及热作用过程，提出了城市空间长短波辐射计算模型，提出了辐射场的评价指标及方法，研究了城市辐射场对城市微气候、建筑能耗的影响机制。本书内容共 7 章，包括：绪论、城市辐射场的理论基础、城市辐射场测试及分析、城市中建筑围合空间辐射场、城市下垫面辐射场、建筑表面辐射场、城市三维非对称辐射场及热效应。

本书虽然涉及辐射热理论及相关计算，但推导过程详细，表述方式简单易懂，没有涉及较为晦涩的理论知识，较为系统的论述了城市辐射场形成及热效应的运用，可服务于相关领域读者的知识拓展以及研究者、学生和工程设计人员。

责任编辑：王华月
责任校对：姜小莲

城市复杂辐射场形成机理及热效应
刘大龙　著
*
中国建筑工业出版社出版、发行（北京海淀三里河路 9 号）
各地新华书店、建筑书店经销
北京建筑工业印刷有限公司制版
建工社（河北）印刷有限公司印刷
*
开本：787 毫米 ×1092 毫米　1/16　印张：12¾　字数：256 千字
2023 年 8 月第一版　2023 年 8 月第一次印刷
定价：**79.00** 元
ISBN 978-7-112-29099-4
（41824）
版权所有　翻印必究
如有内容及印装质量问题，请联系本社读者服务中心退换
电话：（010）58337283　QQ：2885381756
（地址：北京海淀三里河路 9 号中国建筑工业出版社 604 室　邮政编码：100037）

前 言

城市是当前地球上越来越多人生存的物质空间，在我国超过 60% 的人口生活于城市中，这个比例还将继续提高。而当更多的人生活于城市，城市的环境问题将变得越来越重要，而热环境是人们在城市中赖以生存的、关联最紧密的核心环境要素之一。因此研究城市热环境的影响因素、形成机理及优化方法成为城市环境中的重要研究课题，也是治理城市环境的关键途径。

本书从辐射热角度探索城市热环境。辐射是自然界中基本的传热方式之一，也是唯一的非接触式传热方式，它的热作用也更为普遍，产生的影响更为重要。太阳辐射就是典型的辐射热，只要物体温度高于绝对零度就能够对外发射长波辐射，进而产生热作用。辐射热对人体具有特殊意义，人体与周围环境的热交换方式有蒸发、呼吸以及辐射等，辐射是人体与环境热交换的最主要方式，所以辐射热是影响人体热感觉的关键要素。综上，辐射热在城市热环境中起着非常重要的作用。

随着我国城镇化进程的不断深化，城市的开发强度不断加大，导致城市的建筑密度、空间结构和下垫面类型显著不同于乡村。城市中建筑群的空间围合度不断增大，围合建筑群中的墙面、屋顶以及路面组成了辐射的吸收面、反射面和发射面，建筑彼此间也产生相互的辐射遮挡，城市中无论是短波辐射或长波辐射均呈现与郊区不同的作用方式和分布规律。而不同材质的硬化下垫面具有不同的热反射、传热、蓄放热特性，也使得城市辐射热作用更加多样、复杂。密集的建筑群、建筑的围合形态和硬化的下垫面等因素共同形成了更多的反射辐射。密集的建筑群显著地增大了城市中太阳辐射的吸收面，而被吸收的辐射热又造成城市中更高的长波辐射强度。所以现代化城市中具有更多样、复杂的辐射场，其对城市热环境的影响机理和热效应不断拨云见日般地去探索与求真。

针对当前高度密集的城市空间形态，本书从建筑围合空间、下垫面和建筑表面多角度、多层次构建了城市三维辐射场，分析了辐射场形成机理及热作用过程，提出了城市空间长短波辐射计算模型，提出了辐射场的评价指标及方法，研究了城市辐射场对城市微气候、建筑能耗的影响机制。本书初步构建了城市建设领域辐射热作用研究的框架，蕴含着相关原理、数据和方法。既论述了城市辐射场的形成机理、影响因素、热交换过程及理论计算模型，又给出了多地实测城市辐射数据，还分析了辐射对城市微气候、对建筑的热作用，对建筑能耗的影响，搭建较为完备的城市辐射热效用研究框架。

本书是国家自然科学基金面上项目“城市室内外耦合热环境中的建筑热工设计（51578439）”，陕西省社发重点研发项目“城市热辐射环境的热作用机理及优化技术研究（2021SF-466）”等多项科研成果的集合，编者的多位研究生对本书的撰写做出了积极的贡献，他们是赵辉辉、杨竞立、贾晓伟、孙恬和文莉娟。在本书的撰写过程中，王国乾、李俐瑶和郜起航付出了辛勤的工作。在此一并感谢。

由于对城市辐射场及热作用的研究还处于起步阶段，相关的认识还存在局限和不足，因此一定存在不合适的想法、不准确的观点，并难免有错误。希望读者不吝赐教，给出建议。希望和大家一起把城市辐射场的相关研究持续、深入地开展下去，并致力于优化我们共同生活的城市人居环境。

目　录

第 1 章 绪论

1.1 研究背景意义

1.1.1 城镇化与城市热环境

从世界范围来看，在过去二十年中，城市人口在不断地增加，从 45% 增加到 54%。据预测，到 2050 年这一指标将增加到 67%。在一些相对发达的地区，如北美、欧洲、澳大利亚、新西兰和日本等，城市人口将会在 2050 年由目前的 78% 提高到 86%。2010 年我国城镇人口首次超过农村人口，进入以城镇为主体的社会。短短几十年间，我国城镇化率由 1949 年的 10.64% 提高到 2022 年的 65.22%。城镇化发展迅速，也将是我国未来的发展方向。

城镇化一词来自英文："Urbanization"，也被译为"城市化"。有学者认为"城镇化"与"城市化"没有本质区别。也有学者认为，两者在经济社会发展水平和现代化程度方面显著不同，小城镇作为城市的初级形态，并不具备完全意义的城市性。目前我国有 8.5 亿城镇常住人口，包括 5 亿多居住在 684 个县级以上城市的市民，又包括 3 亿多居住在 2 万多个建制镇中的居民，城镇人口与城市人口存在区别。还有学者认为：城市化与城镇化是两个不同的概念，指不同的现象。城市化是指人口向城市的集中过程，城镇化是农村人口向县域范围内的城镇集中的过程。无论哪种论点，人口集中从而引起多角度、多方位的集中化发展是两者的共性。本书按照城镇化来表述。城镇化是建立以城市人口为主的市民化社会的主要途径，可以有效拉动经济增长，推动经济发展迈向新阶段。诺贝尔经济学奖得主斯蒂格利茨（Joseph E.Stiglitz）指出：中国城镇化与美国的高科技发展将是深刻影响 21 世纪人类发展的两大主题。

随着快速城镇化，城市范围不断扩张，人口不断增多，建筑越来越密集。城市地表被显著地加以人为改造，同时产生大量的人为排热，对城市生态环境产生严重不利影响，例如城市热岛、大气污染等。被影响的城市生态环境又增加了极端气候事件（高温、洪水等）发生的频率和强度，而这又加剧了城市气候、环境的恶化。城市的这种环境效应循环重复，不断叠加，严重影响了城市的生活质量，危及人体健康。这显然违背了以人为核心的新型城镇化绿色可持续发展的理念，阻碍了新型城镇化的有序推进。《国家新型城镇化规划（2021—2035年）》指出了新型城镇化的核心要素：将生态环境保护重视起来，是建成绿色循环、低碳发展、环境友好城市的前提。因此协调好新型城镇化与城市生态环境之间的关系是推进城市新型城镇化发展的必由之路。

城市热环境是由城市区域（城市覆盖层内）空气温度及相关联参数的分布所形成的集合状态，是与热有关的、可能影响人类生存和发展的所有因素集合。由于城市所处纬度、地形地貌、近地气候条件不同，城市下垫面材料的热特性和空间集合形态存在差异，导致不同城市的热环境存在显著差别。常态下空气以湿空气形式存在，空气的热湿传递过程紧密相关，但因传热应用更为普遍，所以常使用热环境统称热湿环境。当专门研究空气传湿时，可用"湿环境"表达。在城市物理环境中，按照马斯洛需求层级理论，热环境是与居民关系最密切的、最基本的环境需求。相对而言，光环境、声环境所起作用的持续时间，作用强度都比热环境弱。此外，人们对健康的追求也要求具有良好的城市热环境。城市中患咽炎、气管炎等呼吸道疾病的人越来越多，这和城市热环境密切相关。所以，不良的城市热环境实际上是一种"热污染"。城市热环境是城市生态环境建设的重点，而营造良好城市热环境是城市生态化、有序化发展的必要条件，且与城市居民的生活息息相关。

以城市热岛为代表的城市热环境受到广泛关注。城市热岛是指城市中心的温度高于周边，特别是郊区的现象。郊区气温较低，可看作海平面，而城市中心是高温区，如同突出海面的岛屿，这种岛屿代表城市的高温区域，故被形象地称为城市热岛。城市热岛产生的关键原因是城市下垫面的硬化和大量人为排热的集聚，造成气温升高。城市热岛会影响当地的天气条件，对降水、云量、风等都会产生影响。而且受热岛效应的影响，大气污染物在热岛中心聚集，浓度剧增，影响人体健康。城市热岛还增大了建筑的空调制冷能耗，继而引发新的高温灾害。为消除城市热岛效应所产生的负面效应需要付出的经济代价是极为巨大的。因此城镇化造成了比以往任何时候都严重的城市热环境问题。现阶段，城市热环境问题已经不再是单纯的气候环境问题，而是影响城镇化进程和城市生态环境可持续发展的重大问题，是营造宜居、绿色、生态城市必须面对的重大问题。

1.1.2 城市热环境与城市辐射场

辐射热是城市热环境中最主要的热作用方式。辐射传热是自然界基本传热方式之一，也是唯一不需要接触就能够发生的传热方式，因此在传热中热源以非接触形式呈现，所以常常容易被忽视。根据热物理学理论，只要物体的热力学温度大于绝对零度，物体就具备热辐射能力，温度愈高，辐射的能量就愈大，短波成分也愈多。以辐射方式向四周输送的能量称为辐射能，可简称辐射。辐射能是以电磁波方式传输。由于电磁波的传播无需任何介质，所以热辐射是在真空中唯一的传热方式。

太阳辐射是地球最主要的热源，也是城市最主要的热源。太阳辐射波长0.15～4μm，被称为短波辐射；地面、大气间物质（辐射）能量交换的波长4～120μm，被称为长波辐射。在城市能量传输系统中，辐射热不仅通过地面、建筑表面吸收、反射大气短波辐射来实现能量交换，还通过地表长波辐射进行能量转换。太阳辐射是城市能量平衡系统中的关键。由于城市能量平衡的改变而导致的城市热环境改变，被称为城市热环境效应。城市中的辐射热对城市具有显著的热效应，对城市热环境产生至关重要的作用，直接或间接影响着城市气温、湿度和通风等热环境要素。

城镇化导致城市下垫面被硬化，其对太阳辐射的吸收、蓄热效应，显著不同于乡村下垫面。同时城市下垫面形态也变得越来越复杂。下垫面一般具有较大的热容性、较小的反照率以及很小的蒸发和蒸腾量，从而能够更有效地将入射太阳辐射转换为热量并蓄存。城市下垫面的蓄热量大于郊区，而蒸发量和植物的蒸腾消耗热量小，通过湍流输送给空气的显热比郊区大。城市非透水地表显热通量和波文比明显高于植被覆盖地表，导致其向底层大气供热增加，这是城市热岛形成的重要机制之一。由于建筑的高度集中，使城市中形成了无数狭小的、半封闭的或全封闭的围合空间，而围合空间中长、短波辐射，由于受不同尺度、不同朝向建筑立面的遮挡和反射形成有别于传统意义上相对开敞空间内的复杂辐射场。

1.1.3 城市复杂辐射场的形成及特征

城市辐射场是城镇化形成的特殊辐射环境，而城市复杂辐射场是在密集建筑群和城市下垫面共同作用下，由太阳直射辐射、天空长波辐射、地面反射辐射、散射辐射、建筑表面反射辐射等多要素形成的复杂化城市辐射场。城市建筑密度、城市的空间布局要比开敞的郊区环境复杂很多。相互围合的墙面、屋顶以及路面组成了辐射的发射面和反射面，彼此间也存在相互的遮挡关系，城市中无论是短波辐射或长波辐射均呈现与郊区不同的分布规律和形态。硬化的下垫面、密集的建筑群、建筑的围合空间形成了更多的反射辐射。密集的建筑群显著地增大了城市中太阳辐射的吸收面，造成城市中的长波辐射强度更大。而不同材质下垫面具有不同的热反射、传热、蓄放热特性，也复杂了城市的辐射热作用。

在城市中，复杂的辐射场无时无刻不存在着。白天由于太阳的运行，短波辐射在城市上空的大气穿过，照射建筑物、下垫面，城市表面间存在多次的反射和吸收。在夜晚没有了太阳的短波辐射，只有大气、建筑表面以及下垫面的长波辐射。通过昼夜间的短波与长波在建筑围合空间与下垫面间的相互作用过程，产生了与郊区开敞空间完全不同的辐射环境，形成了复杂的城市辐射场，如图 1-1 所示。

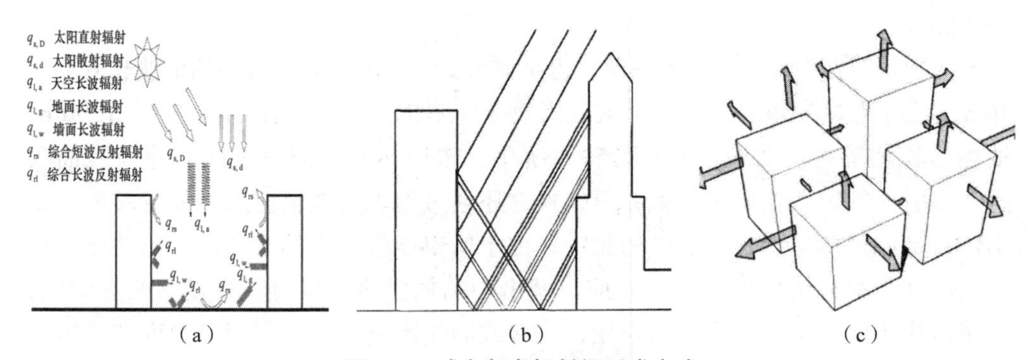

图 1-1 城市复杂辐射场形成方式

（a）建筑围合空间的辐射分量；（b）多次的反射辐射；（c）建筑发射的长波辐射

在白天，短波辐射和长波辐射是同时发生的，短波辐射强度随着时间的变化，为围合空间内各个表面的温度带来时空上不同的扰动，由于各个表面的温度不均衡则使长波辐射强度又产生了时空上的差异。在时间上，各表面的长波辐射随表面的温度变化而变化；在空间上，由于不同朝向的建筑表面受短波辐射加热而存在不同的温度，因此对于围合空间不同朝向的建筑表面，其长波辐射强度也将呈现较大的差异。

到了夜晚，只有长波辐射，城市建筑围合空间中辐射热主要体现为长波辐射的热作用。建筑表面和下垫面将白天吸收而蓄存的热量，一部分通过热传导传向室内，一部分通过对流进入空气，其余部分则通过长波辐射的形式传递到周围建筑的各个表面。由于空间的围合使得建筑各个表面间的辐射角系数发生变化，同时建筑各个朝向的表面温度并不相同，加之天空这一非长波辐射反射面减小，建筑各表面的长波辐射则在周围的各个表面上发生反射，这便使得长波反射辐射的量化因白天短波辐射强度的变化而变得相对复杂。于是在白天，因为太阳辐射的存在导致围合空间的辐射场强度在时空上的差异性变得更加明显；在夜晚，各表面间的长波辐射则可减弱各个表面间存在的温度差异。

综上分析，城市辐射场具有如下特征：

1）辐射场的组成成分复杂多样，有短波辐射、长波辐射；有直射辐射、散射辐射，还有反射辐射。不同辐射类型的强度，作用方式都有不同。

2）硬化的下垫面、密集的建筑群、建筑的围合空间形成了更多的反射辐射。既有太阳短波辐射的反射，也有长波的反射；既有下垫面、建筑表面间的多次反射，还有建筑之间的多次反射。

3）密集的建筑群，特别是高层建筑，显著地增大了城市中太阳辐射的吸收面，造成城市中的长波辐射强度更高。

4）下垫面是城市中一个主要的太阳辐射作用体，下垫面的多样性使得城市辐射场具有显著的多样性、复杂性。城市中下垫面形式多样：混凝土路面、沥青路面、石材路面、铺砖路面、绿化场地、水体等，不同材质下垫面具有不同的热反射、传热、蓄放热特性。

5）太阳辐射的周期性变化产生了气候的季节性，这种太阳辐射的变化使得辐射场具有典型的动态性，这种辐射动态性主导了微气候的变化规律。

具备上述特征的城市辐射场具有显著的多样性、动态性和复杂性，因此称其为城市复杂辐射场。

1.1.4 城市复杂辐射场的研究意义

在全球气候变暖和高速城镇化的双重背景下，城市热环境日渐恶化已成为现代城市发展的突出问题。气候变暖将导致适宜气候条件发生快速的地理偏移。同时我国仍处在发展中国家队列，城镇化是发展的必然。这两个严峻的问题将使得城市热环境的发展面临更大的压力。城市热环境关系人居环境质量和居民健康安全，还对城市能源和水资源消耗、生态系统过程演变以及城市经济可持续发展有着深远的影响。健康、舒适的城市热环境发展需求与日益严峻的环境现状间的矛盾日益突出。城市热环境研究具有重大的时代意义和战略地位。

城市热环境是个有机的系统，组成要素多样且具有复杂的相互关系。除对其整体分析外，还应深入分析其关键组成要素，而辐射热环境是决定城市热环境的关键要素。在地表能量平衡方程中，辐射热是最重要的自然热源。之前研究是从影响因素角度来研究辐射热作用，而不是从组成元素角度来研究。在城市系统的能量交换过程中，辐射也是最重要的热量传递方式。此外，辐射热是对人体热感觉起关键作用的传热方式。对辐射热环境的研究有助于深化、完善城市热环境的理论基础，及治理技术的发展。

辐射热效应与红外遥感技术密切相关。卫星载遥传感器可以直接获取城市地物的热辐射信息，进而通过反演算法计算地表温度。城市地表层温度与人体的健康和冷暖感受密切相关，是解释城市热环境形成的重要参数，也是当前城市热环境研究的核心内容之一。星载传感器接收到的热辐射强度与地表热辐射强度差异较大，是造成目前地表温度反演算法误差较大的主要原因。因此研究地表的辐射热特性，有助于提高红外遥感测量的准确度。此外，城市典型地物的热辐射特性研究对于分析城市热岛现象的成因和分布具有重要意义。

之前，城市热环境研究中对辐射热作用主要是从城市气候系统整体的能量收支平衡角度去分析和量化。地表辐射平衡参数化模块（Net All-Wave Radiation Prarameterization, NARP）在城市能量平衡方程中，表达了城市气候系统获得的净辐射量。且对城市辐射热效应的研究更多是通过大气、地面的气候系统，在宏观层面上以上行辐射、下行辐射的角度进行研究。缺少在局地微气候中辐射对空气、对人热感觉以及建筑与地面之间的辐射热交换等方面开展系统研究，不便于通过对辐射热的改造来指导城市热环境建设。

综上所述，有必要系统地开展城市辐射场形成机理及其环境热效应研究，剖析城镇化对辐射场的复杂作用机制，分析复杂辐射场热作用过程，建立辐射热环境评价方法，提出辐射热环境的治理和优化措施，为“健康、绿色、宜居”的城市环境建设奠定基础。

1.2 城市辐射场研究现状

1.2.1 辐射场影响因素

Wu Z 等人通过研究发现下垫面、建筑表面材质以及天气状况都会影响建筑表面辐射场，进而影响城市辐射场。人工建筑物和非透水下垫面替代了自然下垫面。下垫面材质的变化，使得下垫面对太阳短波辐射的吸收，反射和发射的长波辐射发生改变。人工下垫面（如沥青、混凝土等不透水下垫面）表面吸收率更高，下垫面吸收了大量的太阳辐射使得地表温度升高。

1. 下垫面的材质

通过总结现有相关研究发现下垫面辐射场的影响因素主要有下垫面反射率、长波发射率、下垫面材质的导热系数、比热容、初始湿度。

下垫面材料的热反射率是指下垫面反射的太阳辐射占总太阳辐射的百分比。下垫面反射率越高，下垫面吸收的太阳辐射越小。Ferrari A 等指出城市的低反射率导致城市温度的升高，结果表明，结合使用高反射率和透水人行道有助于降低城市地表温度，提高城市地区的舒适度，缓解城市热岛。L.Doulos 对路面材质做了更细化的研究，他测试了 93 种室外路面材料的热物性相关参数后发现，材料的热平衡由材料反射率和发射率共同决定；由于材料发射率均接近 0.9，所以不同材料表面温度的差异主要由其自身反射率的不同引起。并且作者认为路面材料的热反射率主要受材料颜色、纹理和热物性参数的影响，即粗糙、黑暗的路面比光滑、明亮、平整的路面更易吸收太阳辐射。Santamouris M 等人利用 CFD 软件模拟了在相同条件下铺筑热反射铺面前后室外热环境的变化情况。结果表明：同等条件下，热反射材料铺筑后，公园气温降低了 1.9K，而路表面温度则降低了 12K 之多。同时，在大风天气下，铺面与近地之间的太阳辐射作用减小，对流换热起主导作用。Santamouris M 通过总结国内外相关文献认为，若将一个城市的所有不透水性铺面的反射率提高 0.1，则平均的空气温度将会降低 0.3K，最高空气温度将会降低 0.9K。然而，若将一个城市的所有建筑物屋顶面的反射率提高 0.1，则平均的空气温度将会降低 0.1～0.33K。Sailor 在分析城市反射率的增加对城市热岛的影响时发现，如果反射率增加 0.14 则可以使夏季高温降低 1.5℃。张新等人在对比沥青路面和草地，沥青路面一天的热辐射量是草地的 10.7 倍。特别是在热岛强度较为明显的夜间，草地不但不会向大气辐射热量，还可以吸收大气热量，而沥青路面则从 18 : 00 到次日的 6 : 00 都会向大气辐射热量，其辐射量占一天总辐射量的 1/3。林波荣基于大量的实测数据，分析了不同绿化措施对室外近地热环境的影响及特点；并通过数值计算，研究了下垫层反射率、蒸发率等参数对夏季室外近地热环境的影响，认为在建筑物密集区内，单纯靠提高下垫层反射率不一定能改善室外近地热环境。

刘大龙等人采用 ENVI-met 模拟了下垫面与城市辐射场之间的关系，研究下垫面反射比、导热系数、建筑围合度对辐射场的影响，研究发现下垫面的热物性参数对城市辐射场的影响显著，长波辐射发射率大的下垫面对微气候的影响显著。Cui Y P 采用 NAPP 城市净辐射参数化方案模拟了林地、草地、道路、屋顶 4 种不同下垫面的辐射差异，结果表明，NAPP 模拟的净辐射值与实测净辐射值具有较好的一致性，相关系数为 0.98，模拟效率可达 0.93。不同下垫面对辐射的影响不同，其中下垫面发射的长波辐射占全年进入地表总辐射能量的 84.3%，草地下垫面的净辐射最小，道路表面的净辐射最大。L.Doulos 等人研究发现，常用的下垫面材料的长波发射率在 0.9 左右。

材料的导热系数表征其传递热量的能力。相关研究表明：当路面采用导热系数的材料时，路面在吸收太阳能之后，地表很快就达到较高的温度，而路表以下部分接受到的热量会很低，这样虽然可以有效降低路面内的温度。但是，这也会导致路表吸收的能量不能很快地被基层、土基吸收，路面会将多余的热能释放进近地大气。因此，当需要降低路面内温度时，可采用较低导热系数的材料；当需要降低近地空气温度时，路面需采用热传导系数较高的材料。

比热容的大小决定了路面在特定温度下吸收和存储热量的多少。人工铺面相对于裸地、草地等自然铺面来说，可以存储较多的太阳能。Christen A 等人通过对欧洲某地的研究表明：在晴朗的白天期间，人工铺面存储的热量是自然铺面的 2 倍以上。史一丛在研究初始土壤水分异常对气候模拟的影响中指出，较低的初始土壤湿度场能够明显改变区域的地表能量平衡，引起地表净长波辐射和感热通量的显著增加，进而加强了地表对大气的加热。

2. 建筑对于城市辐射场的影响

在建筑表面热物性参数对城市辐射热环境的关系研究中，对城市辐射场的影响因素有：建筑表面材质的太阳辐射吸收系数、长波的发射率，建筑形体以及建筑空间布局。

在当前建筑表面材料的选择和设计过程中，设计师希望通过被动技术改变建筑周围热环境和降低建筑能耗，对于建筑表面主要可以利用的可再生能源是太阳能，对建筑表面辐射环境的优化就是其中最关键的一部分。对于寒冷地区，在冬季水平接收到的太阳辐射强度仅次于南向墙面，在夏季也远高于垂直表面，对夏季隔热冬季蓄热的南向墙面进行研究是非常合适的选择。首先对饰面层的研究起源于屋面和室内环境。在之前的研究中，更多是从建筑能耗的影响方面对建筑表面进行研究。王磊发现提高南墙的热工性能，会使得白天太阳辐射作用下围护结构得热量减少，但夜间的失热量也同样减少。商萍君通过对太阳辐射作用下的建筑外墙表面材料隔热性能、颜色以及反射率的不同组合，研究了其对建筑能耗的影响规律。

1）建筑表面材质对辐射场的影响

徐斌利用 Building Energy 软件，研究了建筑外表面太阳吸收率、长波发射率对建筑能耗及室内热环境的影响规律，对不同气候分区的典型性城市进行分析并评估年周期的能耗，研究发现不同地区采用适宜的围护结构方式以达到最大限度的节能效果。冉茂宇等采用典型气象年的气候数据，通过计算模型计算分析墙体表面热物性参数长波发射率和短波吸收率对室外综合温度的影响，结果表明：短波辐射对室外热环境的影响更大，长波较小。在对建筑不同朝向表面材质与周围环境的差异性研究方面，王夕伟基于太阳辐射建筑墙体朝向及外表面吸收率对延迟时间和衰减系数的影响，根据实测数据采用有限差分方法进行编程，得出不同外表面吸收率情况下不同朝向建筑墙体的延迟和衰减系数，结果显示随着吸收率的增大，差异也更为显著，其中差异最大的出现在建筑西边，为建筑外墙表面选定合适的材质提供策略，从而达到节能的目的。还有学者研究了建筑墙体表面材质在不同方向上的辐射场差异，Murshed S M 等人在评估三维城市模型不同表面的逐时太阳辐射照度，采用两种不同的算法计算水平和垂直的太阳辐射强度，并对算法进行验证。结果显示：太阳辐射照度在水平、垂直和倾斜表面上都有显著的变化，为量化太阳辐射提供依据。李英分别于冬夏两季在北京找了几处具有代表性的建筑空间环境，包括城市居住小区、高校园区以及实验综合楼等，进行多次外墙面材料的温度场测试，分析不同的墙面材料性质，包括颜色、材质以及粗糙度等对建筑壁面温度的影响，并结合软件模拟，研究了建筑外表面发射率和太阳辐射反射率等系数对建筑能耗的影响。Hoelscher M T 通过实测法研究量化建筑立面绿化冷却效果，分析植被遮盖对太阳辐射热作用和长波辐射的效果影响。在德国柏林的夏季三个建筑立面上进行实测，研究发现：有植物的外墙面，不仅使得建筑里面接收的太阳辐射减少，使得墙体表面温度降低，也减少夜间的长波辐射。

建筑外饰面材料厚度有限，因此，很少有人在对建筑热工进行研究时，对建筑外饰面材料进行深入研究。影响外饰面材料热工性能的参数主要是太阳辐射吸收系数和长波发射率，这两个辐射相关参数与材料的颜色、粗糙度、材质等表观特性有关。目前的研究多以涂料来设置研究建筑外饰面层的变量与太阳辐射吸收系数的关系。

2）建筑形体以及外部空间布局

李彤以建筑的形态学为视角结合不同的能耗软件，模拟了不同建筑形态与太阳辐射之间的得失关系，并结合不同地区的气候特点提出在不同地区最适宜的建筑形态和建筑布局模式，从而总结基于太阳辐射的建筑形体生成方法。从建筑空间布局的角度来分析，梁永福较多地考虑了围合空间太阳辐射热效应，并以华南地区夏季（炎热晴朗且微风）作为气象背景，对广州地区典型住宅小区热辐射环境进行模拟研究，同时考虑不同建筑密度和铺面反射率下的小区热辐射环境对城市局地微气候的影响。他认为对于建筑密度大的小区，太阳辐射进入小区后并不容易逃出狭窄的街道，而是在铺面和墙面之间不断被吸收和反射，造成辐射陷阱效应，热辐射就像被困在这个狭窄的街道陷阱里边不能逃出去，从而导致整个小区内的高温状况。因此建议在用地不太紧张或者建筑布局形式固定的情况下，适当地减小建筑密度，以改善小区的热辐射环境和风环境，而在建筑密集且空气流动性差的地方，可以选择反射率较低的铺面材料，以利于降低室外的空气温度。区燕琼通过用 Fluent 软件模拟的方法，对不同建筑密度、容积率小区的温度场分布进行研究，认为在建筑容积率不变的前提下，建筑密度越高，室外空气平均温度和建筑壁面温度越高，而在建筑密度 20% 和 40% 的情况下，空气平均温度随着建筑容积率的增大而增大，在建筑密度 30% 的情况下，空气平均温度随着建筑容积率的增大而下降。赵辉辉以空间辐射角系数计算模型为基础，通过研究发现：建筑空间的围合对建筑外表面长波投射辐射强度有显著的增加效果，建筑围合空间的楼层越高或建筑之间的间距越小，都将增大空间内建筑外表面上的长波发射辐射强度。也有学者通过增加建筑表面绿化来降低建筑立面对太阳辐射的吸收，改善建筑表面辐射场。

1.2.2 辐射场量化研究方法

城市辐射场是城市中长短波辐射的集合。太阳辐射是城市辐射场能量的主要来源。在城市空间中，人工下垫面的面积不断增大、密集的建筑群使得城市空间中的直射辐射、散射辐射，反射辐射，以及下垫面和建筑表面发射的长波辐射相互交织，构成城市辐射场。目前对于城市辐射场的量化研究方法主要有地面观测、空中观测、遥感观测、计算模型软件模拟等方法。

1. 地面观测法

Ferreira M J 等人根据 2004 年在圣保罗市现场测试，分析测试上空辐射平衡的变化。结果表明：下垫面有效反射率为 0.08～0.10；大气有效发射率为 0.79～

0.92；下垫面有效发射率近似保持不变，等于0.96。通过辐射特性分析表明，圣保罗市区产生热岛最大强度的季节性变化主要取决于太阳辐射值的变化。贾晓伟利用西安和包头的实测数据，分析不同下垫面上方的短波反射辐射和长波辐射强度。研究发现：沥青下垫面上方反射辐射强度最小，铺面砖和混凝土下垫面上方的反射辐射强度差异不明显。3种不同人工下垫面上方长波辐射强度，均要大于草地下垫面上方长波辐射强度。王成刚等利用南京2005年夏季与2006年冬季的城市边界层外场观测资料，采用辐射平衡模型初步分析水泥下垫面的辐射特性，结果表明冬夏两季水泥下垫面的净辐射量白天差异大，通常为100W/m^{2}左右，且夜间净辐射量为负值，夏季夜间净辐射量对地表和大气的冷却作用小于冬季。李宏毅等人利用林芝地区草地下垫面的野外试验站点观测资料，分析草地下垫面的近地层基本气象要素、湍流通量和辐射平衡各分量的变化特征与各个变量之间的相互关系，对比分析它们在典型晴天和阴天条件下的差异。通过典型晴天和阴天的分析结果表明，晴天条件下各变量的日变化均比阴天条件下剧烈；在白天，显热和潜热在典型晴天的值均大于典型阴天天气下的值，除向下长波辐射外，其他地表辐射分量在晴天条件下的值远大于阴天的值；在夜间，晴天的向上长波辐射、净辐射和土壤热通量小于阴天的值。Ganlin Z利用实测数据分析不同下垫面地表能量通量变化特征，通过分析发现，相对于向下短波辐射和向下长波辐射，不同下垫面反射短波辐射和发射长波辐射差异更加明显。

2. 空中观测法

Li Z，Zhao等人对光伏电站下垫面和天然戈壁的地表辐射进行了对比研究，研究发现：无论在白天还是夜间，光伏站点的净辐射大于天然戈壁下垫面，这是由于白天光伏站点下垫面反射的短波辐射以及发射的长波辐射低于天然戈壁下垫面。光伏站点下垫面平均净辐射比天然戈壁下垫面高30.7%，夜间向上短波辐射减少，净辐射增加23%；夜间向上长波辐射减少，净辐射增加7.7%。Makshtas A基于“Ice base Cape Baranova”气象站，计算了2013～2019年所观测的气象数据中地表能量收支的组成部分，研究结果表明：在冬季，由于辐射冷却作用，感热通量直接进入下垫面。在夏季，反照率低的下垫面，以辐射换热的方式通过感热直接加热大气，并达到短波辐射入射量的25%。在冬季，潜热通量（LE）直接进入大气，它的值不超过感热通量（H）的10%。杨佳希等人利用2015年7～10月份敦煌地区稀疏植被下垫面地表分光辐射观测资料，分析该地区地表分光辐射及其地表反照率的变化特征。结果表明：由于季节变化，地表长波辐射及分光辐射均呈下降趋势，地表发射的长波辐射始终大于大气长波辐射。向下和向上分光辐射的变化受到天气状况的影响较大，波动较剧烈，可能与当天的云量和降雨过程有关。地表接收的总辐射、近红外以及可见光辐射的日平均强度，随着天气变化的波动一致。

3. 遥感观测法

Chi Q 利用 MODIS 遥感数据和能量平衡算法，分析 2000～2015 年黄河流域土地利用与地表热效应的关系，对比分析人类活动影响下不同土地利用类型的能量收支差异。结果表明：随着人类活动强度的增加，地表净能量吸收呈上升趋势。净辐射对地表能量吸收的影响大于潜热通量，这种关系在受人类活动影响较大的土地利用类型中更为明显。郭建茂等人利用 LANDSAT-7ETM ＋卫星遥感资料和宁夏南部及周边区域 22 个气象站气象观测资料，求得地表特征参数中 NDVI、地表反射率、地表温度和地表辐射平衡各量中地表短波吸收辐射、地表长波辐射区域、大气逆辐射、净辐射的区域分布和分布直方图，将地表分成 5 类，分类别讨论各量分布特征。主要研究结果表明：植被的分布，在相当程度上影响了辐射平衡各量和地表特征参数的分布。

4. 计算模型软件模拟

赵辉辉以空间辐射角系数计算模型为基础，分析短波辐射在建筑围合空间中各表面间的相互遮挡关系以及长波辐射在各个表面间彼此的发射和反射关系。李国栋以热力学和动力学为理论基础的 AUSSSM 耦合模型（建筑 - 城市 - 土壤同步仿真模型），模拟城市冠层向下的太阳短波辐射、地面反射的短波辐射、大气长波辐射、地面长波辐射、净辐射的分配状况。研究表明：在一天之中，除大气长波逆辐射变幅较平缓，其他各分量在一天中总体都呈单峰型的变化趋势。夜间大气长波逆辐射变化较为平稳，地面长波辐射随着地面温度的降低出现较小幅度的递减；净辐射在整个夜间都是负值，系统能量是亏损的；但夜间净辐射较小且变化稳定，白天净辐射较大，一日中整个城市冠层系统能量出现盈余。也有学者通过建立理论模型以及软件模拟来研究不同下垫面对辐射场的影响。Cueto R G 等人通过测试沥青、混凝土、白色弹性体涂料聚苯乙烯（PPEB）、黏土和草坪 5 种不同表面，分析墨西哥北部一个干旱城市不同地表类型的辐射平衡，并根据测试数据初步建立净辐射与入射太阳辐射和净短波辐射的关系计算模型。结果表明：在 24h 周期内，净辐射平均值最高的是沥青（146.1W/m^2），最低的是 PPEB（33.6W/m^2），沥青能够储存太阳短波辐射。而 PPEB 反射更多的太阳辐射（约 70%），它产生较少的感热来温暖周围环境，这可以有效缓解城市热岛和节省建筑能源的消耗。通过实测数据和计算数据对比，发现两个采用计算模型的净辐射，估算结果准确度均大于 0.97。国内学者刘京等人，在对上海办公楼群建筑与城市微气候的耦合模拟研究中，使用 AUSSSM 模型量化分析城市中建筑周围辐射热作用效果。曾利悦通过城市地表能量平衡模拟，使用建筑热网络模型，建立建筑能耗与建筑排热模型、建筑围护结构与室外热环境的长短波辐射模拟和城市地表能量模型之间的动态耦合模型，研究城市微气候与建筑能耗的相互耦合关系，以夏热冬冷地区重庆为典型城市的模拟结果分析建筑表面长短波辐射交换和地表温度之间的耦合影响。刘登伦在其论文中，对城市热岛预测软件 DUTE 的理论核心，以 CTTC 系列模型中的 STTC 模型为主要研究对象分析其计算方法，基于传热学原理对 CTTC 模型进行改进，选择华南理工大学某建筑围护结构进行实验验证计算值和实测值之间的差异分析，对 CTTC 模型在湿热地区进行适应性研究。结果显示：净长波辐射不同计算方法结果的差值并不显著，当半围合式庭院、围合式庭院平均误差要求分别在 1.2℃、0.5℃以内时，CTTC 模型更为适用。

Miller 等使用 City Sim 和 Energy Plus 联合模拟来解决 Energy Plus 在模拟室外墙体长波辐射考虑过于简单的问题。Vallati 等使用 BES 来分析相邻建筑物之间长短波的多次反射而产生的热作用。Song 等通过现场测试，验证了 ENVI-met 在模拟室外空间净辐射通量及地表温度的准确性。Matzarakis A 等采用实测数据验证了 Ray Man 在三维环境下，对于短波和长波辐射通量的模拟，发现总辐射量和平均辐射温度与实测值具有很好的相似性。Lindberg 等指出 SOLWEIG 能够计算大尺度室外空间，在不同时刻的辐射通量和平均辐射温度变化规律。刘大龙通过对比 ENVI-met、Ray Man、SOLWEIG 模拟软件，发现 ENVI-met 更适合城市下垫面辐射场方面的研究。

1.2.3 辐射场热效应

1. 辐射场对人体的影响

辐射场主要影响人体的热舒适以及人体健康，人体热舒适主要受到太阳直射辐射、周围环境热辐射、空气温度、地表温度的影响，而太阳辐射影响周围环境的热辐射、空气温度、地表温度，进而影响人体热舒适。

太阳辐射对人体有生物方面的影响，也有热辐射方面的影响。人体受到紫外线的影响，可有助于人体预防佝偻病，但也会使皮肤晒伤；而热的影响则是由可见光及红外线引起的。人体在户外环境中受到太阳直射辐射的影响，皮肤会被直接加热，使皮肤温度升高，入射的短波辐射直接影响了人体的能量收支。皇甫昊通过对太阳辐射强度与人体热感觉关系的研究，发现由于人们在低温环境下自身热量散失较快；为保持自身热量平衡，需要从外界环境获取热量或者抑制自身热量散失；因此在冬季太阳辐射增强，可以显著提高人体热感觉。可通过太阳辐射作用增加人体皮肤或服装表面的蓄热量，使人体获得所需的“暖”感而重新回到热平衡，这种动态变化可能会对人体主观评判造成一定影响，从而导致冬季人体热感觉对太阳辐射更为敏感。

2. 辐射场对下垫面热环境的影响

辐射场对环境参数的影响主要集中在下垫面地表温度、空气温度、空气相对湿度的影响。刘大龙等人采用 ENVI-met 模拟了下垫面与城市辐射场之间的关系，研究发现辐射场对气温的影响大于对相对湿度的影响。Akshay K N M 对班加罗尔城市上空入射的短波辐射和城市发射的长波辐射进行了为期一年连续监测，采用测试数据分析辐射平衡组成部分对空气温度的贡献，结果发现：空气温度主要由白天的太阳辐射和长波辐射引起，而夜间只有长波辐射引起空气温度的变化。Wang J 采用 Weather Research and Forecasting model（WRF）模式耦合单层冠层模式，模拟了中国城市化对区域气候的影响。研究发现：城市化使得天空中云量减少，市区太阳入射短波辐射的增加，会使城市近地气温升高约 1℃。Yuan X 等人将基于卫星的植被覆盖度和地表粗糙长度纳入 CoLM 模型中，并进一步评估它们对中国草地和林区模拟能量通量和相关地表温度的影响。结果表明：原始 CoLM 模型明显高估草地和森林的年平均地表温度。季节变化方面，修正后的模式对夏季地表温度的模拟效果明显优于冬季。在中国草地和森林植被覆盖度改进方案中，吸收的短波辐射对地表温度模拟起主导作用。然而，改进表面粗糙度的方案对草地和森林的能量分配影响不同。草地感热通量增加对地表温度降低的贡献最大，而林区潜热通量增加对地表温度降低的贡献最大。Yi L 等人以沥青、水泥、透水砖和草坪为研究对象。基于传热和流体力学理论，建立了太阳辐射模型和降雨对流模型，分析不同气象条件下城市下垫面热辐射、热传导和热对流的传热过程，并采用数值模拟技术，计算不同下垫面的温度，分析不同下垫面温度变化。结果表明：无降雨时，沥青、水泥、透水砖下垫面地表温度高于气温，对城市近地表气温有正向影响，其中，沥青平均地表温度最高，水泥次之，草坪最低。太阳辐射作用下不透水硬下垫面温度高于透水下垫面温度，对热环境影响较大。

3. 辐射场对建筑的影响

建筑热工理论中建筑表面辐射换热量不小于 50%，占三种传热方式的最大一部分，辐射不同于导热和对流，不依靠物体的接触传递热量，凡是表面温度高于绝对零度，都可以发射辐射热。在当前的研究中，很少有考虑到周围表面对建筑表面的辐射热影响。在工程计算中，在对围护结构的能耗进行计算时，一般不计算墙体表面饰面层，是因为饰面层太薄，热阻很小，几乎看不出对热工的影响。但在实际生活中，室内外的热量传递都需要经过外饰面层传递，建筑表面与外环境的热量交换，主要是与太阳辐射作用下的辐射场进行热量传递，且与外饰面的颜色、粗糙度、相对位置等因素密切相关。因此建筑的饰面层选择，对建筑外墙热工性能和建筑物的保温节能以及室外热环境的影响，需要详细研究。

辐射换热是建筑间以及建筑与室外环境间的主要换热方式。围护结构通过建筑外饰面与外界环境进行辐射热交换，利用外饰面材料的不同辐射特性来减弱外界气候的不利影响，如炎热地区外饰面采用浅色的材料来减弱太阳辐射热的吸收，可以更好地防热。寒冷地区太阳能建筑外表面可以采用较深色的材料加强对太阳辐射热的吸收，增加建筑围护结构的得热量，以给室内传递热量。在影响外饰面材料热工性能的因素中，主要有颜色、粗糙度、材质等，会造成材料吸收率和发射率不同，对建筑围护结构表面辐射场产生不同的热影响。

美国能源部研究指出改善夏季城市热环境、减少空调耗能的措施主要有两种，其中之一就是使建筑物外表面和路面的颜色浅化。国内外学者多集中于高反照率材料屋顶的节能研究。H・Akbari 对一个 3m×4.9m×3m 的建筑物进行研究，指出屋顶反照率提高到 0.46，每天电能可节约 33Wh/m^2，每年节能 8.4kWh/m^2，节能效果显著。Bansal N K 还提出夏季改变建筑表面颜色，可以有效降低建筑物表面温度和改善室内热环境。建筑墙体材料，在整个微气候环境中的吸热、释热性能是影响城市微气候热环境的一个重要因素。

辐射场对建筑的影响主要集中在对建筑围护结构表面温度、室内热环境、建筑能耗、建筑遮阳形式等的影响。在模型计算研究上，Terjung 在研究建筑之间的热交换模型，将城市街谷作为研究对象，在理想状况下推导出表面温度预测模型，来评价城市微气候环境建筑之间以及城市能耗负荷的关系。Kobayashi 和 Takamura 以小型的建筑群为研究对象，采用蒙特卡洛射线追踪的方法，来模拟从建筑群表面发射出来的长波辐射量。由于城市植被的大量存在，其对城市下垫面或建筑表面接收到的太阳辐射与计算值之间存在很大的差异性影响，外界环境对辐射的测量产生很大的干扰，对此 Asawa 等人有较好的方法，通过光线追踪法对其进行简化。蒋福建在夏日晴天情况下，对某建筑上的翻板－围护结构系统表面温度分布情况进行实测，结果显示：翻板表面由于内外受热不均，内外侧表面存在一定的温差。在所测立面能够接收到被太阳直射辐射后，翻板表面的温度比周围围护结构表面的温度要高，最高达到 10℃左右；在对有无翻板设置的围护结构表面温度进行分析时，白天有设置的围护结构表面温度要高于没有设置的，也会很明显地影响围护结构外表面的对流换热和长波辐射换热。建立以上海为对象用于描述遮阳翻板 - 围护结构系统与周边环境间关系的二维简化模型，并用于之后的研究中。BlancoI 等人研究利用绿化的技术手段去减少室内能耗，通过研究发现对室内热环境影响的因素，主要是建筑围护结构的热物性参数、室外微气候和城市局部辐射热作用。吕明等人以广州、上海、北京、沈阳 4 个城市的气候数据代表我国东部 4 种典型建筑气候区域，分析区域气候条件、建筑围护结构表面辐射特性与建筑能耗的关系。研究发现：建筑外表面辐射强度的变化会影响建筑围护结构的温度，进而对建筑能耗带来显著的影响。

Allegrini 结合 Perez 的 AllWeather 模型以及 Robinson 的 Simple Radio-sity Algorithm 模型，分别建立多排街谷建筑的普通模型，并与单栋建筑进行对比，地面材料分为草地和沥青两种，然后模拟不同工况下建筑全年的制冷能耗。发现了一些对建筑制冷能耗有明显作用的变化参数，分别为下垫面的材性、周围建筑表面的材性、建筑的主要朝向、街谷的高宽比以及遮阳装置的控制策略。另外还发现一个与直觉相悖的结论，即相对于单栋建筑的北立面，在街谷中接收太阳辐射最少的建筑北立面会使建筑制冷能耗增加；这是因为在街谷中，周围建筑南立面大部分时段的遮阳策略，使太阳辐射被反射到北立面所致。

1.3 本书的主要内容

本书基于对城市辐射热效应重要性的认知，从理论、数据、方法和应用等多角度系统开展城市辐射场及热效应的论述。从太阳辐射强度、辐射角系数、建筑辐射传热等方面完善了城市辐射场计算理论与方法。提供了多座城市辐射及相关环境参数的实测数据。从建筑空间布局、下垫面、建筑表面等多方位，论述城市辐射场的形成机理、热作用过程，分析城市辐射场的复杂性，给出长短波辐射的计算模型和辐射热作用的评价指标与方法，研究辐射热作用对城市微气候、建筑传热及能耗的影响。本书构建了城市建设领域辐射热作用研究的系统框架。

从内容逻辑上，本书涵盖基础理论、基础数据和应用分析三类内容，具体如下：

基础理论：以太阳辐射强度计算理论为基础，研究我国太阳辐射直散分离模式的地域性特征，提出适宜辐射计算模型的选取方法；依据角系数理论，提出围合空间建筑表面间基于视野因子的辐射角系数计算方法；以热物理学为基础，提出城市建筑围合环境中的短波、长波辐射计算模型。基于城市辐射场形成过程分析，提出城市三维非对称辐射场相关概念及特征。

基础数据：详尽论述城市辐射测试原理、方法、被测参数及仪器，给出我国10余座城市的太阳短波、长波实测一手数据，以及辐射作用下城市微气候中气温、相对湿度、风速，辐射热作用下墙体传热中的壁面温度、室内外空气温度、墙体热流等众多实测数据。

应用分析：给出具有地域性特征的太阳辐射直散分离模式选取方法，提供有效的辐射计算途径；采用实测方法对三款城市辐射计算软件进行可靠性验证，分析各款软件的适用条件，有助于选取适当的模拟工具；基于多年多地的实测，给出近10座城市的逐时辐射数据，可作为检验、对比的重要数据基础；分析下垫面和建筑表面的辐射场传热过程，提出各自的辐射评价方法，可为量化及优化辐射环境提供有效工具。分析复杂辐射场对城市微气候的影响方式及效果，为城市气候相关设计提供依据。

从章节结构上，本书共分为7章。主要内容包括：第1章为绪论，论述城市辐射场的形成、特征及研究意义。第2章为城市辐射场的理论基础部分，介绍水平面总辐射计算模型、太阳辐射的直散分离计算模型、建筑间辐射换热的角系数计算方法、建筑传热中的辐射计算方法以及辐射场模拟方法。第 3 章介绍城市辐射场测试及分析，列举出课题组近十年来辗转各地，获得的太阳短波、长波辐射实测数据。第 4～6 章分别介绍建筑围合空间辐射场、城市下垫面辐射场和建筑表面辐射场。第 7 章在前三章基础上，提出三维非对称辐射场的概念，并分析辐射场对城市微气候和建筑能耗的热效应。

第 2 章

城市辐射场的理论基础

2.1 水平面总辐射计算模型综述

太阳的水平面总辐射模型种类众多，根据与太阳辐射关联方式和计算原理的不同，将其归纳为基于气象参数模型、空间插值模型和数字高程模型（Digital Elevation Model，简称 DEM）的三类辐射模型。

2.1.1 气象参数模型

1. 计算原理

组成气候系统的各气象要素之间相互关联，太阳辐射是气候形成与变化的核心因素，它对其他气象参数产生影响，而这些参数也反映了太阳辐射的特征。因此选择与太阳辐射关联密切且便于测试的气象要素，构建它们与太阳辐射之间的函数关系，就可计算出太阳辐射值，这是气象参数辐射模型的计算原理。用于构建太阳辐射模型的主要气象参数有日照时数、温差、云量。此外使用相对湿度、降雨量、露点温度等要素也能够建立水平面太阳总辐射模型，但这类气象要素与太阳辐射的关系较弱，不能单独完成辐射的计算，必须与前三个要素中的一个或多个共同构建总辐射模型。云量与辐射具有重要相关性，但云量的单独辐射模型很少，且应用也少，多数情况是和其他气象参数共同构成总辐射模型，因此本书中没有列出云量的单独辐射模型。

2. 日照时数模型

日照时数模型是气象参数模型，是所有水平面太阳总辐射模型中使用最为广泛、计算结果最为准确，且计算参数最容易获得的一类模型。在该类模型中，很多情况以日照百分率（S/S_0）为参数进行计算，日照百分率是实际日照时数与日最大日照时数的比值。最早提出日照时数模型的是 Ångstrőm，该模型如式（2-1）所示，直观简洁地给出了月均日总辐射量与晴天日总辐射量的比值同日照百分比之间的线性关系。孙治安等指出 Ångstrőm 模型在晴天条件下太阳总辐射计算值的误差最小。

$$\frac{G}{G_c}=a+b\left(\frac{S}{S_0}\right) \tag{2-1}$$

式中：G——月均日总辐射量；

G_c——月均日晴天总辐射量；

S——测量的月均日日照时数；

S_0——月均日最大可能日照时数；

a、b——回归系数。

系数 a 和 b 是使用 Ångström 模型的关键问题。可在已知辐射和日照时数的情况下通过回归获得系数 a 和 b，然后将其用于气候相近地区计算当地的未知辐射值。不同地域的系数 a、b 不同。高国栋以该模型计算了我国不同地区的 a、b 值，指出两系数的分布与地理条件和气候状况有密切关联。两个系数反映了辐射与日照率关系模型具有较强的地域性。系数 a、b 不仅具有地域特性，而且还具有季节特性，Soler 根据欧洲 100 个气象站的辐射数据，通过回归给出了每个月不同的系数 a、b，见表 2-1。鞠晓慧根据我国建站 30 年以上的辐射资料研究也表明，需按不同月份确定系数 a、b。

Soler 模型中各月份的系数 a、b　　**表 2-1**

月份	a	b	月份	a	b
1	0.18	0.66	7	0.23	0.53
2	0.20	0.60	8	0.22	0.55
3	0.22	0.58	9	0.20	0.59
4	0.20	0.62	10	0.19	0.60
5	0.24	0.52	11	0.17	0.66
6	0.24	0.53	12	0.18	0.65

有学者发现了 Ångström 模型中系数 a、b 与日照百分率之间存在函数关系，Rietveld 给出了如下关系：

$$a=0.10+0.24\left(\frac{S}{S_0}\right) \tag{2-2a}$$

$$b=0.38+0.08\left(\frac{S}{S_0}\right) \tag{2-2b}$$

Bahel 给出了式（2-3）所示的关系。

$$a=0.395-1.247\left(\frac{S}{S_0}\right)+2.680\left(\frac{S}{S_0}\right)^2-1.674\left(\frac{S}{S_0}\right)^3 \tag{2-3a}$$

$$b=0.395+1.384\left(\frac{S}{S_0}\right)-3.249\left(\frac{S}{S_0}\right)^2+2.055\left(\frac{S}{S_0}\right)^3 \tag{2-3b}$$

该模型在使用中月均日晴天总辐射量较难获得。Prescott 对该模型进行了修正，如式（2-4）所示，将日晴天总辐射量用天文辐射量替换。天文辐射量根据纬度、赤纬角等信息便于计算。王炳忠提出采用理想大气日总辐射量代替天文辐射量，原因是理想大气辐射量的计算中考虑了海拔和纬度的因素，而海拔因素是影响辐射的重要因素。

$$\frac{G}{G_0}=a+b\left(\frac{S}{S_0}\right) \tag{2-4}$$

式中：G_0——月平均日天文总辐射量。

有学者根据当地气候特征，将日照时数模型发展为非线性关系。Newland 在模型中引入了对数关系，如式（2-5）所示。Bakirci 提出了指数关系的日照时数模型，如式（2-6）所示。

$$\frac{G}{G_0}=a+b\left(\frac{S}{S_0}\right)+c\cdot\log\left(\frac{S}{S_0}\right) \tag{2-5}$$

$$\frac{G}{G_0}=a+b\left(\frac{S}{S_0}\right)+c\cdot\exp\left(\frac{S}{S_0}\right) \tag{2-6}$$

Ogelman 将日照时数模型发展成了二次完全非线性关系，如式（2-7）所示。

$$\frac{G}{G_0}=a+b\left(\frac{S}{S_0}\right)+c\left(\frac{S}{S_0}\right)^2 \tag{2-7}$$

Bahel 在 Ogelman 模型基础上将日照时数模型发展成为三次非线性模型。日照时数模型变得越来越复杂，随着模型复杂性的提高，其地域的适用性比计算准确性的改善更为显著，即高次非线性的日照时数模型能够在更广泛的地区适用。

3. 温差模型

日照时数模型虽然准确度较高，但是日照时数并不是常用的气象参数，其数据获取有一定的局限性，这一点限制了该模型的广泛性应用。气温是最常见、也是最方便测量的气象参数，但是研究表明，最容易获取的平均气温与水平面日总辐射之间并无有效的函数关系，而日最高与最低气温之差与总辐射之间具有函数关系。

Hargreaves 提出了一个温差的非线性模型，如式（2-8）所示。式中系数 a 体现了地域性差异，内陆地区 a 取值 0.16，沿海地区取值 0.19。Allen 发展了 Hargreaves 模型，在模型中考虑了大气压的影响，如式（2-9）所示。

$$\frac{G}{G_0}=a\left(T_{\max}-T_{\min}\right)^{0.5} \tag{2-8}$$

$$\frac{G}{G_0}=K_{ra}\left(\frac{P_s}{P_0}\right)^{0.5}\cdot\left(T_{\max}-T_{\min}\right)^{0.5} \tag{2-9}$$

式中：K_{ra}——经验系数；

P_s——当地大气压（kPa）；

P_0——标准大气压（101.3kPa）。

Annandale 引入了海拔参数对 Hargreaves 模型进行修改，模型如式（2-10）所示。

$$\frac{G}{G_0}=a(1+2.7\times10^{-5}Z)\cdot(T_{max}-T_{min})^{0.5} \tag{2-10}$$

Bristow 提出了指数形式温差辐射模型，如式（2-11）所示。Meza 将公式中的系数 a 设为 0.75，c 设为 2，系数 b 仍为经验系数，对 Bristow 模型进行了具体化，这样可以降低计算误差。

$$\frac{G}{G_0}=a\{1-\exp[-b\cdot(T_{max}-T_{min})^c]\} \tag{2-11}$$

陈仁生提出对数形式的温差辐射模型，如式（2-12）所示。

$$\frac{G}{G_0}=a\ln(T_{max}-T_{min})+b \tag{2-12}$$

4. 多参数模型

除了日照时数、温差等单气象参数以外，还有多参数构成的日总辐射模型，这类模型是以日照时数或温差为主要参数，综合了云量、大气压、相对湿度等参数对太阳辐射的影响。

Garg 采用气温和降雨对 Ångström 模型的经验系数 a、b 进行了拟合，如式（2-13）所示。

$$a=0.3791-0.0004T-0.0176P \tag{2-13a}$$

$$b=0.4810+0.0043T+0.0097P \tag{2-13b}$$

式中：T——气温（℃）；

P——降雨量（cm）。

陈仁生提出了温差和日照时数的非线性辐射模型，如式（2-14）所示。曹雯将该模型中参数 c 设定为 1。

$$\frac{G}{G_0}=a\ln(T_{max}-T_{min})+b\left(\frac{S}{S_0}\right)^c+d \tag{2-14}$$

Swartman 提出了日照百分率和相对湿度的辐射模型，如式（2-15）所示。

$$\frac{G}{G_0}=a+b\left(\frac{S}{S_0}\right)+cRH \tag{2-15}$$

式中：a、b、c——经验系数；

RH——相对湿度。

De Jong 提出了温差和降雨量两参数组合的辐射模型，如式（2-16）所示。

$$\frac{G}{G_0}=a\left(T_{max}-T_{min}\right)^b\left(1+cP+dP^2\right) \tag{2-16}$$

Supit 提出了温差和云量两参数组合的辐射模型，如式（2-17）所示。

$$G=G_0\left[a\sqrt{T_{max}-T_{min}}+b\sqrt{(1-C/8)}\right]+c \tag{2-17}$$

Abdalla 提出日照时数，平均气温和相对湿度三类参数的辐射模型，如式（2-18）所示。

$$\frac{G}{G_0}=a+b\left(\frac{S}{S_0}\right)+cT+dRH \tag{2-18}$$

Ojosu 提出了日照时数，气温极值和相对湿度三类参数的辐射模型，如式（2-19）所示。

$$\frac{G}{G_0}=a+b\left(\frac{S}{S_0}\right)+c\left(\frac{T_{min}}{T_{max}}\right)+d\left(\frac{RH}{RH_{max}}\right) \tag{2-19}$$

2.1.2　空间插值模型

1. 计算原理

空间插值辐射模型是无辐射测量地域获取辐射数据的另一类重要方法。在一定区域内当气候具有较好的相似性，而获得气象参数较为困难时，空间插值模型是计算太阳辐射数据的较好途径。空间插值模型对于观测台站十分稀少且分布又非常不合理的地区具有十分重要的实际意义。

空间位置上越靠近的点，越可能具有相似的特征值；而距离越远的点，其特征值相似的可能性越小，这是“地理学第一定律的假设”，是最早的几何空间插值技术基本原理，距离权重法（Distance Weighting）属于几何空间插值法。空间统计学被引入了空间插值方法，用统计的概念去研究空间中的相近性问题，提出空间相似的程度是通过点对的平均方差度量的。克立格法（Kriging）属于空间统计法的空间插值。样条插值法（Spline methods）属于函数类空间插值方法，通过构造平滑的函数曲线来进行插值，不需要对空间结构进行预估计，也不需要做统计假设。空间插值法多种多样，但将任何一种插值技术应用于太阳辐射的计算，必须充分考虑其辐射资源的相似性，插值技术理论假设和应用条件等因素。

2. 距离权重法

距离权重法较为简便，只以两地距离为依据进行插值，如式（2-20）所示。该方法实质是以插值点与采样点间距离为权重的一种加权平均法，其赋予离插值点越近的采样点估值权重越大。这对于与纬度、海拔等多种因素相关的太阳辐射不太适合。

$$Z=\left[\sum_{i=1}^{n}\frac{Z_i}{d_i^2}\right]\bigg/\left[\sum_{i=1}^{n}\frac{1}{d_i^2}\right] \tag{2-20}$$

式中：Z——计算站点的太阳总辐射；

Z_i——第 i 个站点的太阳总辐射。

Nalder 提出了距离权重法的改进方法——梯度距离平方反比法（Gradient Plus Inverse Distance Squared）。在距离权重的基础上，本方法考虑了气象要素随海拔和经纬向的梯度变化。

$$Z=C_{\mathrm{x}}\frac{\sum_{i=0}^{n}\frac{(X-X_i)}{d_i^2}}{\sum_{i=1}^{n}\frac{1}{d_i^2}}+C_{\mathrm{y}}\frac{\sum_{i=0}^{n}\frac{(Y-Y_i)}{d_i^2}}{\sum_{i=1}^{n}\frac{1}{d_i^2}}+C_{\mathrm{e}}\frac{\sum_{i=0}^{n}\frac{(E-E_i)}{d_i^2}}{\sum_{i=1}^{n}\frac{1}{d_i^2}}+\frac{\sum_{i=1}^{n}\frac{Z_i}{d_i^2}}{\sum_{i=1}^{n}\frac{1}{d_i^2}} \tag{2-21}$$

式中：Z——计算站点的气象要素；

X、X_i——计算站点与参考气象站点的经度；

Y、Y_i——气象站点的 Y 轴纬度；

E、E_i——气象站点的海拔高度；

C_{x}、C_{y} 和 C_{e}——经纬度与海拔高度对应的回归系数；

d_i——计算站点到第 i 站点的大地球面距离；

n——用于插值的气象站点的数目；

Z_i——气象站点的气象要素测量值。

3. 普通克立格法

普通克立格法来源于地质统计学中，以区域化变量理论为基础，半变异函数为分析工具，能提供最佳线性无偏估计而逐渐被广泛运用于需要空间插值的诸多领域，但是计算复杂且计算量大。其插值公式如式（2-22）所示。

$$Z=\sum_{i=1}^{n}\lambda_i\cdot Z(x_i) \tag{2-22}$$

式中：λ_i——气象要素的 $Z(x_i)$ 的权重；

$Z(x_i)$——测试值。

权重系数由“克里格方程组”决定，如式（2-23）所示。

$$\begin{cases}\sum_{i=1}^{n}\lambda_i\cdot C(X_i,X_j)-\mu=C(X_i,X')\\ \sum_{i=1}^{n}\lambda_i=1\sum_{i=1}^{n}\lambda_i=1\end{cases} \tag{2-23}$$

式中：$C(X_i,X_j)$——采样点间的协方差；

$C(X_i,X')$——采样点与插值点间的协方差；

μ——极小化处理时的拉格朗日乘子。

4. 样条插值法

样条插值是根据已知点值来拟合出平滑的样条函数，然后使用样条函数值作为插值结果。样条函数易操作，计算量不大。多用于气象要素的时间序列插值。它适合于已知点密度较大的情况，缺点是难以对误差进行估计，当已知点稀少时效果不好。样条插值是函数逼近的方法，三次样条函数和薄盘光滑样条函数是两类常用的样条函数。

三次样条函数的定义是：已知平面上 n 个点（x_i，y_i）（$i=1$，2，…，n），其中 $x_1<x_2<\cdots<x_n$，这些点称为样本点。如果某函数 $S(x)$ 满足下面 3 个条件，则称 $S(x)$ 为经过这 n 个点的三次样条函数。

1）$S(x_i)=y_i$（$i=1$，2，…，n）。

2）$S(x)$ 在每个子区间 $[x_i, x_{i+1}]$ 上为三次多项式。

$$S(x)=c_{i1}(x-x_i)^3+c_{i2}(x-x_i)^2+c_{i3}(x-x_i)+c_{i4} \tag{2-24a}$$

3）$S(x)$ 在整个区间上有连续的一阶及二阶导数。则三次样条插值模型如式（2-24b）所示。

$$Z=\sum_{i=1}^{n} S^i(x)\cdot Z(x_i) \tag{2-24b}$$

薄盘光滑样条函数是对样条函数法的曲面扩展，常用于不规则分布数据的多变量平滑插值。利用光滑参数来达到数据逼真度和拟合曲面光滑度之间的优化平衡，保证了插值曲面光滑连续，且精度可靠。它除通常的样条自变量外，允许引入线性协变量子模型。薄盘光滑样条函数如式（2-25）所示。

$$Z=f(x)+b^{\mathrm{T}}y+e \tag{2-25}$$

式中：Z——位于空间点的插值结果；

x——样条独立变量矢量。

2.1.3　基于数字高程的辐射计算模型

1. 计算原理

地形对太阳辐射具有重要影响，坡度、坡向以及周围地形的遮蔽都会显著影响水平地面接收到的总辐射，前面介绍的气候模型和空间插值模型都不能解决复杂地形下的辐射计算问题。随着地理信息系统技术的发展，数字高程技术被用于复杂地形条件下的辐射计算。

数字高程模型（Digital Elevation Model，简称 DEM）是对地球表面地形属性为高程时的一种离散的数字表达。通过 DEM 可以直接获得地形的坡度、坡向等地形信息，用于计算地形遮挡状态下的地面接收到的水平总辐射数据。数字高程的优势表现在坡度、坡向、地形遮蔽度的计算以及模拟结果可视化表达方面。采用 DEM 技术辐射模型主要是考虑地形对辐射的遮蔽作用，用地形遮蔽因子来体现，不同的 DEM 辐射计算模型主要是地形遮蔽因子的计算方法不同，遮蔽因子可用于散射或者反射分量的计算。图 2-1 是采用数字高程模型进行总辐射计算的流程图。

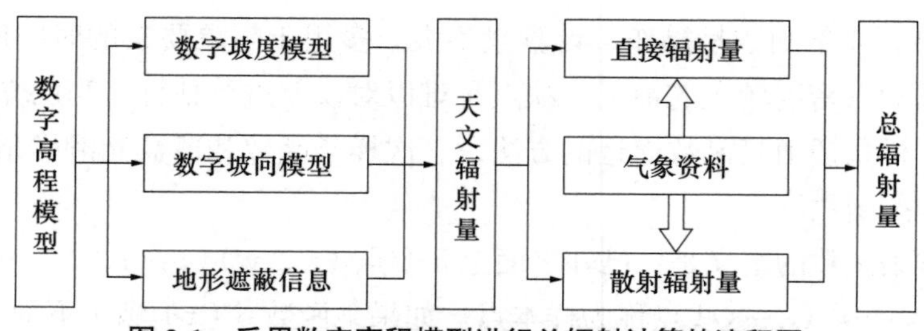

图 2-1 采用数字高程模型进行总辐射计算的流程图

2. DEM 辐射模型

Dozier 最早提出了利用数字高程模型模拟太阳辐射的方法。我国基于 DEM 的辐射模型起源于对山地地形辐射计算模型的研究。傅抱璞对于任意地形条件下太阳辐射进行了开创性研究。翁笃鸣、李占清等发展了这一方法，之后李新、杨昕开展了基于 DEM 技术的复杂地形辐射计算模型研究。

李新提出了依据 DEM 技术计算我国任意地形条件下太阳辐射模型，模型中利用计算机图形学的光线追踪算法生成形状因子计算地形对坡面的反射辐射。其模型如式（2-26）所示。

$$G_s = G_{dir} + G_{dif} + G_{ref} \tag{2-26a}$$

式中：G_s——水平面总辐射；

G_{dir}——直射辐射；

G_{dif}——散射辐射；

G_{ref}——反射辐射。

其中某个坡元 j 的反射辐射计算模型为：

$$G_{ref,j} = \sum_{i=1}^{n} A_i^t (G_{dir,i} + G_{dif,i}) F_{ij} \tag{2-26b}$$

式中：F_{ij}——坡元 i 到坡元 j 的形状因子；

A_i^t——周围坡面第 i 个坡元的坡面反射率；

$G_{dir,i}$、$G_{dif,i}$——坡元 i 接收到的直射辐射和散射辐射。

$$F_{ij} = \frac{1}{A_i} \int_{A_i} \int_{A_j} \frac{\cos\varphi_i \cos\varphi_j}{\pi r^2} HID \, dA_i dA_j \tag{2-26c}$$

式中：F_{ij}——坡元 i 到坡元 j 的形状因子；

A_i、A_j——坡元 i，j 的面积；

r——坡元 i，j 间的距离；

φ_i、φ_j——坡元 i，j 法线与它们连线的夹角；

HID——取值 0 或 1，取决于第 i 个坡元能否“看到”第 j 个坡元，采用光线追踪法计算。

杨昕提出了基于 DEM 的山地总辐射模型，给出了地形遮蔽度因子的计算公式，将其用于散射辐射的计算。模型如式（2-27）所示。

$$G_s = S + D + R + r \tag{2-27a}$$

式中：G_s——水平面总辐射；

S——直射辐射；

D——天空散射辐射；

R——周围地形的短波反射辐射；

r——研究点与遮蔽物间空气散射辐射（程辐射）。

其中，天空散射辐射计算模型为式（2-27b）：

$$D = K_d\left[D_0\cos^2\left(\frac{\alpha}{2}\right) + 35.1F(n)\cos(1.09h')\times\sin(1.42\alpha)\cos(\beta - A')\right] \tag{2-27b}$$

式中：K_d——地形遮蔽度因子；

D_0——水平面散射辐射通量密度；

α——坡度；

β——坡向；

$F(n)$——云量函数；

h'、A'——正午时刻太阳高度角和方位角。

$$K_d = \frac{\cos\alpha\left[1 - \frac{1}{n}\sum_{i=1}^{n}\sin^2 h_i'\right] - \sin\alpha\left[\frac{1}{n}\sum_{i=1}^{n}(h_i' + 0.5\sin^2 h_i')\cos\Psi_i\right]}{\cos\alpha\left[1 - \frac{1}{n}\sum_{i=1}^{n}\sin^2 h_i\right] - \sin\alpha\left[\frac{1}{n}\sum_{i=1}^{n}(h_i + 0.5\sin^2 h_i)\cos\Psi_i\right]} \tag{2-27c}$$

式中：h_i'——周围地形对坡地的遮蔽角；

Ψ_i——坡地的相对方位角；

h_i——坡地自身形成的遮蔽角。

2.2　太阳辐射的直散分离计算模型

2.2.1　直散分离模型分析

目前，以模型方法来看，计算太阳直接辐射、散射辐射值的模型主要包括：1）直射辐射模型。利用日照百分率、云量等直接计算水平面太阳直接辐射值；2）直散分离模型。利用晴空因子、日照百分率等计算出水平面散射系数，间接计算得到太阳直接辐射值和散射辐射值。以模型尺度来看，计算太阳直接辐射、散射辐射值的模型主要包括：1）逐时太阳辐射模型、逐日太阳辐射模型。在进行典型年数据库开发以及建筑动态能耗模拟时，希望得到精确的太阳直接辐射值和散射辐射值，因此多采用此类模型。2）年太阳辐射模型、月太阳辐射模型、月均太阳辐射模型。通常在进行太阳辐射资源统计和分区时更偏重于反映太阳辐射长期的变化规律，因此多采用此类模型。

考虑到我国气象台站实测情况及大气质量变化规律，基于计算数据易获取、计算模型自变量与计算结果相关性较高的角度，选择 3 种太阳辐射模型进行详细介绍。这 3 种太阳辐射模型分别为：

1. “翁笃鸣”模型

该模型使用日照时数与理想日照时数之比，也就是日照时数百分率直接计算得到水平面太阳直接辐射，是一种仅依靠较少气象资料即可获得计算目标的模型。具体计算方法如下：

$$\bar{H}_{\mathrm{D}}=\bar{H}_{\mathrm{o}}\left[a\frac{\bar{S}}{\bar{S}_{\mathrm{o}}}+b\left(\frac{\bar{S}}{\bar{S}_{\mathrm{o}}}\right)^{2}\right] \tag{2-28}$$

2. “Liu-Jordan”模型

近年来，大气质量一直存在不停变化的趋势，其可以改变到达地面的直接辐射、散射辐射的比例关系。因此使用该模型可以在一定程度上考虑由于大气质量变化带来的太阳辐射时空差异。具体计算方法如下：

$$\frac{\bar{H}_{\mathrm{d}}}{\bar{H}_{\mathrm{g}}}=a+b\bar{K}_{\mathrm{t}}+c(\bar{K}_{\mathrm{t}})^{2} \tag{2-29a}$$

$$\bar{K}_{\mathrm{t}}=\frac{\bar{H}_{\mathrm{g}}}{\bar{H}_{\mathrm{o}}} \tag{2-29b}$$

3. “姜盈霓”模型

姜盈霓等人通过研究太阳辐射变化规律提出了 9 种太阳辐射模型，包含了考虑日照百分率、晴空因子的多个不同阶数的太阳辐射模型。其中同时考虑日照百分率和晴空因子的 2 阶模型在进行哈尔滨、兰州、北京等城市太阳辐射计算时表现最好。具体计算方法如下：

$$\frac{\bar{H}_{\mathrm{d}}}{\bar{H}_{\mathrm{g}}}=a+b\bar{K}_{\mathrm{t}}+c(\bar{K}_{\mathrm{t}})^{2}+d\frac{\bar{S}}{\bar{S}_{\mathrm{o}}}+e\left(\frac{\bar{S}}{\bar{S}_{\mathrm{o}}}\right)^{2} \tag{2-30}$$

式（2-28）～式（2-30）中：

$\bar{H}_{\mathrm{D}}$——水平面太阳直接辐射月均值（MJ/m^2）；

$\bar{H}_{\mathrm{d}}$——水平面太阳散射辐射月均值（MJ/m^2）；

$\bar{H}_{\mathrm{g}}$——水平面太阳总辐射月均值（MJ/m^2）；

$\bar{H}_{\mathrm{o}}$——天文辐射月均值（MJ/m^2）；

$\bar{K}_{\mathrm{t}}$——晴空因子月均值；

$\bar{S}$——日照时数月均值（h）；

$\bar{S}_{\mathrm{o}}$——理想日照时数月均值（h）；

$\frac{\bar{S}}{\bar{S}_o}$——月均日照时数百分率；

$\frac{\bar{H}_d}{\bar{H}_g}$——散射系数月均值；

a、b、c、d、e——经验系数。

上式中 $\bar{H}_o$ 代表天文辐射月均值，具体计算方法如下：

$$\bar{H}_o=\frac{24}{\pi}I_{sc}E_o\left[\frac{\pi}{180}\omega_o(\sin\delta\sin\varphi)+(\cos\delta\cos\varphi\sin\omega_o)\right] \tag{2-31a}$$

$$E_o=1.00011+0.034221\cos\zeta+0.00128\sin\zeta+0.0000719\cos2\zeta+0.000077\sin2\zeta \tag{2-31b}$$

$$\zeta=\frac{2\pi(n-1)}{365} \tag{2-31c}$$

$$\omega_o=\arccos(-\tan\varphi\tan\delta) \tag{2-31d}$$

式中：E_o——地球轨道的离心率修正系数；

ζ——日角；

ω_o——水平面日出时角（°）。

以上3种太阳辐射模型均属半经验模型，需要通过已测城市的太阳直接辐射、散射辐射观测值回归出经验系数，才可进一步验证其在我国西部地区的使用精度，回归经验系数的过程也叫太阳辐射模型的本地化。

根据“国家气象数据共享服务平台”提供的气象数据，我国西部地区共有9座可以观测太阳直接辐射、散射辐射的城市，分别为：兰州、天水、格尔木、拉萨、额济纳旗、泸州、威宁、昆明、遵义。以上气象台站多建于太阳能资源丰沛的地区，从实用性出发，同时考虑到我国西部地区水平面太阳辐射分布情况，选取1975～1999年拉萨、成都、昆明和额济纳旗共4座城市的冬半年观测数据对太阳辐射模型进行本地化。完成本地化后，再通过本地化的太阳辐射模型反算出1975～1999年，以上4座城市的冬半年太阳直接辐射月均值，并与同年间观测值进行对比。对比依据选用平均百分比误差 *MPE*、平均偏移误差 *MBE* 进行模型精度验证。通常 *MPE* 是一个反映模型稳定性的评价指标，在工程中认为 *MPE* 误差在 ±10% 内是可以接受的。*MBE* 则反映模型计算值与观测值的偏移量，正偏移代表计算值大于观测值，反之，代表计算值小于观测值。具体计算方法如下：

$$MPE=\frac{1}{N}\sum_{i=1}^{N}\frac{D_{ie}-D_{im}}{D_{im}}\times100\% \tag{2-32a}$$

$$MBE=\sum_{i=1}^{N}(D_{ie}-D_{im})/N \tag{2-32b}$$

式中：MPE——平均百分比误差（%）；

MBE——平均偏移误差（MJ/m^2）；

D_{ie}——计算值（MJ/m^2）；

D_{im}——观测值（MJ/m^2）；

N——样本个数。

各模型的精度情况如表2-2所示。在冬半年的尺度下，以平均百分比误差MPE来看，除“Liu-Jordan”模型对成都的太阳辐射进行拟合时精度略差外，其余情况下3种模型的拟合精度均较高，误差不超过10%。“姜盈霓”模型拟合性最好，即便在太阳辐射较弱的成都，其误差也不超过4.35%。以平均偏移误差MBE来看，3种模型的平均偏移量基本可忽略不计，大部分城市为正偏差。另外表中还统计了各模型计算时出现的最大误差和最小误差，其中“姜盈霓”模型的最大误差均小于其余两种模型，与平均百分比误差MPE反映的模型精度情况相似。由于1975～1999年存在某几个月太阳辐射变化不规律的问题，主要原因是气象存在一定的随机性或气象台站观测时出现了误差，最终造成各模型最大误差较大，但在计算过程中这样较大的误差出现频次极小，不会影响到模型使用的长期稳定性。

各模型精度分析　　**表2-2**

城市	模型名称	平均百分比误差（%）	平均偏移误差（MJ/m^2）	最大误差（%）	最小误差（%）
拉萨	翁笃鸣	3.93	0.008	83.67	0.15
	Liu-Jordan	1.22	0.093	42.91	0.07
	姜盈霓	0.60	0.017	31.89	0.00
成都	翁笃鸣	6.43	−0.004	138.15	0.01
	Liu-Jordan	10.73	0.000	293.02	0.04
	姜盈霓	4.35	0.002	97.07	0.04
昆明	翁笃鸣	2.98	0.022	68.69	0.04
	Liu-Jordan	1.41	0.021	42.70	0.14
	姜盈霓	0.84	0.015	35.06	0.07
额济纳旗	翁笃鸣	4.89	0.096	73.73	0.11
	Liu-Jordan	2.51	0.061	128.68	0.02
	姜盈霓	1.58	0.010	68.16	0.01

成都相对其他三座城市来说，其平均百分比误差要大一些。究其原因，在于成都太阳辐射的组成中散射辐射占比最大。“翁笃鸣”模型考虑了太阳照射时间

的累计量，却对太阳辐射透射大气至地面的照射质量问题有所忽略，相对来说不利于计算以太阳散射辐射为主的地区。而“Liu-Jordan”模型、“姜盈霓”模型对该地计算精度不高的原因是计算方法造成的。以上两个模型均是基于太阳散射辐射与总辐射拟合出经验系数，这些经验系数对太阳散射辐射有很高的显性，但在一定程度上忽略了对太阳直接辐射的反映，经过统计在计算成都太阳散射辐射时，“Liu-Jordan”模型平均百分比误差为0.46%，而“姜盈霓”模型精度更高，平均百分比误差仅为0.23%。这一现象在太阳直接辐射、散射辐射占比悬殊较大的地区尤为明显。

2.2.2　直散分离模型地域性特征

图2-2～图2-5为各城市累年月均观测值与计算值的对比。可以看出3种模型均能在一定程度上反映各月太阳辐射变化规律，但“姜盈霓”模型的计算值最贴合观测值，“Liu-Jordan”模型次之，“翁笃鸣”模型除昆明外，各月计算值偏差均相对较大。

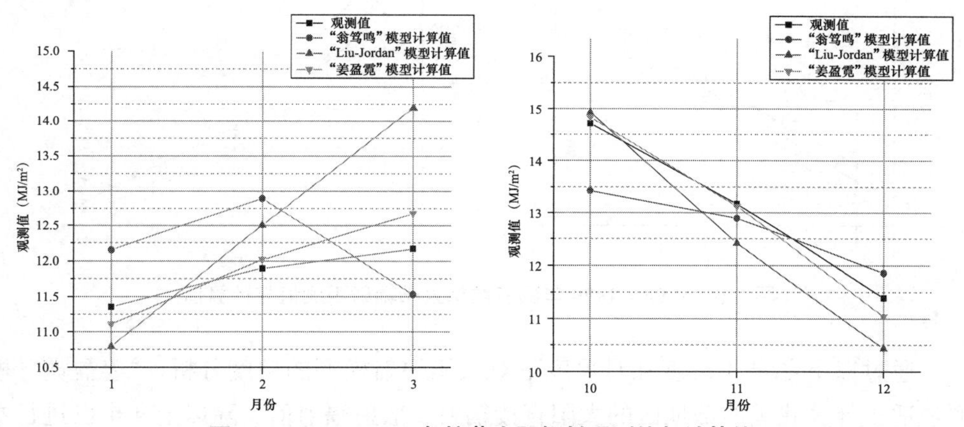

图2-2　1990～1999年拉萨太阳辐射观测值与计算值

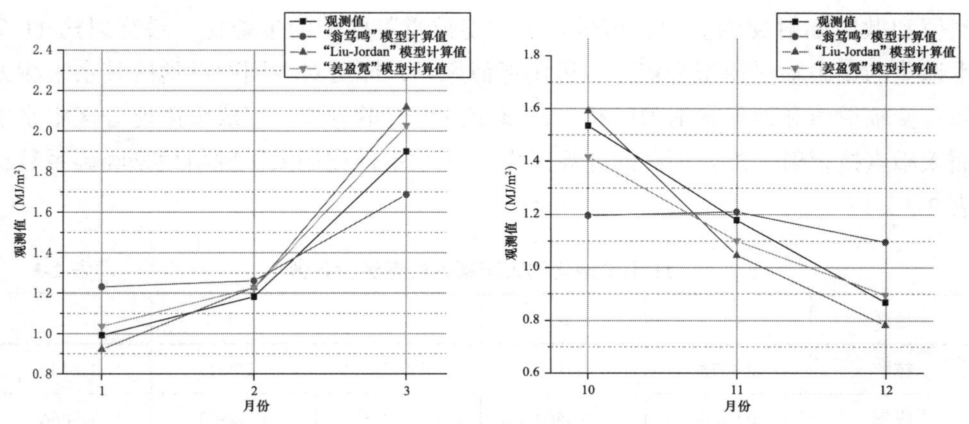

图2-3　1990～1999年成都太阳辐射观测值与计算值

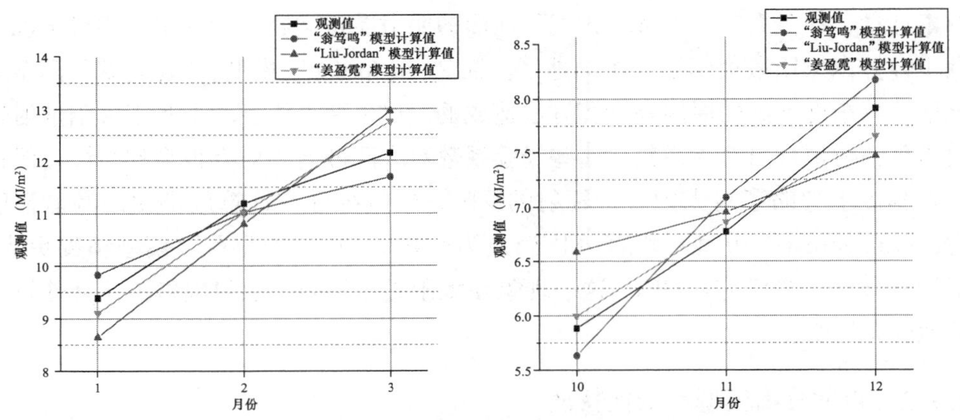

图 2-4 1990～1999 年昆明太阳辐射观测值与计算值

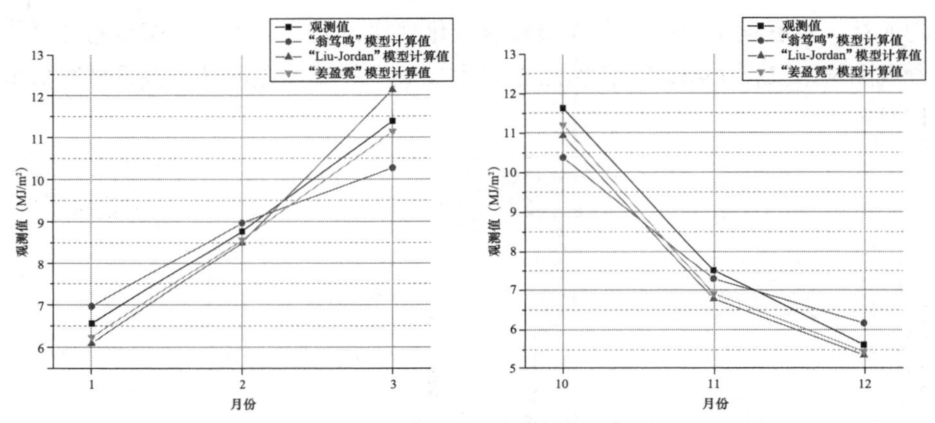

图 2-5 1990～1999 年额济纳旗太阳辐射观测值与计算值

通过以上冬半年尺度和月尺度下对太阳辐射模型的精度分析，“姜盈霓”模型最适于计算我国西部地区的太阳直接辐射、散射辐射值。除以上 4 个已进行本地化的“姜盈霓”模型外，又对剩余的 7 座 1975～1999 年具有太阳直接辐射观测值和散射辐射观测值的城市进行了“姜盈霓”模型的本地化。最终以这 11 个本地化的太阳辐射模型为依据，运用近似原理，即可对我国西部地区其余未测太阳直接辐射值和散射辐射值的待分区城市进行直散分离，完成太阳能分区中水平面太阳直接辐射、散射辐射的计算工作。11 个本地化的太阳辐射模型经验系数见表 2-3。

11 个本地化的太阳辐射模型经验系数 **表 2-3**

地区	*a*	*b*	*c*	*d*	*e*
拉萨	2.4038	−2.3396	1.6557	−2.7211	1.2440
成都	0.9314	0.4503	−0.8915	−1.3803	1.5066

续表

地区	a	b	c	d	e
昆明	1.1227	−1.6336	1.5926	−0.6548	0.1236
额济纳旗	0.6532	3.4261	−2.9852	−2.4619	0.9893
格尔木	1.1447	1.4620	−1.2090	−2.3788	0.9848
兰州	1.2578	−2.3281	2.4730	−0.2728	−0.0135
泸州	0.9083	0.3139	−0.8128	−1.2067	0.9883
威宁	0.7970	1.4122	−0.9941	−2.3261	1.3764
南宁	1.1660	−2.4189	2.4303	−0.2758	0.3014
喀什	0.9459	−0.1054	−0.2940	−0.5440	0.0505
乌鲁木齐	0.6700	−0.5589	0.3815	0.3706	−0.7657

2.2.3　南向立面太阳总辐射计算

以往倾斜面的太阳总辐射通常使用Klein方法计算，其认为斜面上的太阳辐射总量是由直接辐射、各项均质的散射辐射、地面反射辐射组成。然而该方法存在的问题是在计算过程中认为天空散射辐射是均匀分布的，因此有时计算结果与实测数据存在很大差异。此后研究为了弥补天空散射同性问题又提出了多个方案，Bugler提出将各项同性的太阳直接辐射量增加5%，而Cohen提出将地面观测到的太阳总辐射量与大气层外太阳总辐射量的比值增加一个修正量，Ineichen则认为太阳散射辐射量至少是直射量的6%。相对以上辐射计算方法，Klucher、Hay、Perez又基于太阳散射辐射实际分布情况提出了天空散射各项异性太阳辐射计算模型。其中Hay模型认为倾斜面上天空散射辐射量主要是由两部分组成：太阳光盘的辐射量和其余天空穹顶均匀分布的散射辐射量。随后的研究中，Jain认为Hay模型简便，同时可靠性较高。

根据以上研究结论，在保证精度的情况下，出于便于推广的目标，本书选择Hay模型进行南向太阳总辐射的计算工作。具体计算方法为：

$$\bar{H}_v=\bar{H}_D\bar{R}_D+\bar{H}_d\left[\frac{\bar{H}_D\bar{R}_D}{\bar{H}_o}+\frac{1}{2}\left(1-\frac{\bar{H}_D}{\bar{H}_o}\right)\right]+\frac{1}{2}\rho\bar{H}_g \tag{2-33a}$$

$$\bar{R}_D=\frac{\sin\varphi\cos\delta\sin\omega_s-\omega_s(\pi/180)\cos\varphi\sin\delta}{\cos\varphi\cos\delta\sin\omega_o+\omega_o(\pi/180)\sin\varphi\sin\delta} \tag{2-33b}$$

$$\omega_s=\min[\omega_o,\ \arccos(-\cot\varphi\tan\delta)] \tag{2-33c}$$

式中：$\bar{R}_D$——南向与水平面上太阳直接辐射量的比值；

ω_s——南向日落时角（°）。

2.3 建筑间辐射计算的空间关系

为了准确计算角系数，首先需要了解角系数的定义和基本性质。此外，采用不同的计算方法适用范围不同，对于结果的准确性和计算速度也会产生影响。本节主要介绍角系数基本理论，并分析了不同计算方法的优缺点。

2.3.1 角系数计算公式

1. 角系数的定义

如图 2-6 所示，若空间存在任意放置的两非凹黑表面 A_1、A_2，根据斯蒂芬-玻尔兹曼定律及兰贝特定律可知，表面 A_1 与 A_2 之间的辐射换热量如式（2-34）所示：

$$\Phi_{A_1-A_2}=(\sigma_b T_1-\sigma_b T_2)\int_{A_1}\int_{A_2}\frac{\cos\alpha_1\cos\alpha_2}{\pi r^2}\,\mathrm{d}A_1\mathrm{d}A_2 \tag{2-34}$$

式中：σ_b——黑体辐射常数［5.67×10^{-8}W/（$m^2\cdot K^4$）］；

T_1、T_2——表面 A_1 与 A_2 的温度（℃）；

$\mathrm{d}A_1$、$\mathrm{d}A_2$——表面 A_1 与 A_2 上的微元面；

r——微元面 $\mathrm{d}A_1$ 与 $\mathrm{d}A_2$ 的连线长度（m）；

α_1、α_2——$\mathrm{d}A_1$、$\mathrm{d}A_2$ 的法向量与连线的夹角。

由上式可知，离开 A_1 的辐射能中只有一部分落到 A_2 上，同时，离开 A_2 的辐射能中也只有一部分落到 A_1 上。因此，引入角系数的概念，表示离开某一表面的辐射能中直接落到另一表面上的百分数。

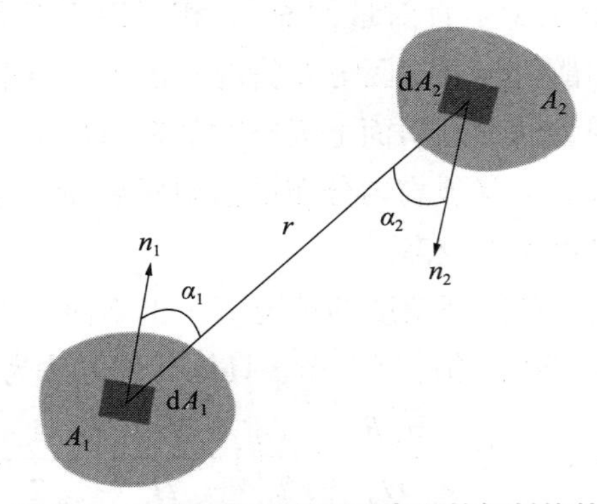

图 2-6 任意位置两非凹黑表面的辐射换热

例如，微元面 $\mathrm{d}A_1$ 对 $\mathrm{d}A_2$ 的角系数为：

$$F_{\mathrm{d}A_1-\mathrm{d}A_2}=\frac{\cos\alpha_1\cos\alpha_2}{\pi r^2}\,\mathrm{d}A_2 \tag{2-35}$$

微元面 $\mathrm{d}A_1$ 对有限面 A_2 的角系数为：

$$F_{dA_1-dA_2}=\int_{A_2}\frac{\cos\alpha_1\cos\alpha_2}{\pi r^2}dA_2 \tag{2-36}$$

有限面 A_1 对有限面 A_2 的角系数为：

$$F_{A_1-A_2}=\frac{1}{A_1}\int_{A_1}\int_{A_2}\frac{\cos\alpha_1\cos\alpha_2}{\pi r^2}dA_1dA_2 \tag{2-37}$$

式中：A_1——表面 A_1 的面积（m^2）。

以上公式不仅适用于黑体表面，也适用于漫灰表面。对于实际房间内的围护结构表面及热源表面，可以视为漫灰表面，采用该公式计算角系数。

2. 角系数的基本性质

角系数的定义决定了它的基本性质：相对性、完整性、分解性、等值性。适当运用这些性质可以简化角系数的运算过程，改进适用范围。

1）相对性

根据角系数的定义可知，有限面 A_2 对有限面 A_1 的角系数为：

$$F_{A_2-A_1}=\frac{1}{A_2}\int_{A_1}\int_{A_2}\frac{\cos\alpha_1\cos\alpha_2}{\pi r^2}dA_1dA_2 \tag{2-38}$$

式中：A_2——表面 A_2 的面积（m^2）。

对比式（2-37）、式（2-38）可得：

$$A_1F_{A_1-A_2}=A_2F_{A_2-A_1} \tag{2-39}$$

以上称为角系数的相对性，也称互换性。

2）完整性

如图 2-7 所示，有 n 个辐射表面组成的空腔。由于空腔表面 i 向所有表面发射能量的总和就是它向外发射的总能量，则可得表面 i 对所有表面的能量投射百分数之和为 1，即角系数总和为 1，有如下关系式：

$$1=F_{i-1}+F_{i-2}+\cdots+F_{i-n}=\sum_{j=1}^{n}F_{i-j} \tag{2-40}$$

以上称为角系数的完整性。

依据角系数的完整性可知，若表面 i 为非凹表面，其对自身的角系数为 0，否则，其对自身的角系数不为 0。

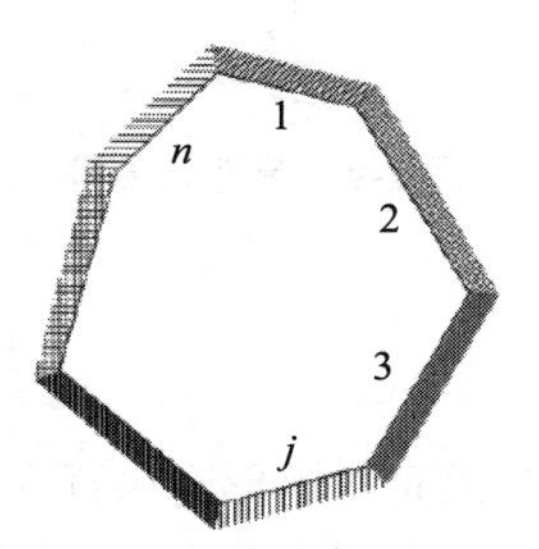

图 2-7　完整性原理

3）分解性

空间存在两表面 A_1、A_2，若将 A_1 分解为表面 A_3、A_4，如图 2-8（a）所示，则有：

$$A_1F_{A_1-A_2}=A_3F_{A_3-A_2}+A_4F_{A_4-A_2} \tag{2-41}$$

若将 A_2 分解为表面 A_5、A_6，如图 2-8（b）所示，则有：

$$A_1F_{A_1-A_2}=A_1F_{A_1-A_5}+A_1F_{A_1-A_6} \tag{2-42}$$

以上称为角系数的分解性。

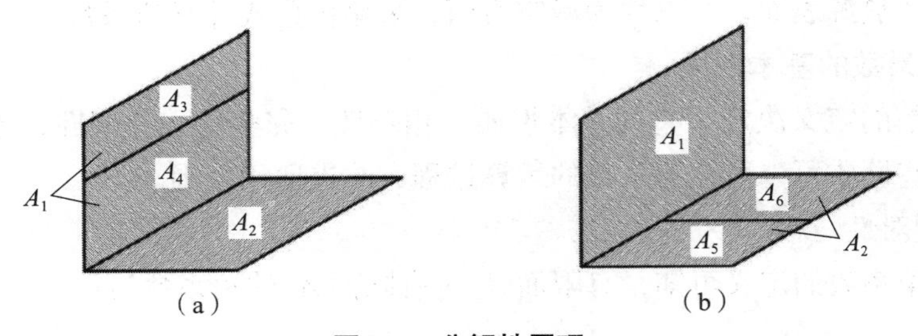

图 2-8 分解性原理

（a）分解 A_1 面；（b）分解 A_2 面

4）等值性

如图 2-9 所示，若空间存在两个表面 A_2、A_3，其与微元面 dA_1 的距离不同，形状、方位也不相同，但 dA_1 对这两个表面的边缘构成同一个立体角，故 dA_1 对表面 A_2 与 A_3 的角系数相等。

以上称为角系数的等值性。

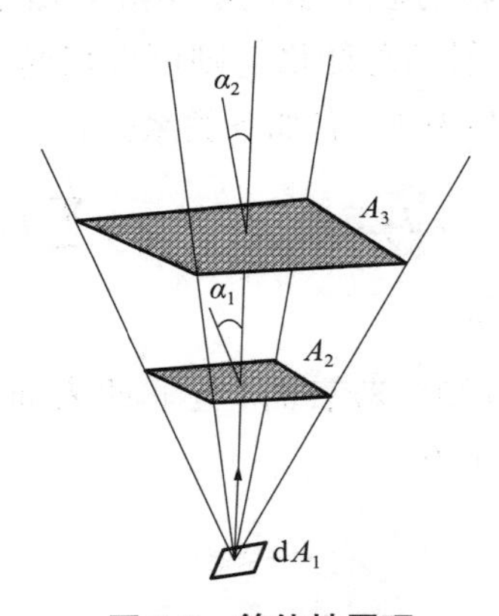

图 2-9 等值性原理

3. 理论计算法

1）直接积分法

如图 2-10（a）所示，当微元面与矩形有限面平行时，微元面 dA_1 的中心坐标为（x_1，y_1，z_1），矩形面 A_2 的四个顶点坐标分别为（x_2，y_2，z_2）、（x_2，y_2，z_3）、

(x_3, y_2, z_3)、(x_3, y_2, z_2)，取面 A_2 内任一点 (x, y_2, z)，dA_1 与 A_2 有如下位置关系：

$$\cos\alpha_1=\cos\alpha_2=\frac{y_2-y_1}{r} \tag{2-43}$$

$$r^2=(x-x_1)^2+(y_2-y_1)^2+(z-z_1)^2 \tag{2-44}$$

式中：r——微元面 dA_1 与矩形有限面 A_2 上任一点的连线长度（m）；

α_1——微元面 dA_1 的法向量与连线 r 的夹角；

α_2——矩形有限面 A_2 的法向量与连线 r 的夹角。

由式（2-36）可知，dA_1 对平行面 A_2 的角系数为：

$$F_{dA_1-A_2}=\int_{z_2}^{z_3}\int_{x_2}^{x_3}\frac{(y_2-y_1)^2}{\pi[(x-x_1)^2+(y_2-y_1)^2+(z-z_1)^2]^2}dxdz \tag{2-45}$$

如图2-10（b）所示，若微元面与矩形有限面垂直，微元面 dA_1 的中心坐标为 (x_1, y_1, z_1)，矩形面 A_2 的四个顶点坐标分别为 (x_2, y_2, z_2)、(x_2, y_3, z_2)、(x_3, y_3, z_2)、(x_3, y_2, z_2)，取面 A_2 内任一点 (x, y, z_2)，dA_1 与 A_2 有如下位置关系：

$$\cos\alpha_1=\frac{x-x_1}{r} \tag{2-46}$$

$$\cos\alpha_2=\frac{z_2-z_1}{r} \tag{2-47}$$

$$r^2=(x-x_1)^2+(y-y_1)^2+(z_2-z_1)^2 \tag{2-48}$$

假定 dA_1 的法向量朝向 x 轴正方向，则由式（2-36）可知，dA_1 对垂直面 A_2 的角系数为：

$$F_{dA_1-A_2}=\begin{cases}\int_{y_2}^{y_3}\int_{x_2}^{x_3}\frac{(x-x_1)(z_2-z_1)}{\pi[(x-x_1)^2+(y-y_1)^2+(z_2-z_1)^2]^2}dxdy & (x_2\geqslant x_1)\\ \int_{y_2}^{y_3}\int_{x_1}^{x_3}\frac{(x-x_1)(z_2-z_1)}{\pi[(x-x_1)^2+(y-y_1)^2+(z_2-z_1)^2]^2}dxdy & (x_2<x_1<x_3)\\ 0 & (x_3\leqslant x_1)\end{cases} \tag{2-49}$$

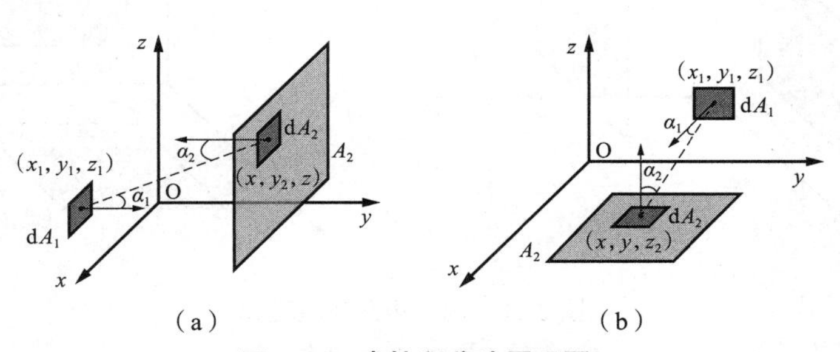

图2-10　直接积分法原理图

（a）平行；（b）垂直

2）周线积分法

由式（2-49）可知，当计算两个矩形有限面之间的角系数时，若采用直接积分法，需计算二重面积分，即四重积分，过程较为繁琐。周线积分法则通过斯托克斯定理将面积分转化为线积分，从而将式（2-49）简化为[137]：

$$F_{A_1-A_2}=\frac{1}{2\pi A_1}\left(\oint_{C_2}\oint_{C_1}\ln r\mathrm{d}x_1\mathrm{d}x_2+\oint_{C_2}\oint_{C_1}\ln r\mathrm{d}y_1\mathrm{d}y_2+\oint_{C_2}\oint_{C_1}\ln r\mathrm{d}z_1\mathrm{d}z_2\right) \tag{2-50}$$

式中：A_1——有限面 A_1 的面积（m^2）；

C_1、C_2——A_1、A_2 的边界周线，方向满足右手螺旋定则；

r——A_1 与 A_2 上任一点的连线长度（m）；

x_1、y_1、z_1——A_1 上任一点的坐标值（m）；

x_2、y_2、z_2——A_2 上任一点的坐标值（m）。

对于相互平行的两个矩形表面 A_1 与 A_2，其顶点坐标及相对位置如图 2-11（a）所示，角系数计算公式为：

$$F_{A_1-A_2}=\frac{1}{4\pi A_1}\int_{a_x}^{b_x}\mathrm{d}x_1\int_{c_x}^{d_x}\ln\frac{[(x_2-x_1)^2+m^2+(c_z-b_z)^2][(x_2-x_1)^2+m^2+(d_z-a_z)^2]}{[(x_2-x_1)^2+m^2+(c_z-a_z)^2][(x_2-x_1)^2+m^2+(d_z-b_z)^2]}\mathrm{d}x_2+$$
$$\frac{1}{4\pi A_1}\int_{a_z}^{b_z}\mathrm{d}z_1\int_{c_z}^{d_z}\ln\frac{[(z_2-z_1)^2+m^2+(c_x-b_x)^2][(z_2-z_1)^2+m^2+(d_x-a_x)^2]}{[(z_2-z_1)^2+m^2+(c_x-a_x)^2][(z_2-z_1)^2+m^2+(d_x-b_x)^2]}\mathrm{d}z_2 \tag{2-51}$$

式中：A_1——有限面 A_1 的面积（m^2），其值为 $a_x\times a_z$。

对于相互垂直的两个矩形表面 A_1 与 A_2，其顶点坐标及相对位置如图 2-11（b）所示，角系数计算公式为：

$$F_{A_1-A_2}=\frac{1}{4\pi A_1}\int_{a_y}^{b_y}\mathrm{d}y_1\int_{c_y}^{d_y}\ln\frac{[(y_2-y_1)^2+d_x^2+a_z^2][(y_2-y_1)^2+c_x^2+b_z^2]}{[(y_2-y_1)^2+c_x^2+a_z^2][(y_2-y_1)^2+d_x^2+b_z^2]}\mathrm{d}y_2 \tag{2-52}$$

式中：A_1——有限面 A_1 的面积（m^2），其值为（b_y-a_y）×（b_z-a_z）。

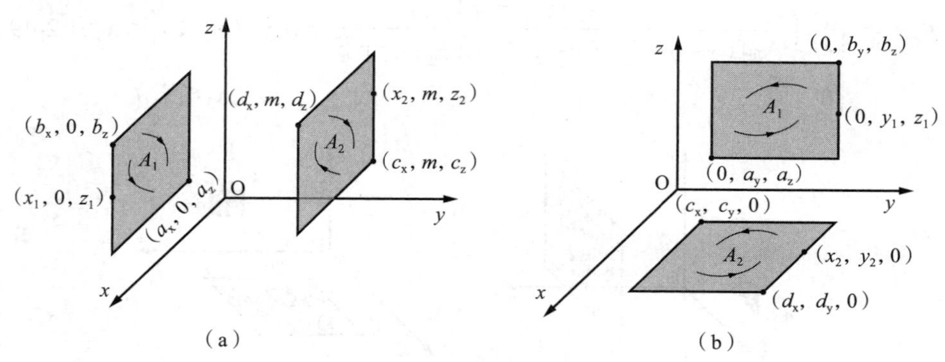

图 2-11 周线积分法原理图

（a）平行；（b）垂直

4. 实验测量法

当遇到几何形状比较复杂的物体时，采用理论公式计算过于繁琐，此时可以运用摄像法进行实验测量，其原理如下：

已知有限面 A_1 对有限面 A_2 的角系数积分式，将 A_1 分为 n 个微元面：ΔA_{11}、ΔA_{12}、…、ΔA_{1n}，分别计算 ΔA_{1i}（$i=1$、2、…、n）对 A_2 的角系数，取这些角系数的平均值作为 A_1 对 A_2 的角系数 $F_{A_1-A_2}$。再以微元面 dA_1 所在平面为基准面，以其中心为球心，以 R 为半径，作一半球，如图 2-12（a）所示。从 dA_1 的中心出发沿着 A_2 面的边缘引射线，这些射线与球面的交点为一次投影点，一次投影点在基准面上的垂足为二次投影点。A_2 边界线在基准面上的二次投影所包围的面积 A_2'' 称为 A_2 的二次投影面。A_2'' 的面积除以基圆面积 πR^2 的结果即为角系数 $F_{dA_1-A_2}$。

摄像法的主要操作如图 2-12（b）所示：在半球中心处设置一个点光源，将其视为微元面 dA_1。用不透光纸板制成与 A_2 面相似的图形，依据角系数的等值性可知，在保持 dA_1 对 A_2 的立体角不变的基础上，纸板大小可以按比例变化。半球面采用乳白玻璃制成，相机放置于半球顶部进行拍摄，照片上的阴影部分即为二次投影面 A_2''。

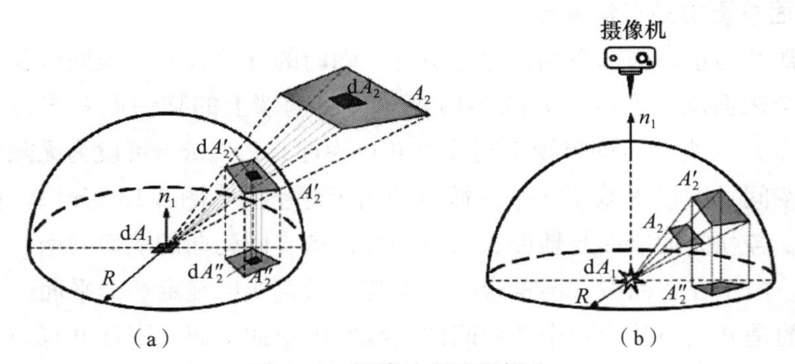

图 2-12　摄像法原理及操作

（a）原理；（b）操作

5. 数值模拟法

以应用计算流体力学（CFD）求解角系数为例，采用 ICEM 软件建模并进行网格设置，将辐射表面划分为若干微元面。在 Fluent 中有多种辐射换热模型，若只需计算角系数，可采用仅考虑表面之间热辐射的 Surface to Surface 模型（S2S 模型）。在该模型中，有两种计算方法：射线追踪法（Ray Tracing）和半球法（Hemicube），前者基于光线投射的原理，后者将发射面分割成一个个微元带，对由微元计算得到的角系数求和，得到整个表面的角系数。

2.3.2　天空、地面和墙面的辐射角系数

国外学者较多在研究城市街谷热环境，且多次提到天空视野因子 SVF（Sky

View Factor），地面视野因子 FVF（Floor View Factor），以及墙面视野因子 WVF（Wall View Factor）这三个变量参数，并用这些参数来估算街谷中人体所受到的长波辐射热量，这里的三个视野因子，则是把天空、墙面和地面当作三个表面，把空间中的人当作一个点来分析，其本质上仍是辐射角系数的概念，这里属于点对面之间的角系数情况。

分析建筑围合空间中的辐射角系数，即是在分析 SVF、WVF 和 FVF。现在有专业的软件配合鱼眼相机拍的照片可以较精确地得到 SVF。但对于一整面墙来说，用鱼眼相机去得到一面墙各个位置的 SVF、FVF 和 WVF 并不现实。Erell 还提出了一般对称街谷、半无限长的对称街谷以及矩形四合院的天空视野因子估算公式。但该方法多是以人为研究对象，并把人所处的计算位置特定在街谷的地面中央或围合四合院的地面中央，而对于建筑外表面而言，需要得到该表面上任意位置上的各个视野因子，甚至整个表面的各个平均视野因子，如此一来这样的估算方法则显得相对片面。

2.3.3 球面三角法建立过程

1. 球面投影份额与角系数

对于常见的建筑围合空间，通常由各个朝向的外墙表面、地面以及天空（假想面）六个表面围合而成。如图 2-13 所示，将南墙上的某一点 P 作为研究对象［图 2-13（a）］，则 P 点的可视空间是以 P 点为球心，以 R（可设为无限长）为半径的半球空间，即以南墙所在平面截得的南半球空间［图 2-13（b）］。在这个围合空间中，各朝向的墙面与地面、天空相交，东、西朝向的墙面与南、北朝向的墙面相交。由于在空间中，不重合的一点与一条直线可确定一个平面，则图 2-13（c）表示的是 P 点与其中两个墙面间的交线所确定的平面，同理 P 点与上述各个表面间的交线可确定若干个平面［图 2-13（d）］。如果把这些平面当作半球空间的截面［图 2-13（e）］，最终可将 P 点可视空间的半球表面划分为若干个球面三角形和球面四边形［图 2-13（f）］。

如果点 P 是一个漫射点光源，这些被划分得到的球面多边形则为各围合表面在半球表面上的投影。由此不难理解，从 P 点到达空间各围合表面的辐射量就等于从 P 点到达各个球面多边形的辐射量。再根据角系数的定义，到达各个球面多边形表面的辐射量比上离开 P 点的辐射量即为 P 点对各个围合表面的角系数。如图 2-13（f）所示，到达中间三个球面四边形上的辐射量占离开 P 点辐射量即为 P 点对东、北和西三个朝向墙面的角系数 $WVF_{s,e}$，$WVF_{s,n}$ 和 $WVF_{s,w}$。由于天空的投影被划分为三份，则 P 点对整个天空的角系数为 $SVF_{s,e}$，$SVF_{s,n}$ 和 $SVF_{s,w}$ 的和，可用 SVF_s 表示，同理可得 P 点对整个地面的角系数 FVF_s。

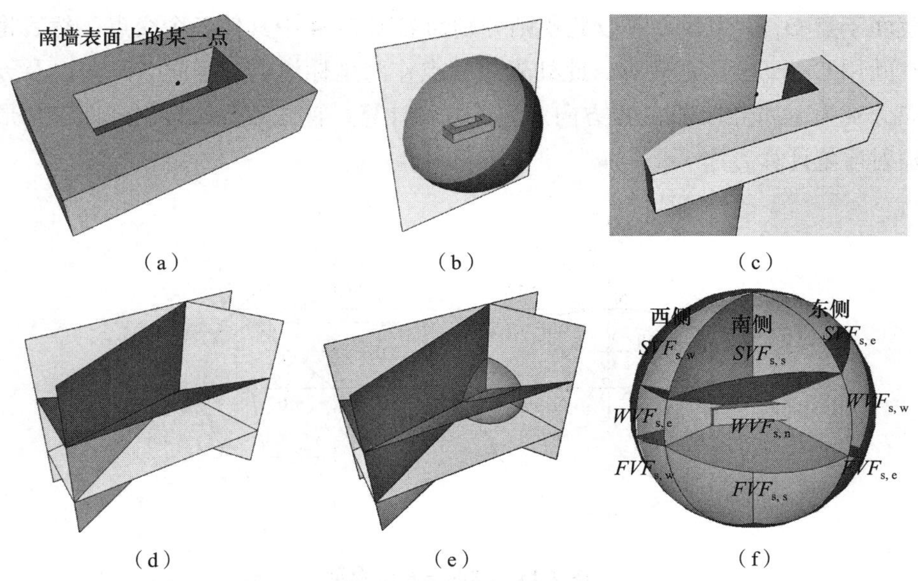

图 2-13 南墙表面某点的各个辐射角系数 ***SVF***、***WVF*** 和 ***FVF*** 示意

2. 球面三角法基本公式

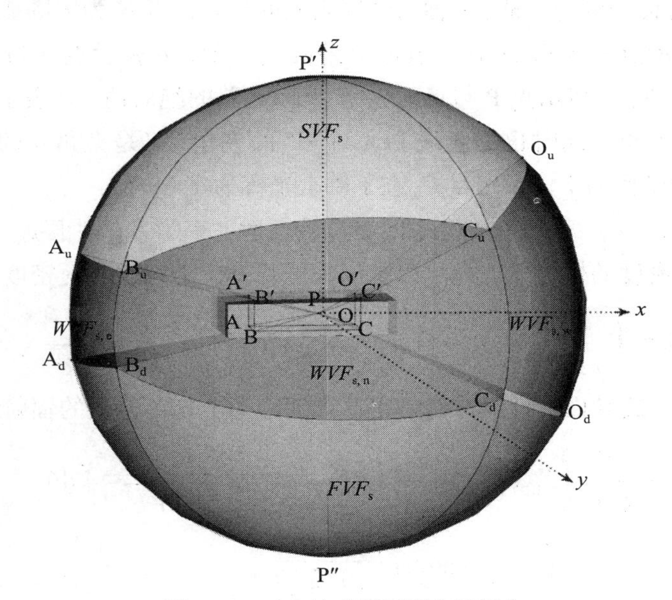

图 2-14 P 点的球面视野范围划分

根据上述分析，各围合面在半球表面上的投影主要是球面三角形和球面四边形，其中球面四边形亦可再划分为若干个球面三角形。因此便需要结合球面三角形的相关性质来阐述用球面三角法求得建筑围合空间内辐射角系数的计算思路。

如图 2-14 所示，P′ 和 P″ 是半球 P 的上下两极，西、南朝向墙面的交线与地面和天空的交点分别为点 O 和点 O′，点 P 与点 O，点 O′ 连线的延长线分别交半

球表面于点 O_d 和点 O_u，并以此规则分别命名图 2-14 中其他各个交点，然后将半球空间用 O-*xyz* 坐标系表示。此处先以 P 点作为坐标原点，东向、南向以及天空方向分别为 *x*、*y* 和 *z* 轴的正方向。为了方便计算，首先需要推导出球面三角形上的辐射通量计算方法。

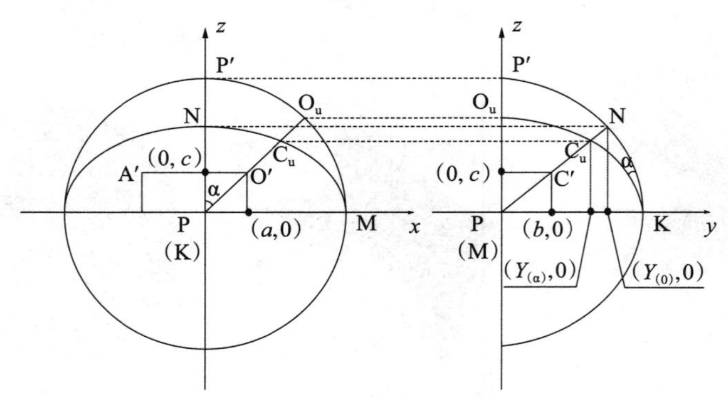

图 2-15　球面三角法图示

将图 2-14 中的三维半球空间在 *x*O*z*、*y*O*z* 平面坐标系的投影如图 2-15 所示。图中点 M、点 K 分别为 *x* 轴、*y* 轴与半球表面的交点，点 N 为大圆弧 KP′ 与 MCu 的交点。*a* 表示点 P 与点 O′ 在 *x* 坐标上差的绝对值，*b* 表示点 P 与点 C′ 在 *y* 坐标上差的绝对值，*c* 表示点 P 与点 C′ 在 *z* 坐标上差的绝对值。*α* 表示的是大圆弧 KP′ 与 KO_u 的夹角，同时也是直线 PO_u 与 PP′ 的夹角，*Y* 是夹角 *α* 的函数，那么点 N 在 *y* 轴上坐标为 *Y*（0），点 C_u 在 *y* 轴上坐标为 *Y*（*α*）。

假设图中 *a*，*b*，*c* 和 *Y* 的值已知，P 点的辐射功率为 *E*，则根据兰贝特余弦定律，并结合线密度的概念，首先可以求出大圆弧 P′N 上的线辐射密度：

$$E_1=\int_0^Y \frac{E}{\pi R^2}\cdot\frac{y}{R}\sqrt{R^2-y^2}\sqrt{1+[(\sqrt{R^2-y^2})']^2}\,\mathrm{d}y=\frac{EY^2}{2\pi R^2} \tag{2-53}$$

然后再结合旋转面的计算方法求得球面四边形 $P'NC_uO_u$ 上的辐射通量为：

$$\begin{aligned}\Phi&=\frac{E}{2\pi R^2}\int_0^\alpha Y_{(\theta)}^2\mathrm{d}\theta=\frac{E}{2\pi R^2}\int_0^\alpha R\left(\frac{b\cdot\cos\theta}{\sqrt{b^2(\cos\theta)^2+c^2}}\right)^2\mathrm{d}\theta\\&=\frac{E}{2\pi}\cdot\left[\alpha-\frac{c\cdot\arctan\left(\dfrac{c\cdot\tan\alpha}{\sqrt{b^2+c^2}}\right)}{\sqrt{b^2+c^2}}\right]\end{aligned} \tag{2-54}$$

由于 *α* 是直线 PO_u 与 PP′ 的夹角，则

$$\tan\alpha=\frac{a}{c} \tag{2-55}$$

那么可求得球面四边形 $P'NC_uO_u$ 上的辐射通量占整个半球面上辐射通量的份额为：

$$F_v=\frac{\Phi}{E}=\frac{\arctan\left(\frac{a}{c}\right)}{2\pi}-\frac{c\cdot\arctan\left(\frac{a}{\sqrt{b^2+c^2}}\right)}{2\pi\sqrt{b^2+c^2}}=f_v(a,b,c) \tag{2-56}$$

同理，不难得出球面三角形 KNC_u 上辐射通量占整个半球面上辐射通量的份额为：

$$F_p=\frac{c\cdot\arctan\left(\frac{a}{\sqrt{b^2+c^2}}\right)}{2\pi\sqrt{b^2+c^2}}=f_p(a,b,c) \tag{2-57}$$

在图 2-15 球面三角法图示中，当 a 值变得无限大时，点 O_u 和点 C_u 则无限趋近于 M 点，因此再结合数学极限的定义，可分别求得球面三角形 P′MN 和 KMN 上的辐射通量各占整个半球面上辐射通量的份额为：

$$F_{v1}=\underset{\lim a\to+\infty}{F_v}=\frac{\sqrt{b^2+c^2}-c}{4\sqrt{b^2+c^2}}=f_{v1}(b,c) \tag{2-58}$$

$$F_{p1}=\underset{\lim a\to+\infty}{F_p}=\frac{c}{4\sqrt{b^2+c^2}}=f_{p1}(b,c) \tag{2-59}$$

综合以上分析，使用球面三角法计算辐射角系数，则是需要对空间内某表面上任意一点的视野球面进行三角划分，再结合相应的 F_v，F_p，F_{v1} 和 F_{p1} 这 4 个基本公式即可得到该点对各个球面三角形的辐射角系数。在建筑围合空间中，如果能把各个表面与该点视野球面上划分的三角形对应起来，便可得到该点对空间内各个表面的角系数。

2.3.4　各表面间的辐射角系数计算

1. 点到面的局部角系数算法

在实际应用中，计算建筑空间墙面的辐射角系数时需要多次用到上面几个公式，仍以南墙辐射角系数的计算为例。由于相对规整围合空间，其各个方向的建筑立面相互连接且高度相等，是建筑围合空间的一种特殊情况，因此这里仅分析非规整空间中角系数的计算方法，即不同的墙面有各自不同的高度，相互垂直的墙面之间又会留有一定空隙且并不相连的空间情况（图 2-16）。

在对各点进行定位时，将南墙、西墙与地面的交点作为 O（0，0，0）点，西向为 x 轴的正方向，南向为 y 轴的正方向，天空的方向为 z 轴的正方向，分别标记各个点的空间位置，那么可设南墙上任意一点 P 的坐标为（x，0，z），其他各点的坐标编排如图 2-16 所示。

为了与图 2-15 对照，且便于利用式（2-58）、式（2-59）中的四个函数进行分析，另以 P 点为球心建立球面坐标系，y、z 轴的正方向不变，x 轴的正方向改为东向，以过 A′、B′、C′ 和 O′ 四点且垂直于 x 轴的 4 条大圆弧为界，可分别将该球面分为东、北和西三个投影球面，其中东墙所在的投影球面几何划分如图 2-17 所示。

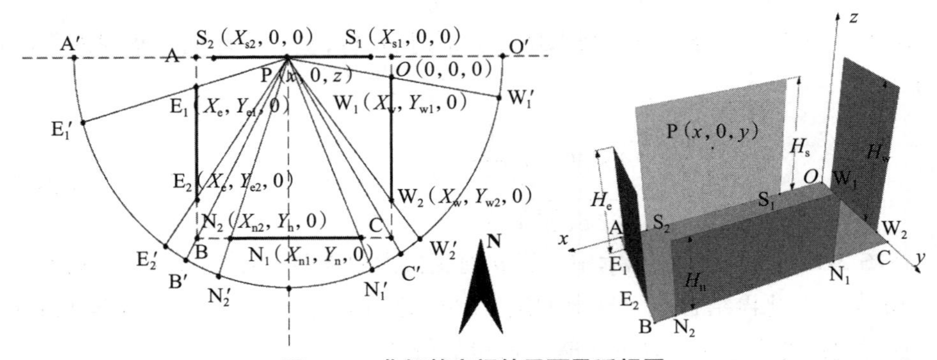

图 2-16 非规整空间的平面及透视图

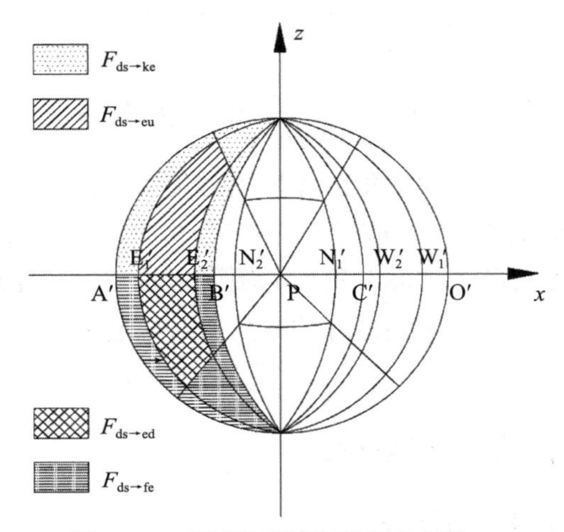

图 2-17 东墙投影球面的三角划分

东墙所在的投影球面，以 x 轴为界，点 P（x，0，z）对东墙角系数可分为上部分 $F_{ds\to eu}$ 和下部分 $F_{ds\to ed}$，对比图 2-15 与图 2-17，这里需要用到式（2-56）和式（2-58）中的函数 F_v 和 F_{vl}，但应注意式中变量 a、b、c 与图 2-17 的对应关系。上下两部分的角系数可分别表示为：

$$F_{ds\to eu}=f_v(H_e-z, Y_{e2}, X_e-x)-f_v(H_e-z, Y_{e1}, X_e-x) \quad (2\text{-}60)$$

$$F_{ds\to ed}=f_v(z, Y_{e2}, X_e-x)-f_v(z, Y_{e1}, X_e-x) \quad (2\text{-}61)$$

因此，P 点对整个东墙的角系数为：

$$F_{ds\to e}=F_{ds\to eu}+F_{ds\to ed} \quad (2\text{-}62)$$

P 点对东侧天空和地面的角系数可分别用 $F_{ds\to ke}$ 和 $F_{ds\to fe}$ 表示。其中，当 P 点的 z 坐标高于东墙的高度时，通过式（2-60）计算 $F_{ds\to eu}<0$，这里则需要进行判定，根据不同的情况计算二者的角系数值，即

当$z < H_e$时，

$$F_{ds \to ke} = f_{v1}(Y_n, X_e - x) - F_{ds \to eu} \tag{2-63a}$$

$$F_{ds \to fe} = f_{v1}(Y_n, X_e - x) - F_{ds \to ed} \tag{2-63b}$$

当$z \geqslant H_e$时，

$$F_{ds \to ke} = f_{v1}(Y_n, X_e - x) \tag{2-64a}$$

$$F_{ds \to fe} = f_{v1}(Y_n, X_e - x) - F_{ds \to e} \tag{2-64b}$$

同理，北墙所在投影球面内各个角系数的求法与东墙投影空间内的计算公式相似，需要用到式（2-57）和式（2-59），西墙所在投影球面的计算方法亦复如是，仅需变换一下自变量，此处不再赘述。

墙面的相对位置和高度可通过激光测距仪测得，然后把各个墙面的边界顶点在统一的空间坐标系中定位得到，无需计算各个面在空间坐标系中的方程式，这一过程是便于操作的。因此，若已知空间内各个墙面的相对位置和高度，以及南墙上点P（x，0，z）的具体位置，则可运用式（2-56）～式（2-59）求得南墙上点P的各个辐射角系数值。

由于基础公式相对简单，只是在计算时所用的自变量有所不同，因此可以结合数学软件Matlab中“function”和“if”语句快速解决。而且这一计算方法没有估算成分，计算结果精度高。

2. 面到面的局部角系数算法

前述的长波直接辐射计算模型是以南墙上某一点来计算的，但对于一整面墙来说，墙上不同位置所对应的各个角系数是各不相同的。如果计算南墙每层楼每个房间的外墙中点所对应的各个角系数，再将其求平均，则可计算南墙整个表面与其他表面间的角系数，即

$$F_{s \to k} = \frac{[F_{ds \to k(1,1)} + F_{ds \to k(1,2)} + \cdots + F_{ds \to k(1,L_s)} + F_{ds \to k(2,1)} + F_{ds \to k(2,2)} + \cdots + F_{ds \to k(H_s,L_s)}]}{\dfrac{H_s \cdot L_s}{w \cdot h}} \tag{2-65}$$

式中：$F_{s \to k}$——整个南墙对天空的平均角系数；

$F_{ds \to k(1,1)}$——南墙第1层第1个房间外表面正中间位置的天空角系数；

L_s、H_s——南墙的长和高；

w、h——自定义南墙的房间开间和层高。

事实上，w和h可理解为计算步长，其值越小，在南墙表面上划分的小计算单元则越多，计算的结果也就越精确。同理，南墙的其他角系数，也可以用同样的计算方法得到。这一计算过程可通过Matlab软件的“for循环”语句运行完成。

3. 面到面的局部角系数算法实例

为了验证该方法的精确度，下面将用两种最为常用的角系数求解方法的计算结果来与上述方法的计算结果对比，分别为有限差分法和单位球射线法。其中有限差分法是求解角系数最基本的数值方法，把角系数的积分公式写成有限差分方程的形式从而用于近似求和，其计算精度的高低取决于把曲面划分成小格子的精细程度、任意两微元面法线的夹角以及微元面积和其距离的比值；单位球射线法是基于单位球法的另一种数值解，需要几何方法将发射面所在的球底面划分成若干个等面积块，再取其中间点作投影射线，然后建立射线的方向坐标用于判断是否能到达另外一个面，其计算精度主要取决于单位球等底划分块数。

相比而言，这两个经典方法适用于任何应用领域的辐射角系数计算，尤其适用于任意位置、不规则形状的两个曲面，然而随着划分格数的更加精细，运算时间也相应增加。结合建筑热工领域常见的几何形态，用于对比计算的几何案例选棱长为 4.8 的正立方体的各个内表面，面号和坐标系的选择如图 2-18 所示，该案例以及这两种经典方法的计算结果和理论值均选自《气象辐射观测方法》，误差对比如表 2-4 所示。

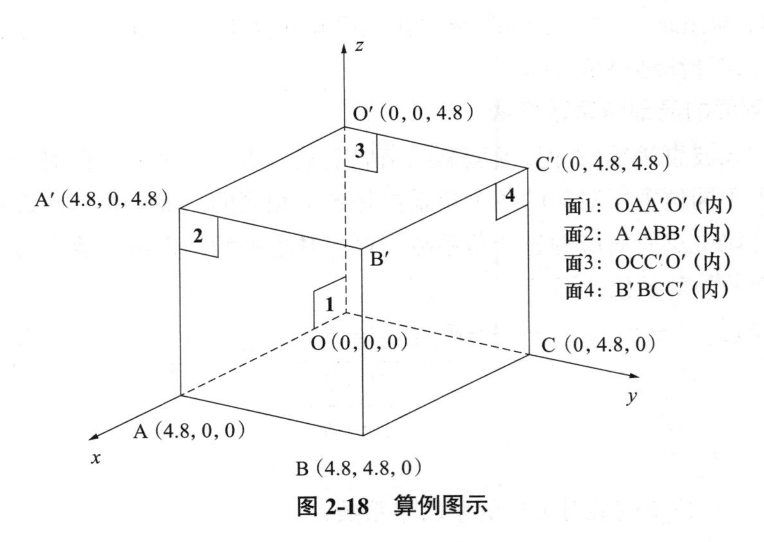

图 2-18　算例图示

三种方法的计算结果比较　　表 2-4

方法 1：有限差分法						
划分程度	F1，2	误差（%）	F1，3	误差（%）	F1，4	误差（%）
81	0.1997	0.15	0.2149	7.45	0.2006	0.3
100	0.2082	4.10	0.2134	6.7	0.2004	0.2
121	0.1983	0.85	0.2122	6.1	0.2003	0.15
144	0.1988	0.6	0.2112	5.6	0.2002	0.1

续表

方法 1：有限差分法						
划分程度	F1，2	误差（%）	F1，3	误差（%）	F1，4	误差（%）
169	0.2059	2.95	0.2104	5.2	0.2002	0.10
196	0.1975	1.25	0.2096	4.8	0.2001	0.05
225	0.2031	1.55	0.2090	4.5	0.2001	0.05
理论值	0.2000	—	0.200	—	0.2000	—
方法 2：单位球射线法						
划分程度	F1，2	误差（%）	F1，3	误差（%）	F1，4	误差（%）
60	0.2010	0.5	0.1946	2.70	0.2109	5.45
126	0.2013	0.65	0.2018	0.90	0.1966	1.70
216	0.1984	0.8	0.2019	0.95	0.2007	0.35
330	0.1985	0.75	0.2013	0.65	0.2007	0.35
468	0.2004	0.2	0.2009	0.45	0.1981	0.95
630	0.1998	0.10	0.2012	0.60	0.1986	0.70
816	0.1996	0.20	0.1996	0.20	0.2019	0.95
—	0.2000	—	0.200	—	0.2000	—
方法 3：球面三角法						
划分程度	F1，2	误差（%）	F1，3	误差（%）	F1，4	误差（%）
9	0.1992	0.4	0.1992	0.4	0.2033	1.65
16	0.1996	0.2	0.1996	0.2	0.2017	0.85
36	0.1998	0.10	0.1998	0.1	0.2007	0.35
64	0.1999	0.05	0.1999	0.05	0.2003	0.15
144	0.2000	0	0.2000	0	0.2000	0
256	0.2000	0	0.2000	0	0.1999	0.05
576	0.2000	0	0.2000	0	0.1999	0.05
—	0.2000	—	0.200	—	0.2000	—

注：方法 1 的划分程度表示两表面自变量区间的等分数，分别为 9^2，10^2，…，15^2；方法 2 的划分程度表示的是单位球等底划分块数；方法 3 的划分程度表示的是 w 和 h 同时取 1.6，1.2，0.8，0.6，0.4，0.3，和 0.2 时，面 1 的划分块数，即（4.8×4.8）/（$w \cdot h$）。

由于三种方法各自计算单元的划分方式不同，因此三种方法的划分程度无法完全一一对应比较，但划分程度某种程度上代表着各个方法的计算量与计算时间，因此由表 2-4 可知，在相近数量级别的划分程度下，采用方法 3 计算得到的角系数，始终有较高的精确度，且当划分程度为 576 时，方法 3 在 Matlab 软件的运行时间也仅为 0.1s。其中，方法 3 的划分程度取决于式（2-65）中 w 和 h 的取值，在这里，当 w 和 h 低于空间几何尺寸的 1/10 时，三个角系数的计算结果误差同时始终小于 0.1%，相比而言，前两种方法计算结果的误差无法同时达到最低。因此，对于大多数建筑空间，其空间尺度均在 10m 以上，将 $w=h=1$m 代入计算已基本符合工程要求，如果当任意一个墙面尺寸或平行墙面的距离在 10m 以内时，$w=h=0.1$m 代入计算则更接近精确结果。

2.4 太阳辐射作用下的围护结构传热计算方法

现阶段考虑太阳辐射对围护结构热作用的理论计算方法有两种，一种是稳态条件下采用传热系数修正系数，另一种则是非稳态条件下采用室外综合温度。为对比上述两种计算方法的差异，采用理论计算与测试数据对比方法，分别计算墙体外表面温度和热流强度，将两种计算结果与测试数据相对比，从中探寻两种方法的差异。

2.4.1 采用修正系数进行传热计算

1. 传热系数修正系数计算

稳态条件下围护结构传热计算考虑太阳辐射时，通常是在原有围护结构传热系数的基础上乘以修正系数，该值一般都是在规范中直接获取，但规范里的传热系数修正系数对太阳辐射的考虑往往是从典型气象年的气象参数中获取，与实测的太阳辐射强度有所差异，故需要根据相应测试数据求解出符合测试时段内的传热系数修正系数。

其外墙传热系数修正系数计算过程如下：

$$\varepsilon_i = 1 - \frac{t_{\text{sol、ep}}}{t_i - t_e} \tag{2-66}$$

式中：ε_i——传热系数修正系数；

$t_{\text{sol、ep}}$——太阳辐射当量温度（℃），即 $\rho I/\alpha$；

t_i——室内空气温度（℃）；

t_e——室外空气温度（℃）。

由于是计算稳态条件下围护结构传热，因此式（2-66）中 t_i、t_e 以及 $t_{\text{sol、eq}}$ 取相应测试数据的平均值作为计算参数代入，得到测试时段内南墙的传热系数修正系数为 0.61。

2. 外墙传热计算

已知测试时段的传热系数修正系数，根据一维稳态传热特征，围护结构的传热量 q 等于外表面换热量 q_i，即：

$$K\varepsilon_i(t_i - t_e) = \alpha_e(t_e - \theta_e) \tag{2-67}$$

式中：K——围护结构传热系数［W/(m·K)］；

α_e——外表面总换热系数［23W/(m·K)］。

通过式（2-67）可以计算出采用传热系数修正系数时，测试时段内的外表面温度以及通过围护结构的热流强度。

2.4.2　采用室外综合温度进行传热计算

1. 传热外边界条件

现阶段非稳态条件下围护结构传热计算中考虑太阳辐射时，通常将建筑围护结构所受到的室外热作用：室外空气温度、太阳直射辐射、天空散射辐射以及地面反射辐射等综合考虑，而室外综合温度 $t_{s\alpha}$ 有多个计算表达式，其中将地面反射辐射与围护结构外表面的长波辐射相互抵消，得到的室外综合温度 $t_{s\alpha}$ 的计算式为：

$$t_{s\alpha}=t_e+\frac{\rho I}{\alpha_e} \tag{2-68}$$

式中：$\rho I/\alpha_e$——太阳辐射当量温度（℃）；

$t_{s\alpha}$、t_e——室外综合温度和室外空气温度（℃）；

I——围护结构外表面积所受到的太阳辐射（W/m^2）；

ρ——围护结构外表面对太阳辐射的吸收率。

式（2-68）中 t_e、I 皆为测试值代入，ρ 取 0.6，α_e 同样取值为 23W/(m·K)，由此得到测试时段内南墙的室外综合温度值。

2. 外墙传热计算

求解出室外综合温度后，使用第三边界条件（以室外综合温度为传热外边界条件，室内空气温度为传热内边界条件），构建围护结构内部温度分布的导热微分方程（2-69）和傅里叶定律解析式（2-70），采用有限差分法求解出非稳态传热条件下测试时段内间隔 5min 的围护结构外表面温度以及热流强度：

$$\frac{\partial t(x,\ \tau)}{\partial \tau}=\frac{\lambda}{c\rho}\frac{\partial^2 t(x,\ \tau)}{\partial x^2} \tag{2-69}$$

$$\lambda\frac{\partial t}{\partial x}=\alpha_e(t-\theta_e) \tag{2-70}$$

式中：t——围护结构周围环境温度，当传热外边界条件为室外综合温度时即为室外综合温度 $t_{s\alpha}$（℃）；

θ_e——围护结构外表面温度（℃）；

λ——围护结构中各层材料的导热系数［W/(m·K)］；

c——围护结构各层材料的比热［kJ/(kg·K)］；

ρ——围护结构各层材料的密度（kJ/m^3）；

τ——计算时间（s）；

x——计算表面离最外层表面的距离（m）。

2.4.3 太阳辐射作用下围护结构传热计算方法优化

从太阳辐射作用下围护结构传热实测数据与理论计算数据对比中可以看出，相较于稳态传热中使用传热系数修正系数考虑太阳辐射对围护结构的热作用，采用室外综合温度进行非稳态传热计算结果更加符合实际工况下围护结构传热。数值上，南墙室外综合温度与实测的误差小于南墙传热系数与实测的误差。因此，可以考虑在非稳态传热条件下计算太阳辐射对围护结构的热作用，以此来修正传热系数修正系数的理论计算方法，提高传热系数修正系数取值的准确度。本节将对传热系数修正系数计算方法进行优化，计算供暖期西安地区外墙的传热系数修正系数，通过与《严寒和寒冷地区居住建筑节能设计标准》JGJ 26—2018 中西安地区外墙的传热系数推荐值进行对比，说明优化前后传热系数修正系数的差异。

1. 优化原理

传热系数修正系数的定义是围护结构有效传热系数与围护结构传热系数的比值，即：

$$\varepsilon_i=\frac{K_{\mathrm{eff}}}{K} \tag{2-71}$$

式中：K_{eff}——围护结构有效传热系数［W/(m·K)］。

有效传热系数则是两侧温差为 1K 时，围护结构单位面积在单位时间内的净热损失，即：

$$K_{\mathrm{eff}}=\frac{q_{\mathrm{net}}}{t_i-t_{\mathrm{e}}} \tag{2-72}$$

式中：q_{net}——围护结构的净热损失（$\mathrm{W/m^2}$）；

t_i——供暖期室内计算温度（℃）；

t_{e}——供暖期室外平均温度（℃）。

而围护结构原本的传热系数计算式为：

$$K_i=\frac{q}{t_i-t_{\mathrm{e}}} \tag{2-73}$$

式中：q——围护结构传热量（$\mathrm{W/m^2}$）。

因此，根据式（2-71）～式（2-73）进行变换可得，传热系数修正系数 ε_i 为：

$$\varepsilon_i=\frac{q_{\mathrm{net}}}{q} \tag{2-74}$$

通过式（2-74）可知，围护结构传热系数修正系数本质上是围护结构净热损失与传热量的比值，其中通过稳态传热来考虑太阳辐射对围护结构的热作用得到围护结构净热损失。同时采用非稳态传热考虑太阳辐射对围护结构的热作用，能够有效提高计算的准确度。因此以室外综合温度作为传热外界条件，计算供暖期中围护结构净热损失平均值来代替稳态传热中的净热损失，通过与稳态传热条件下围护结构传热量 q 的比值作为优化后的传热系数修正系数。

2. 供暖期室外综合温度逐时值

为保证传热系数修正系数优化值与推荐值中采用相同的太阳辐射吸收率，通过式（2-66）计算，其中西安地区供暖期室外平均温度取 2.1℃，室内空气计算温度取 18℃，各朝向太阳总辐射强度平均值按表 2-5 取，围护结构外表面太阳辐射吸收系数值为 0.6。

计算传热系数修正系数推荐值的相关参数　　表 2-5

外墙朝向	南墙	北墙	东墙	西墙
太阳总辐射强度平均值（W/m^2）	91	29	48	47
传热系数修正系数推荐值	0.85	0.95	0.92	0.92

任意朝向的非透明围护结构任意时刻可接收到的太阳总辐射主要包括太阳直射辐射和天空散射辐射，太阳总辐射计算表达式如下：

$$I = I_D + I_d \qquad (2\text{-}75)$$

式中：I——围护结构外表面接收的太阳总辐射强度（W/m^2）；

I_D——围护结构外表面接收的直射辐射强度（W/m^2）；

I_d——围护结构外表面接收的天空散射辐射强度（W/m^2）。

Liu 认为天空散射是均匀分布的，也就是各向同性。对于垂直外表面，天空散射辐射强度 I_{dV} 为：

$$I_{dV} = \frac{1}{2} I_{dH} \qquad (2\text{-}76)$$

式中：I_{dH}——水平面天空散射辐射强度。

任意朝向的非透明围护结构任意时刻可接收太阳直射辐射为：

$$I_D = I_{DN} \cdot [\cos\delta \sin\beta + \sin\delta \cos(A - \alpha)] \qquad (2\text{-}77)$$

式中：I_{DN}——法向辐射强度（W/m^2）；

δ——围护结构与水平面的夹角，屋顶为 0°，垂直外表面为 90°；

β——太阳高度角；

A——围护结构本身方位角，正南向为 0°，正东向为 +90°，正西向为 −90°；

α——太阳方位角。

其中，任意时刻的太阳高度角和太阳方位角分别为：

$$\sin\beta = \sin\psi \sin d + \cos\psi \cos d \cos h \qquad (2\text{-}78a)$$

$$\sin\alpha = \cos d \sin h / \cos\beta \tag{2-78b}$$

$$d = 23.45 \cdot \sin\left(360\frac{284+n}{365}\right) \tag{2-78c}$$

式中：ψ——当地纬度，西安 N34.3°；

d——赤纬角；

h——太阳时角，为某一时刻与当地正午时刻之差乘以 15°，西安当地正午时刻为 13 点；

n——计算日在一年中的日期序号。

利用《中国建筑用标准气象数据库》中提供的西安供暖期逐时太阳法线方向直射辐射值、水平方向散射辐射值和室外空气温度逐时值，以及上述公式可以求解出供暖期内逐日 24h 任意时刻，各个朝向围护结构外表面可接收的太阳辐射值，再根据式（2-68）可以得到供暖期内西安地区围护结构各面室外综合温度逐时值。

为保证西安地区传热系数修正系数优化值与推荐值计算时围护结构基本一致性，选择符合规范中外墙构造的典型外墙作为研究对象，其围护结构热工参数如表 2-6 所示。

典型外墙热工参数 **表 2-6**

典型围护结构	传热系数[W/(m·K)]	逐层构造	内外表面换热系数[W/(m·K)]	材料层导热系数[W/(m·K)]	材料层比热[W·h/(kg·K)]	材料层密度（kg/m³）	材料层导温系数（m²/h）
保温砖墙	0.634	20mm 水泥砂浆抹灰	—	0.93	1.05	1800	0.001771
		40mm 聚氨酯保温层	—	0.037	1.38	50	0.00193
		240mm 砖墙	—	0.81	1.05	1800	0.001543
		20mm 水泥砂浆抹灰	—	0.93	1.05	1800	0.001771

3. 围护结构净热损失平均值

通过在上节“供暖期室外综合温度逐时值”中的公式求解出供暖期室外综合温度逐时值，室内计算温度取 18℃，采用有限差分法同时结合典型围护结构可以得到西安地区供暖期东、南、西、北四个朝向外围护结构内外表面温度逐时值。

由于供暖期内室内计算温度大于室外综合温度，因此热流由室内流向室外。对于围护结构而言，内表面从室内环境吸收热量，外表面则向室外环境散发热量，因此供暖期内围护结构净损失热逐时值为：

$$q_{net} = q_i - q_e \tag{2-79}$$

式中：q_i——内表面逐时吸热量（W/m^2）；

q_e——外表面逐时散热量（W/m^2）。

由此得到东、南、西、北四个朝向外围护结构供暖期净得热量平均值如表 2-7 所示。

典型外墙的供暖期净得热量平均值（W/m^2）　　表 2-7

外墙	南墙	东墙	西墙	北墙
供暖期净得热量平均值	7.13	8.82	8.81	8.92

4. 优化后传热系数修正系数应用

根据规范计算得到西安地区稳态条件下典型围护结构保温砖墙传热量 q 为 $10.08W/m^2$，因此可以得到优化后的传热系数修正系数。为对比传热系数修正系数优化前后差异，图 2-19 给出了西安地区典型建筑各朝向外墙的传热系数修正系数优化值和推荐值，以及两者的相对偏差。

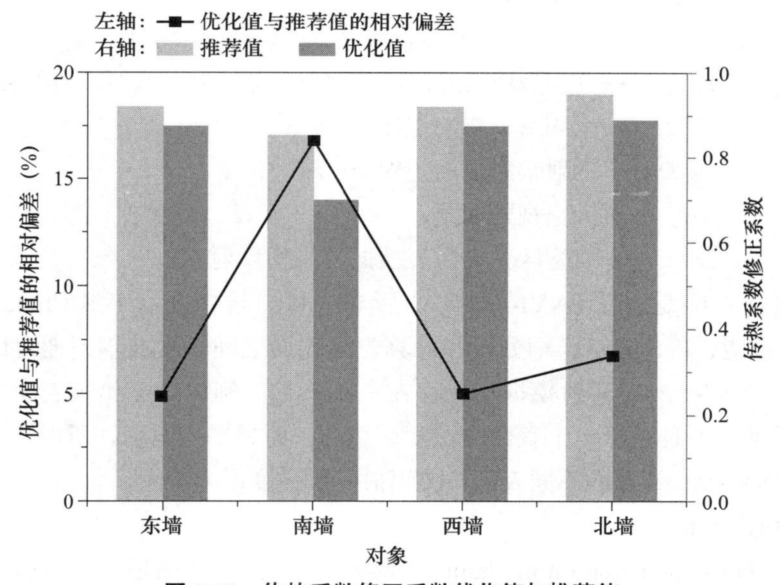

图 2-19　传热系数修正系数优化值与推荐值

由图 2-19 可以看出：采用非稳态传热考虑太阳辐射对围护结构的热作用得到的传热系数修正系数明显小于规范中稳态传热计算出的修正系数推荐值，采用优化后的传热修正系数可以减少围护结构的传热耗热量，使得供暖供热量进一步减少，有效地节约能源。

东墙、南墙、西墙以及北墙传热系数修正系数优化值与推荐值的偏差分别为 4.89%、16.82%、5% 和 6.84%。不同朝向外墙传热系数修正系数推荐值不同程度地偏大，其中南墙偏差最大，表明外墙的热工性能都被规范变相提高。

2.5 城市辐射的模拟分析方法

2.5.1 辐射场模拟量及计算模型对比

1. ENVI-met

ENVI-met 是城市微气候模拟工具，由 Michael Bruse 于 1999 年开发。ENVI-met 能够模拟长短波辐射在复杂的城市环境中的交换过程。其辐射模型通过多个 0 到 1 之间的衰减系数来描述建筑物和植物对长短波辐射的遮挡。ENVI-met 在计算空间中短波辐射通量时考虑了太阳直射辐射、散射辐射和反射辐射的影响，辐射通量表达了在空间中某点或某个特定截面的辐射量的多少，表示在单位时间内通过此点或此截面的辐射能，其辐射能总量多少与其接收面的面积大小有关。以此评估空间中辐射量的变化情况。辐射强度是指太阳，地面等单位面积上的辐射通量，与特定面积大小无关，表示向外辐射的辐射通量密度，单位是 W/m^2。其区域内任意一点的短波辐射通量为：

$$K_{\downarrow}=\sigma_{\mathrm{sw,\,dir}}(z)I_{\mathrm{z}}+\sigma_{\mathrm{sw,\,dif}}(z)\psi_{\mathrm{sky}}(z)D+[1-\psi_{\mathrm{sky}}(z)]I_{\mathrm{z}}\cdot\overline{a} \tag{2-80}$$

式中：$\sigma_{\mathrm{sw,\,dir}}$，$\sigma_{\mathrm{sw,\,dif}}$——分别为植物或建筑对太阳直射辐射、散射辐射的衰减系数；

I_{z}——太阳直射辐射强度（W/m^2）；

D——散射辐射强度（W/m^2）；

ψ_{sky}——天空视野因子；

a——模型区域内所有墙面的平均反射率。

值得注意的是，在 ENVI-met 4.31 版本中可以选择开启 IVS（Indexed View Sphere）功能，IVS 能够详细分析和计算建筑表面之间长短波辐射通量的多重相互作用。ENVI-met 在辐射模拟时也存在一些不足，例如对于建筑表面发射的长波辐射强度，不是基于单个表面的温度计算的，而是平均温度，所以在一个城市区域内 ENVI-met 计算的不同表面长波辐射发射强度误差较大。

2. Ray Man

Ray Man（Radiation on the human body）是一款人体热辐射评价软件，由德国弗莱堡大学 Matzarakis 教授于 2007 年开发。可计算复杂环境中地形、建筑、植物要素对辐射通量的影响，其灵敏度极高，可以在没有气象文件时，通过简单的参数快速地计算出结果，可应用于城市规划设计当中。

Ray Man 在计算水平面太阳直射辐射时，其辐射强度计算公式为：

$$I_0=G_0\cdot\cos\zeta\cdot\exp\left(-T_{\mathrm{L}}\cdot\delta_{\mathrm{r0}}\cdot m_{\mathrm{ro}}\cdot\frac{\rho}{\rho_0}\right)\cdot\left(1-\frac{N}{8}\right) \tag{2-81}$$

式中：I_0——水平面太阳直射辐射强度（W/m^2）；

G_0——大气层外垂直于入射方向平面上的太阳辐射强度（W/m^2）；

ζ——天顶角（°）；

δ_{r0}——标准瑞利大气垂直光学厚度（m）；

m_{ro}——相对光学空气质量；

N——表示浑浊程度。

Ray Man在计算散射辐射强度时，散射辐射可以是云的两个极值的线性组合，晴天（$n=0$）和阴天（$n=8$）：

$$D=D_0\cdot\left(1-\frac{N}{8}\right)+D_8\cdot\frac{N}{8} \tag{2-82}$$

在计算散射辐射D_0时包括各项同性D_{iso}和各项异性D_{aniso}两种散射辐射，$D_0=D_{iso}+D_{aniso}$。

3. SOLWEIG

SOLWEIG（Solar and Longwave Environmental Irradiance Geometry）是一个可以估计复杂城市环境中3D辐射通量空间变化和平均辐射温度的工具，由瑞典哥德堡大学城市气候小组于2008年开发。该工具通过建筑、植物等DEM数字高程模型来构建城市复杂结构，其模拟具有较高的准确性。

SOLWEIG其直射辐射求解公式为：

$$I_z=(G-D)/\sin\eta \tag{2-83}$$

式中：I_z——太阳直射辐射强度（W/m^2）；

G——水平面太阳总辐射强度（W/m^2）；

D——散射辐射强度（W/m^2）；

η——太阳高度角（°）。

SOLWEIG在复杂空间中短波总辐射通量考虑到了建筑与植物对直射辐射、散射辐射与反射辐射的综合作用。空间中任意一点的短波总辐射通量为：

$$K_\downarrow=I_z[S_b-(1-S_v)(1-\tau)]\sin\eta+D[\psi_{skyb}-(1-\psi_{skyv})(1-\tau)]+G\alpha[1-(\psi_{skyb}-(1-\psi_{skyv})(1-\tau))]\times(1-f_s) \tag{2-84}$$

式中：S_b，S_v——分别为建筑和植物的阴影（存在=0，不存在=1）；

ψ_{skyb}——建筑视野因子；

ψ_{skyv}——植物视野因子；

α——反照率；

τ——植物短波辐射透射率；

f_s——被阴影遮蔽的墙的份额。

4. 辐射场模拟量对比

进行辐射场模拟计算时，各软件能够模拟输出的辐射参数是不同的，ENVI-met、Ray Man、SOLWEIG三款软件能够输出的辐射参数见表2-8。

各软件输出辐射模拟量差异分析 **表 2-8**

ENVI-met	Ray Man	SOLWEIG
短波辐射		
总辐射强度	总辐射强度	入射短波辐射强度
直接／水平直接辐射强度	直接辐射强度	直接辐射强度
散射辐射强度	散射辐射强度	散射辐射强度
地表反射辐射强度 上／下半球反射辐射强度	—	向外短波辐射强度
—	—	来自四个不同方向的短波辐射强度
长波辐射		
地表长波发射强度	大气辐射强度	—
上／下半球长波辐射强度	—	入射／向外长波辐射强度
长波辐射收支	—	—
—	—	来自四个不同方向的长波辐射强度
长波总通量	—	—

三款软件均能输出水平面上的直射辐射强度和散射辐射强度。ENVI-met 与 Ray Man 自带辐射计算模型，通过给定的时间、日期和经纬度构建太阳在天空中的具体位置，计算出入射到模型边界处太阳总辐射强度、直射辐射强度和天空散射辐射强度。由于 SOLWEIG 本身没有辐射计算模型，其计算中的总辐射需要手动输入，但可对总辐射进行直散分离。在 SOLWEIG 中可以使用入射短波辐射强度来考虑建筑和植物对总辐射强度的影响。此外，SOLWEIG 还能够计算东南西北四个不同朝向垂直面上的短波辐射强度。

ENVI-met 可以输出空间中一点的反射辐射强度：在开阔空间模拟时，可使用反射辐射强度来表征下垫面的反射强度，还可以输出上／下半球反射辐射强度。SOLWEIG 也能够模拟反射辐射强度，向外短波辐射强度考虑了建筑与植物对反射辐射的影响。在 Ray Man 中散射辐射是一个无法直接输出的量，但反射辐射参与其辐射密度的计算。长波方面，ENVI-met 能够模拟输出下垫面长波发射强度，还可以输出上／下半球长波辐射强度，并可以获得下垫面长波辐射收支量，地表的长波总通量。SOLWEIG 可以输出向外长波辐射强度，同时还可以输出来自四个不同方向的长波辐射强度。Ray Man 只能够输出大气长波辐射强度。

此外，ENVI-met、Ray Man、SOLWEIG 三款软件在辐射场的遮挡处理上也有不同。ENVI-met 通过衰减系数来表征障碍物对辐射的遮挡，在最新版本中 IVS 功能可以考虑表面之间多重相互作用的短波和长波辐射通量。Ray Man 中的散射辐射计算分为各项同性和各项异性两个部分，这要比 ENVI-met 中仅考虑为各项同性的要更符合实际情况。SOLWEIG 则是用建筑、植物的 DEM 数字高程模型来构建城市复杂结构对辐射场进行计算。三款软件中，ENVI-met 能够输出的辐射量最多，Ray Man 能够输出的辐射量最少。

2. 5. 2　不同下垫面对辐射场影响的模拟对比分析

人工下垫面改变着城市的微气候，下垫面的材料布局也日趋复杂。当太阳辐射照射到城市空间中，人工下垫面表面的反射、吸收与发射是造成城市空间中辐射场发生改变的重要原因，所以有必要了解不同模拟工具在模拟不同下垫面附近的直射、散射和反射辐射的性能。

1. 模拟工况

为验证不同工具模拟城市辐射场的准确性，在对比三个软件模拟不同下垫面上方辐射场的差异时，使用 2018 年 3 月 11 日在西安测试的不同下垫面上方的辐射数据作为对照。现场测试时间段为 8 : 30～17 : 30，测试仪器为 TBD-1/2 辐射计，每 30min 对 3 种不同的地表上方 1.1m 处的水平总辐射强度、水平直射辐射强度、水平散射辐射强度、反射辐射强度记录一次。模拟工具使用的软件版本为 ENVI-met 4.31、Ray Man 1.2、SOLWEIG 2015a，软件地理位置统一设置为西安（东经：108.97°，北纬：34.25°），ENVI-met 与 Ray Man 的太阳辐射由其自带的辐射加载模型生成，SOLWEIG 采用 Ray Man 模拟的总辐射数据。在进行辐射场模拟时，选取距离不同下垫面上方 1.1m 处空间点 M 进行辐射强度对比。模拟使用的下垫面物性参数见表 2-9。

各下垫面物性参数设定　　表 2-9

材料	密度（kg/m^3）	比热［J/（kg・K）］	长波发射率	可见光吸收率
混凝土地面	2500	920	0.85	0.74
铺面转地面	1800	800	0.90	0.8
沥青地面	2100	1680	0.95	0.90

2. 太阳直射、散射和反射辐射强度对比

图 2-20 表示三个工具模拟不同下垫面上方空间点 M 在一天中水平面直射辐射强度变化曲线。由于不同下垫面周围空间没有受到建筑、植物等障碍物遮挡，所以三个下垫面上方点 M 的直射辐射强度没有发生改变，三个工具模拟出来的直射辐射强度和实测值在一天当中均表现为中午辐射强度较强，早上和傍晚直射辐射较弱。散射方面，三个下垫面在一天中的散射辐射情况均表现为图 2-21，不同下垫面散射辐射并没有发生变化，这是因为三个软件在计算散射辐射时并不会去考虑地面反射辐射带来散射辐射的增益。其中，ENVI-met 与实测值最为接近，其次是 Ray Man，SOLWEIG 与实测值差距较大。

图 2-22 为混凝土、铺面砖、沥青地表上方 M 点反射辐射强度，由于 Ray Man

无法直接输出反射辐射强度这里不做比较。从图 2-22 的实测与模拟结果可知，两个工具模拟地表上方 M 点的反射辐射强度从大到小依次为混凝土地表、铺面砖地表、沥青地表，与实测规律相符。可见 ENVI-met 与实测值更为接近。

从不同下垫面的辐射模拟对比可知，三个工具在模拟不同下垫面直射、散射、反射辐射强度方面与实测值具有较好的一致性，三个工具在辐射强度强弱方面与实测值有一定的差异，这可能与实测环境复杂和模型自身对城市辐射估计不足有关。

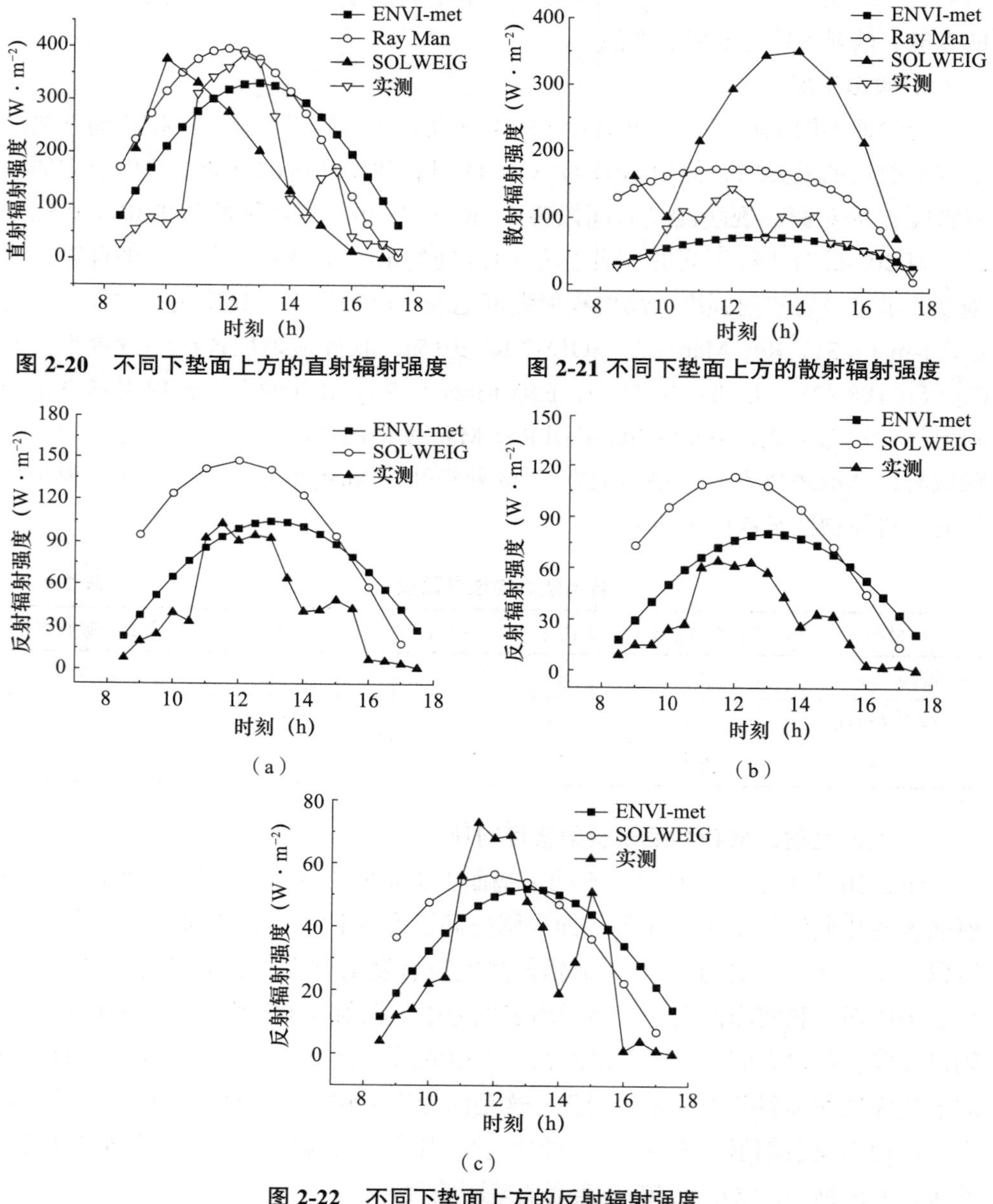

图 2-20　不同下垫面上方的直射辐射强度

图 2-21 不同下垫面上方的散射辐射强度

（a）

（b）

（c）

图 2-22　不同下垫面上方的反射辐射强度

（a）混凝土；（b）铺面转；（c）沥青

2.5.3 建筑围合对辐射场影响的模拟对比

城市中普遍存在着各类建筑间的围合空间，因为建筑间相互的遮挡使得该围合空间辐射不同于开敞空间。因此有必要了解不同工具模拟不同围合空间中总辐射强度的差异，这反映了不同模拟工具对于太阳光遮挡处理的差异。

1. 模拟工况

为对比三款软件在模拟不同围合空间中总辐射强度的差异，建立了5种不同程度的围合空间，通过模拟围合空间中地面1.1m处（P点，如表2-10所示，同时还给出了各种围合的天空角系数）的水平面总辐射强度来进行对比。围合空间选择了常见的前后平行围合方式，5种建筑间距分别为：3m、5m、7m、9m、11m。两栋建筑尺寸相同（长12m，宽3m，高6m），墙体与两栋建筑之间地表均设置为混凝土材质。各建筑围合空间参数见表2-10。

各建筑围合空间参数　　表2-10

建筑间距				
3m	5m	7m	9m	11m
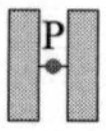 P	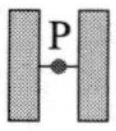 P	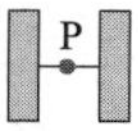 P	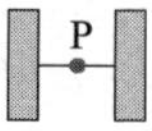 P	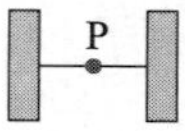 P
P点的天空角系数				
0.220 	0.352 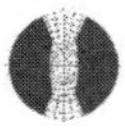	0.465 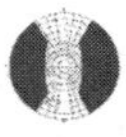	0.538 	0.627 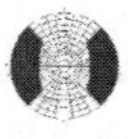

2. 围合空间的总辐射强度对比

模拟了三款软件在某个特定的时间点不同围合空间中总辐射变化情况。选取9时和12时作为模拟不同围合空间中总辐射变化情况的时间点。选取9时是因为此时不同围合空间中P点没有直射辐射照射，而散射辐射又不至于过小，选取12时是因为此时太阳辐射强度最强，围合空间中的P点尽可能地会被直射照射到。

图2-23为两个时刻间距3～11m围合空间中点P水平面接收到的总辐射强度变化曲线。从图中可以看出，三个工具在模拟两个不同时刻的总辐射强度时随着建筑间距不断增大而增强，这是因为空间围合程度变小，P点对天空的视野因子也随之变大。更多的短波辐射进入围合空间中。在9点时，不同围合空间中的总辐射强度主要是散射辐射。三个工具由于对散射的处理不同，模拟不同围合程度总辐射强度时存在一定差异。在12点时，3m的围合空间中SOLWEIG和ENVI-met总辐射强度要比Ray Man小，这是因为在此时SOLWEIG和ENVI-met中点P

只接收到了散射辐射，而没有直射辐射。当围合空间足够开敞时，三个工具模拟出来的总辐射强度趋于一致。

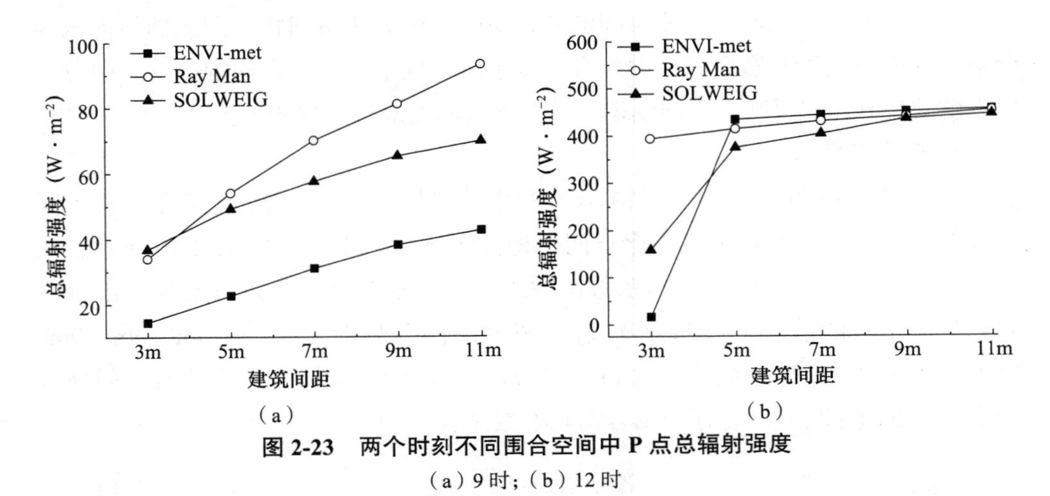

图 2-23　两个时刻不同围合空间中 P 点总辐射强度

（a）9 时；（b）12 时

第3章

城市辐射场测试及分析

3.1 太阳辐射概述

自然界中的一切物体都以电磁波的形式时刻不停地向外传送能量，这种传递能量的方式称为辐射。以辐射的方式向四周输送的能量称为辐射能，简称辐射。

太阳的辐射波长类似于6000K黑体辐射的波长分布，太阳辐射波长主要为0.15～4μm，在人眼可接收到的可见光频域（0.3～0.7μm）中具有峰值，其中最大辐射波长平均为0.5μm。相对于整个电磁波谱，太阳辐射的波长较短，因此将太阳辐射也称为短波辐射。而对于建筑外表面以及地球上一切物体的表面，虽然其温度很低，但也会释放出电磁波，建筑表面、地面和大气辐射波长主要为3～120μm，这些电磁波被称作“长波辐射”，存在于人眼无法接收到的红外区域。太阳辐射作为地表主要热源，其运行规律和辐射特征属于众多学科的基础知识体系，值得众多学者进行相关研究。

3.1.1 太阳辐射特征

太阳每年照射到地球上的太阳辐射只占总量的两万分之一，但这就足以满足整个地球全年所需的能源。以全球平均状况而言，在照射到地球的太阳辐射中，约有30%因反射和散射返回到宇宙空间，20%被大气直接吸收，50%到达地面。其中太阳辐射被削弱的表现形式大致分为三种：（1）大气对太阳辐射的吸收；（2）大气对太阳辐射的散射；（3）大气的云层和尘埃对太阳辐射的反射。而到达地面的太阳辐射有两部分：一是太阳以平行光线的形式直接投射到地面上的，称为太阳直接辐射；二是经过散射后自天空投射到地面的，称为散射辐射，两者之和称为总辐射。下面对这三种削弱太阳辐射的形式进行具体阐述。

1. 大气对太阳辐射的吸收

太阳辐射穿过大气层时，大气中某些成分会选择性的吸收一定波长辐射能。其中主要成分有氧、臭氧、水汽、二氧化碳及固体杂质等，部分成分的吸收波段如表 3-1 所示。在高层大气中，主要是氧原子吸收部分紫外线；在平流层，臭氧大量吸收紫外线；在对流层，二氧化碳、水汽吸收红外线。太阳辐射被大气吸收后转换成热能，因此太阳辐射被削弱。因为大气对太阳辐射的吸收具有选择性，所以穿过大气后的太阳辐射光谱，变得极不规则。但由于大气中主要吸收物质（臭氧和水汽）对太阳辐射的吸收带，都位于太阳辐射光谱两端能量较小的区域，因而吸收对太阳辐射的减弱作用不大。特别是对于对流层大气来说，太阳辐射不是主要的直接热源。

部分成分的吸收波段 **表 3-1**

气体成分	强吸收波段	弱吸收波段
氧	＜ 0.2μm 的紫外光	0.69～0.76μm 的可见光
臭氧	0.2～0.32μm 的紫外光	0.6μm 的可见光
水汽	0.93～2.85μm 的红外光（三个强吸收带）	0.6～0.7μm 的可见光（三个弱吸收带）

2. 大气对太阳辐射的散射

大气中的空气分子、尘粒、云滴等质点会使太阳辐射发生散射。但散射并不像吸收那样把辐射转换成热能，而只是改变辐射的方向，使太阳辐射以质点为中心向四面八方发散。因此经过散射之后，有一部分太阳辐射就到不了地面。当太阳辐射通过大气时，遇到大气中的各种质点，太阳辐射能的一部分会散向四面八方，称为散射。因为云雾的粒子大小与红外线（0.76～15μm）的波长接近，所以云雾对红外线的散射主要是米氏散射。太阳辐射遇到直径比云雾波长大的质点，辐射的各种波长同样会被散射，因此当空气中有较多尘埃和雾粒时，天空呈灰白色。当大气中粒子直径比波长大得多时，入射光的各种波长具有同等散射能力，散射强度不再随入射光的波长而改变，称为漫射。基于入射辐射波长 λ 与散射质点的相对大小 r，将散射分为分子散射（雷利散射）、米散射和漫射，如表 3-2 所示。

散射辐射类型及其定律 **表 3-2**

类型	条件	定律
分子散射	$r<<\lambda$	$I_\lambda=\frac{\beta}{\lambda^4}$；当大气中粒子直径比波长小得多时，散射强度 I_λ 与入射光波长的四次方成反比
米散射	$r\approx\lambda$	$I_\lambda=\frac{\beta}{\lambda^2}$；当大气中粒子直径与辐射波长相接近时，散射强度 I_λ 与入射光波长的二次方成反比
漫射	$r>>\lambda$	当大气中粒子直径比波长大得多时，入射光的各种波长具有同等散射能力，散射强度不再随入射光的波长改变，称之为漫射

3. 大气云层和尘埃对太阳辐射的反射

大气云层和较大颗粒的尘埃能将太阳辐射中一部分能量反射到宇宙空间。其中云的反射作用最为显著，主要发生在云层顶部。云的反射能力随云状和云的厚度会有很大不同，高云反射率约为25%，中云约为50%，低云约为65%，稀薄云层也可以反射10%～20%。随着云层增厚，反射增强，厚云层的反射率可达90%，一般情况下云的平均反射率为50%～55%。因此，大气云层和尘埃的反射作用对太阳辐射的削弱最为显著。

在上述三种形式中，以反射作用最为显著，散射作用次之，吸收作用最小。

3.1.2　太阳辐射分布规律

我国年总辐射值大小，受地形、天气和气候的影响，呈非规律分布。同时，从城郊角度看，城市中因人类活动（工业生产、交通运输等）而引起空气污染的周期性和非周期性变化，使得到达城区地表太阳总辐射的时空变化比郊区更加复杂。

1. 我国太阳辐射的时空分布

我国太阳辐射资源丰富，辐射强度依次呈“高原、平原、西部干燥区、东部湿润区”的分布特点。其中，青藏高原最为丰富，年平均总辐射量超过1800kWh/m^2，部分地区甚至超过2000kWh/m^2。四川盆地太阳辐射资源相对较少，存在低于1000kWh/m^2的区域。

太阳辐射最丰富带（年总量不小于1750kWh/m^2）的主要地区为：内蒙古额济纳旗以西、甘肃酒泉以西、青海100° E以西大部分地区、西藏94° E以西大部分地区、新疆东部边缘地区、四川甘孜部分地区。太阳辐射很丰富带（年总量介于1400kWh/m^2到1750kWh/m^2之间）的主要地区为：新疆大部、内蒙古额济纳旗以东大部、黑龙江西部、吉林西部、辽宁西部、河北大部、北京、天津、山东东部、山西大部、陕西北部、宁夏、甘肃酒泉以东大部、青海东部边缘、西藏94° E以东、四川中西部、云南大部、海南。太阳辐射较丰富带（年总量介于1050kWh/m^2到1400kWh/m^2之间）的主要地区：内蒙古50° N以北、黑龙江大部、吉林中东部、辽宁中东部、山东中西部、山西南部、陕西中南部、甘肃东部边缘、四川中部、云南东部边缘、贵州南部、湖南大部、湖北大部、广西、广东、福建、江西、浙江、安徽、江苏、河南。太阳辐射一般带（年总量不大于1050kWh/m^2）主要地区：四川东部、重庆大部、贵州中北部、湖北110° E以西、湖南西北部。

就时间而言，我国大部分地区位于北半球中纬度地区，夏季太阳高度角大，光照时间长，各个地区太阳辐射强度呈现夏半年多于冬半年的基本规律。

2. 城市太阳辐射

一般来说，城市中到达地表的太阳总辐射比郊区弱，特别是太阳直接辐射和紫外辐射被削弱得更多。因城市空气中污染较为严重，低云量多，空气混浊度大，导致太阳辐射的透射率降低，使得到达城市下垫面的太阳直接辐射被很大程度削弱；同时城市大气混浊度大，由于云滴和颗粒状污染物的作用，又会使到达下垫面的散射辐射量比乡村大。虽然散射辐射的增加和直接辐射的减少会相互补偿，但散射辐射的增加量不能抵消直接辐射的减少量。因此，到达城市下垫面的太阳总辐射量比乡村少。

上海是我国最早开始城市化和工业化的城市之一，城市化和工业化对太阳辐射的影响较为显著。表 3-3 为上海龙华站不同时段太阳辐射。

上海龙华站不同时段太阳辐射 **表 3-3**

时段	辐射类型		
	直接辐射（W/m^2）	散射辐射（W/m^2）	总辐射（W/m^2）
1958～1970	82.45	73.80	156.25
1971～1980	69.81	75.39	145.20
1981～1985	57.99	82.42	140.41

从上表可以看出，第一时段（1958～1970 年）太阳直接辐射最大，到了第二时段（1971～1980 年）太阳直接辐射比第一时段减少 15.3%，而第三时段（1981～1985 年）又比第二时段减少 16.9%。散射辐射与直接辐射相反，在三个时段中是不断增加的；第二时段比第一时段增加了 2.2%，第三时段又比第二时段增加了 9.3%。而总辐射则又是逐时段减少的，其递减速度要比直接辐射小，即第二时段比第一时段减少了 7.1%，第三时段比第二时段减少了 3.3%；这说明总辐射的时间变化以直接辐射的变化为主，晴天总辐射量中一般直接辐射量大于散射辐射量。同时，根据数据表明，上海的城市混浊因子，在这三个时段中逐步增大，城市污染逐步加重。

城市中的太阳辐射和日照条件受城市空气污染的影响最为明显，空气污染的结果使大气浑浊度增加，于是使得到达城市地面的太阳总辐射大大减少。市区空气污染对于直接辐射影响的大小，与太阳光线在污染空气中传播的“路程”长短有关，所以，空气污染对直接辐射的削弱效应，冬季比夏季显著，早晚比中午显著。

而城市中的散射辐射变化不如直接辐射明显，且各地的观测结果也不一致。这主要与城市空气污染状况（污染物质）不同有关，也就是说与城市上空微粒、灰尘等分布特征有关。城市大气中颗粒污染物和气体污染物比郊区多，太阳辐射穿过城市上空大气到达地面后，其波长发生了变化；短波部分因极易被散射而比例减少，长波部分因散射作用而比例增加。不过，有的城市将重工业区规划建设在郊区，而市中心主要为轻工业和商业部门，这就会出现散射辐射郊区大于城市的情况。所以，城市辐射分布情况应具体分析。

依据上述规律，城市中如果采取有效措施，减轻大气污染，改善大气环境质量，到达城市下垫面的太阳总辐射量将会有所增加，从而使城市和郊区的总辐射量差异缩小。例如，英国、美国通过实施对污染物的控制排放措施后，大气环境质量已有显著改善，城市和郊区太阳总辐射量差值明显减小。可见，只要改善城市大气环境质量，降低空气污染浓度，城郊之间太阳总辐射的差距是可以缩小的。

3.2　城市太阳辐射测试

本节将从测试意义及方法两个方面对整体测试进行概述，阐明进行城市辐射场和热效应相关测试的意义，并基于这两点分析相应的测试数据、原理和仪器。

3.2.1　测试意义

目前我国开展太阳辐射测量的气象站点较少，但相关领域研究和应用中对太阳辐射数据的需求不断增加，受条件所限，采用理论计算和计算机模拟成为主要的数据获取途径，但上述方法存在较大误差。因此测量太阳辐射有现实意义，在气象与环境领域，太阳辐射与一些气象参数密切相关，测量太阳辐射可直接在某些可靠性要求高的场景中使用。

同时，测试作为一种主要的研究方法，具有十分重要的实际意义。在理论及相关机理提出后，需要通过测试来验证理论结果的正确性。对于一些城市辐射场相关理论，在实际环境下，辐射计算模型、建筑之间辐射计算的空间关系以及一些研究方法等的可行性和正确性就不得而知，而通过测试分析便能在很大程度上来验证理论。通过对城市辐射场相关数据的采集、分析，探究各个物理量之间的相关关系，分析理论值与实际值之间的差异，这便是对前文理论方法的实际验证。

城市辐射场与城市热效应二者相互关联，本章以城市下垫面为纽带，对城市热效应进行测试分析，并针对在不同气候条件下，不同下垫面的辐射热效应是否存在差异？存在什么差异？这些问题需要进行相关探讨。

3.2.2　测试原理与方法

1. 测试数据分析

本章测试主要以城市辐射场以及受其影响的城市热效应为主，其中长短波辐射量、散射辐射、直射辐射和总辐射为城市辐射场的主要测试数据，空气温湿度，地表温度等物理量为城市热效应分析的主要数据。表3-4为需要测试的具体数据。

所需测试的具体数据　　**表 3-4**

城市辐射场测试数据		城市热效应测试数据	
数据名称	单位	数据名称	单位
长波辐射量	W/m^2	空气相对湿度	%
直接辐射	W/m^2	空气温度	℃
散射辐射	W/m^2	地表温度	℃
反射辐射	W/m^2	热流	W/m^2
总辐射	W/m^2		

2. 短波辐射测试原理

经过前文对太阳辐射特征及规律的描述后，基于直接辐射、散射辐射和总辐射的特点，并阐述相应的测量原理。（1）直接辐射：采用直接日射表来测量，所得到的结果是法向直射。至于其他平面上的直射，则需通过公式换算成水平面上和倾斜面上的直射。测量直射辐射并不困难，只需在测量的瞬间确保直接日射表的进光筒，通过瞄准靶点对准太阳即可。如果需要连续记录太阳直射，则需要太阳跟踪器，即能保证随时跟上太阳运动的装置，目前国际上均已改用计算机辅助并带有光电反馈装置的跟踪器。（2）散射辐射：采用水平放置的总日射表测量，同时需要利用放置在一定距离的圆形或球形遮光片，将落入总日射表感应面上的直射遮去。遮光片的直径和距离是有要求的，它应与直接日射表的开口及开口至其感应面的距离成比例关系。（3）反射辐射：采用总日射表进行测量，但需要将其翻转 180℃，也就是水平向下进行观测。（4）总辐射：准确的总辐射测试应分别测量直射和散射，然后根据相关公式计算得出。如果要求不太高，也可采用水平放置的总日射表直接测量，这是因为总日射表对不同入射角直射辐射的余弦响应并不理想。也就是说，与同时利用直接日射表的测量数据乘以当时太阳天顶角余弦的结果有差异。

3. 长波辐射测试原理

由于太阳运作，城市建筑的各个表面和地面都不同程度地发射并吸收着来自周围的长波辐射，这种长波辐射一般可分为直接投射辐射和反射投射辐射。一般来说，可通过长波辐射表来完成对长波辐射的测试。长波辐射表测量的辐射强度与热电堆探测器的输出电压、参考端温度以及顶部外壳有关，所接受到的辐射照度可由相关公式计算得出。长波辐射表具有严格的测试性能要求，如表 3-5 所示。

长波辐射表测试性能要求　　**表 3-5**

序号	测量性能	要求	
		一级长波辐射表	二级长波辐射表
1	响应时间（95% 响应）	＜ 15s	＜ 30s
2	非线性	±2%	±4%

续表

序号	测量性能	要求	
		一级长波辐射表	二级长波辐射表
3	温度响应（−10～40℃）	±2%	±4%
4	倾斜响应（0°～90°）	±1%	±2%
5	年稳定性	±1%	±2%
6	感应腔体温度测量误差	±0.1℃	±0.2℃
7	灵敏度	≥ $4\mu V/W^{-1} \cdot m^2$	

3.2.3　测试仪器

目前有许多太阳辐射测量仪器，测量太阳总辐射的仪器主要有：（1）TM-ZF总辐射表：TM-ZF总辐射表主要用于气象、太阳能利用、农林业、建筑材料老化及大气环境监测等部门太阳辐射能量的测量。（2）Kipp & Zonen系列：提供最全种类和型号的总辐射表，专门测量来自太阳或灯上的水平面上辐射强度。（3）TBQ-2太阳总辐射表：太阳总辐射表根据热电效应原理，用来测量光谱范围为0.28～3.0μm太阳总辐射（亦可用来测量入射到斜面上太阳总辐射）的感应元件，它有耐腐蚀力强，精度高等特点。

长波辐射表主要有：（1）SGR3长波辐射仪：用于气象测量领域，测量下行的大气长波辐射，是针对气象和农业应用领域的理想选型。（2）CGR4长波辐射表：其敏度的温度依存性低，有可靠的全天候特性且方便安装。（3）QTS-4长波辐射仪：可在野外全天候使用，方便携带，适用于环保、气象、农业、水利、建筑、科研及教学等领域。

基于所需的测试数据，选择相应的测试仪器。对于城市辐射场的相关数据，选择EKO（MS602）QTS-4辐射仪、QTS-4长波辐射仪和TBQ-2总辐射仪。这三种是主流测试辐射量的仪器，各自有相应的特点。

EKO（MS602）QTS-4辐射仪：为二级辐射表，它体积小巧、重量轻、安装简便，优质的4mm保护罩和全密封设计使其内部的热电偶能够避免外部环境影响，并且能够在水下正常工作。适用于气象站日常测量、光伏电站太阳能监测、研究农林生态监测和现场环境测试等。在测试太阳总辐射时，将其放在空旷无遮挡的位置，使其能够接收到太阳直射辐射和天空散射辐射。测试反射辐射的方法，是将太阳辐射仪朝向地面水平放置，需离开地面一定的距离后，才能测得下垫面反射辐射强度，测试周期为30min。

QTS-4长波辐射仪：为便携式防水防震结构设计，可在野外全天候使用，检测精度高，低功耗环保节能设计，人机界面友好，工作时无需人工介入，交直流电源共用，外接相应传感器即可实时采集数据，并可用计算机管理软件输出数据，生成报表。适用于环保、气象、农业、林业、水利、建筑、科研及教学等领域。其可以测量长波波段范围内的辐射强度，测试周期为30min。

TBQ-2总辐射仪：主要用来测量波长范围为0.3～3μm的太阳总辐射。如水平向下放置，可测量反射辐射。适用于恶劣环境，灵敏度高，可进行无源测量，且使用方便。测试散射辐射则是将探头上的直射辐射挡住，使其只能够接收到散射辐射，而直射辐射的值则由总辐射的值减去散射辐射的值求出，测试周期为30min。

针对城市热效应的相关数据，选择175-H2自计式温湿度计和CENTER-309四通道温度计。其中，175-H2自计式温湿度计：为大屏幕显示，便于读取；即使电池用尽，数据也不会丢失；可通过testo 580数据采集器将数据下载至PC或笔记本电脑进行分析。CENTER-309四通道温度计：四点温度T1、T2、T3、T4可同时测量，四组数据可锁定读值，同时显示记录的大小值。测试仪器及参数见表3-6。

测试仪器及参数　　表3-6

测试项目	仪器名称	仪器参数
短波辐射强度	EKO（MS-602）全光谱辐照计	强度测试范围：0～2000W/m^2 响应时间（95%）：17s 工作温度（℃）：−40～80
长波辐射强度	QTS-4长波辐射仪（手记）	准确度：0.5%； 内分辨率：±1μV 显示周期：10s
表面温度	CENTER-309四通道温度计（自记）	精度：−200～1370℃±0.3%rdg＋1℃， −328～2498℉±0.3%rdg＋2℉ 工作温度：−20～60℃
空气温湿度	175-H2自计式温湿度计（自记）	精度：±3.0%rF，分辨率：±0.1%rF， 工作温度：−20.0～70.0℃

3.3 城市太阳辐射测试数据

太阳辐射是自然界最重要热源，也是城市中主要热源，对于城市设计、景观设计和建筑设计都起着至关重要的作用。目前我国多数气象台站无太阳辐射测试数据，因数据缺失给相关研究与设计带来了困难。课题组近十年来，在我国近十座城市开展了太阳辐射测试，获得了真实可靠的太阳辐射强度数据，数据类型包括短波辐射和长波辐射。本节将辐射测试的数据归纳总结，阐述分析各个城市的长、短波辐射强度以及城市太阳辐射的特点，并从不同气候区、城郊和围合与开敞三个角度论述辐射之间的差异。以期丰富太阳辐射数据，为相关研究提供数据支撑。

3.3.1　城市短波辐射

短波辐射是太阳辐射的重要部分，测试地域包含了严寒、寒冷、夏热冬冷以及夏热冬暖等四个建筑热工气候分区。严寒地区包括：包头和玉树；寒冷地区包括：银川、西安、拉萨和康巴藏区；夏热冬冷地区包括：黄山和绵阳；夏热冬暖地区为三亚。通过测试数据，基本可以呈现出各地域太阳辐射时空分布的差异。

1. 包头

包头地处内蒙古中西部，介于东经109° 50′ ～111° 25′ 、北纬41° 20′ ～42° 40′之间，夏季较为凉爽，冬季非常寒冷，属于严寒气候区。因受地理经纬度和地形的影响，包头属于热量资源不丰富地区，年日照时数为2882.2h，全市年平均气温2.3～7.7℃，1月为最冷月，月平均气温−16～−4℃。

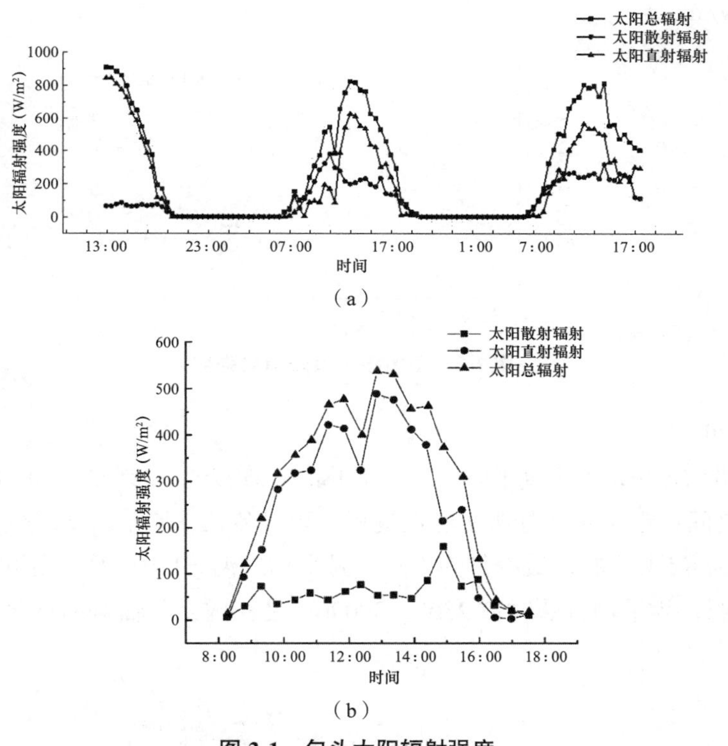

图3-1　包头太阳辐射强度

（a）夏季；（b）冬季

测试地点选择无太阳光遮挡的开阔地带，尽量远离建筑物。测试时段为2018年7月26～28日和1月9日。图3-1为包头实测的太阳辐射强度。整体来看，测试期间包头太阳直射辐射和散射辐射分别出现和消失的时间在8:00和17:00左右，直射辐射占总辐射的比重较大，散射辐射会在日出和日落时的一段时间高于直射辐射。夜间由于没有太阳照射，总辐射、散射辐射、直射辐射均变为零。夏季包头辐射强度较为强烈，在12时左右达到峰值，约为900W/m²，在测试期间，日平均辐射强度较为接近。冬季包头辐射强度较夏季低，峰值约为500W/m²，直射辐射强度大致随总辐射强度的变化而变化，散射辐射强度整体起伏较为平缓。

2. 玉树

玉树地处我国青藏高原青海省的西南部，属于高海拔地区，介于东经95° 41′～97° 44′、北纬33° 44′～33° 46′之间，全年无四季之分，只有冷暖两季，属于严寒气候区。玉树平均海拔4493.4m，同时受到纬度位置的影响，年平均气温约为2.9℃，一月为最冷月，月均温约为−7.5℃，玉树日照时间长，晴天多，年日照时数2500～2700h。

测试时段为2011年1月19～20日，测试数据如图3-2所示。日照时间从上午8时到下午18时，时长约为10h，当地太阳能资源丰富，测试当日最高辐射量约为620W/m²。

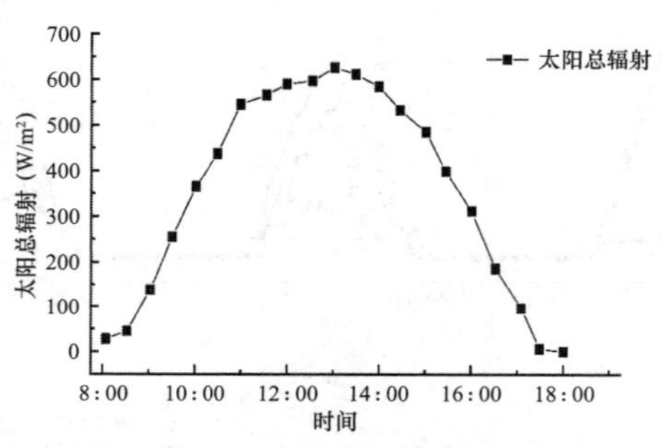

图3-2 玉树冬季太阳辐射强度

3. 银川

塞上古城银川地处宁夏平原中部，介于北纬37° 29′～38° 53′、东经105° 49′～106° 53′之间，银川四季分明，春迟夏短，秋早冬长，属于寒冷气候区。银川年平均气温为8.5℃左右，最冷月为1月，月平均气温−11～2℃，银川具有丰富的太阳能资源，年平均日照时数2800～3000h，是我国太阳辐射和日照时数最多的地区之一。

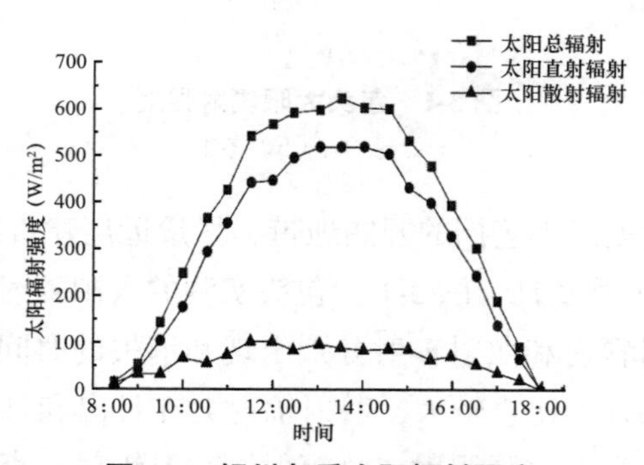

图3-3 银川冬季太阳辐射强度

测试时段为2009年12月10日和11日。图3-3为银川太阳辐射强度，太阳在6时左右升起，18时完全落下，日照时间接近12h，日照时间内太阳总辐射平均强度约为370W/m^2，在13时左右达到峰值，约为620W/m^2。银川地区日照时间长，太阳辐射强度高，太阳直射辐射强度达到总辐射强度的77.4%，表明当地具有丰富的太阳能资源，且银川冬季干旱少雨，太阳辐射资源稳定。

4. 西安

西安地处陕西关中地区，介于东经107° 40′～109° 49′、北纬33° 42′～34° 45′之间（本书计算取值为东经：108.97°，北纬：34.25°）。西安冷暖干湿，四季分明。冬季寒冷、风小；春季温暖、干燥、多风；夏季炎热多雨，伏旱突出；秋季凉爽，秋淋明显，属于寒冷气候区。西安年平均气温13.0～13.7℃，1月为最冷月，月平均气温 -1.2～0℃，热量资源充足，年日照时数1646～2115h。

测试时段为2018年7月26～28日、2019年1月12日。图3-4为西安冬夏两季太阳辐射强度。从夏季数据可以看出，西安直射辐射强度占总辐射强度比重较大，冬季太阳辐射整体呈现先上升后下降趋势，在13时左右达到峰值，约为500W/m^2。变化趋势与总辐射强度大致相同，散射辐射强度较低且变化较为平缓，测试三天辐射强度峰值均在900W/m^{2}左右。综上，西安太阳总辐射冬、夏两季变化幅度较大，当地具有较好的太阳辐射资源。

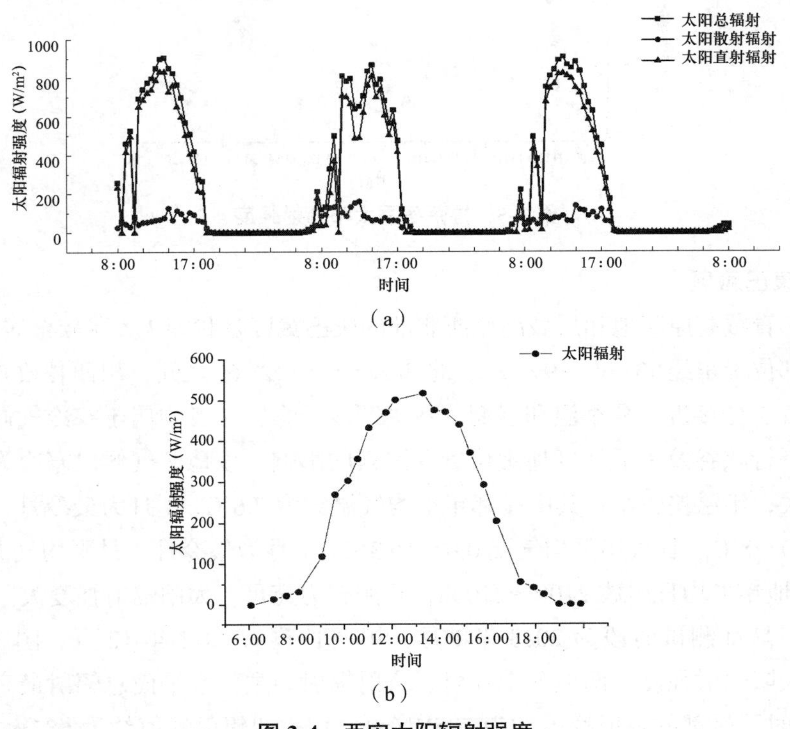

图3-4 西安太阳辐射强度

（a）夏季；（b）冬季

5. 拉萨

拉萨地处中国西南地区，是西藏政治、经济、文化和科教的中心，地理坐标为东经 91° 06′，北纬 29° 36′，属于寒冷气候区。因为拉萨地处喜马拉雅山脉北侧，受下沉气流的影响，全年多晴朗天气，年平均气温约为7.4℃，最冷月为1月，月平均气温 −8～8℃，全年日照时间在 3000h 以上，素有“日光城”的美誉。这使得拉萨太阳能资源极为丰富，是我国辐射强度最大的城市之一。

测试时段为 2017 年 12 月 26 日和 27 日。图 3-5 为拉萨冬季太阳辐射强度。从图中可以看出，第一天太阳辐射最大值在 14 时左右；在第二天太阳辐射较前一天有所降低，可能是云层遮挡的原因。因夜间太阳辐射强度为零，所以图中并未显示夜间数据。即便在冬季，拉萨在测试期间的太阳辐射峰值也达到了 1000W/m^2 左右；图中辐射强度曲线十分陡峭，表明辐射强度提升速度很快，同时也印证了拉萨的太阳辐射强度之大。

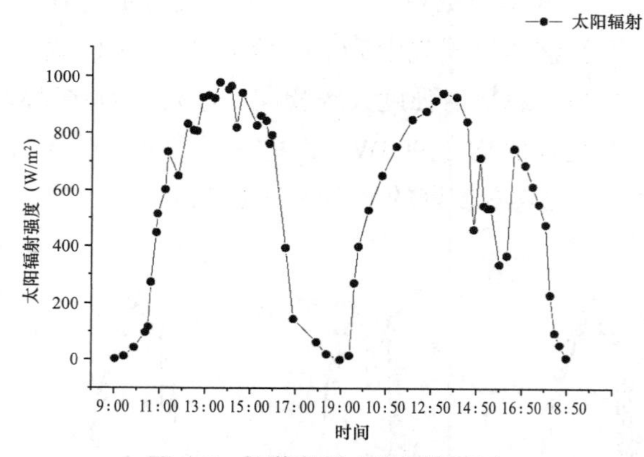

图 3-5 拉萨冬季太阳辐射强度

6. 康巴藏区

位于青藏高原腹地和川藏高原西北部的康巴藏区是我国 3 大藏族聚居区之一，藏东昌都位于东经 93° 6′～99° 2′、北纬 28° 5′～32° 6′ 之间，川西甘孜与昌都的地理位置十分接近，夏季温和湿润，冬季寒冷干燥，二者均属于寒冷气候区。因受南北平行峡谷及中低纬度地理位置等因素的影响，该地区气候以寒冷为主，日温差较大，年温差较小，其中昌都年平均气温约为 7.6℃，1 月为最冷月，月平均气温 −10～8℃。甘孜年平均气温 0.6～16.3℃，1 月为最冷月，月平均气温 −11～5℃。两地年平均日照数 2100～2700h，日照较为充足，太阳辐射强度大。

藏东昌都测试时段为 2013 年 1 月，川西甘孜为 2013 年 12 月。图 3-6 为康巴藏区太阳辐射强度。两地冬季辐射以直射辐射为主，水平面总辐射最高值均出现在 13 时，昌都的辐射峰值约为 735W/m^2，甘孜的辐射峰值约为 687W/m^2，昌都日总辐射强度约为 3366W/m^2，甘孜约为 3296W/m^2，昌都地区辐射强度略高于康定地区。有效辐射时间介于 9 : 30～17 : 00 之间。整体上直射辐射占比较高，辐射强度大，当地辐射资源较为丰富。

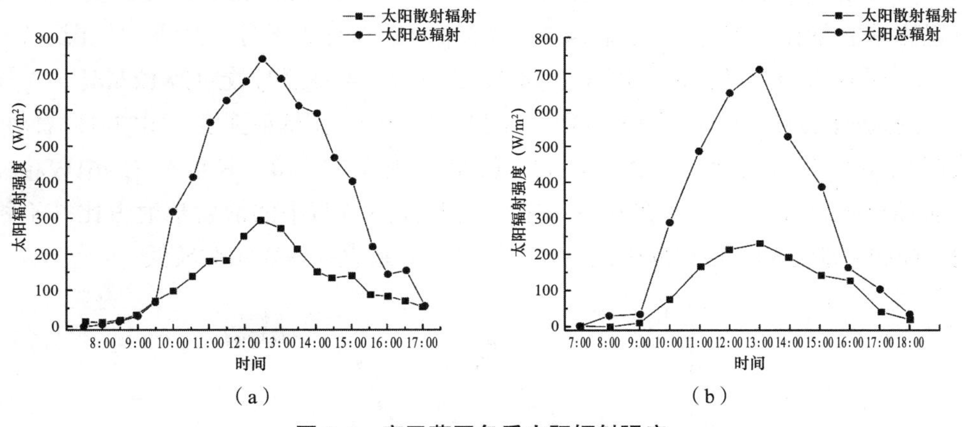

图 3-6 康巴藏区冬季太阳辐射强度

（a）昌都；（b）甘孜

7. 黄山

作为徽文化重要发祥地的黄山，位于安徽省南部，介于东经 118° 01′～118° 17′、北纬 30° 01′～30° 18′ 之间。黄山四季分明，夏季温高湿重、冬季温低湿冷是其显著的气候特点，属于夏热冬冷气候区。黄山年平均气温 15～16℃，最冷月为 1 月，月平均气温 2.8℃；最热月为 7 月，月平均气温 27.4℃；大部分地区冬无严寒，日照时数和日照百分率偏低，年平均日照时数约为 1648h。

测试时段为 2012 年 12 月 24～26 日。图 3-7 为黄山太阳辐射强度。测试地冬季日出时间约在 6 : 40，日落时间约在 17 : 50，日照时长 11h 左右。日照时间内太阳总辐射平均强度约为 350W/m²，峰值约为 560W/m²，出现在中午 12 : 00。太阳的直接辐射强度可达总辐射强度的 72.1%，散射辐射变化较为平缓。

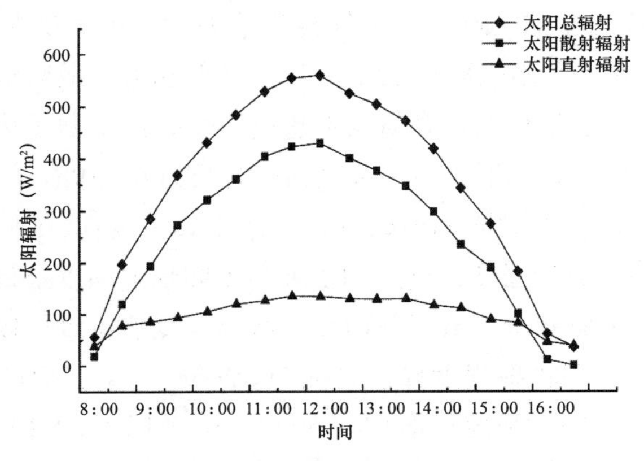

图 3-7 黄山冬季太阳辐射强度

8. 绵阳

绵阳位于四川盆地西北部，介于北纬 30° 42′ ～33° 03′ 、东经 103° 45′ ～105° 43′ 之间，属于夏热冬冷气候区。绵阳市境内多山区丘陵，同时受经纬度位置影响，绵阳市年平均气温 14.7～17.3℃，最冷月为 1 月，月平均气温 3.9～6.2℃；最热月为 7 月，月平均气温 24.2～27.2℃，年日照时数约为 1274h。

测试时段为2011年7月19～21日。图3-8为绵阳太阳辐射强度。图中可以看出，太阳总辐射平均强度约为 232W/m²，峰值出现在 13 : 00，其值约为 461W/m²。散射辐射占总辐射的比例在 68% 左右，这与前述城市中的散射辐射占比并不相同，原因可能是测试地点周围建筑物的影响，导致直射辐射相对较低。

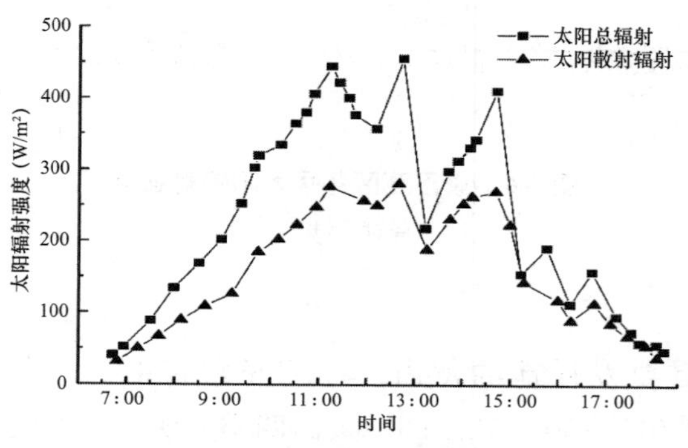

图 3-8 绵阳夏季太阳辐射强度

9. 三亚

地处海南岛最南端的三亚，是我国具有热带海滨风景特色的国际旅游城市，地理坐标介于北纬 18° 09′ ～18° 37′ 、东经 108° 56′ ～109° 48′ 之间，属于夏热冬暖气候区。由于地处低纬度地区，年平均气温 25.7℃，最热月为 6 月，月平均气温 28.7℃，全年日照时数约为 2534h，年太阳辐射总量大。

测试日为 2017 年 8 月 9 日。图 3-9 为三亚太阳辐射强度。测试日内 11 : 00 前天气为多云，在 8 : 00～11 : 00 辐射变化剧烈，虽然辐射强度较弱，但也呈现出辐射增高的趋势。在 11 : 00 后，天气转为晴朗，总辐射量在 13 : 00 时达到最大值约为 1000W/m²。太阳辐射在 13 : 30 后呈降低趋势。散射辐射和建筑正南向立面辐射强度低，两类辐射的最高值均不超过 300W/m²。数据表明：三亚地区夏季辐射强度高，且以直射辐射为主，有效辐射时长为 6～19h。

基于以上数座城市的太阳辐射数据，总结出如下规律：（1）由于太阳运作，中午时分的太阳辐射最为强烈，凌晨和傍晚的太阳辐射强度最低；（2）包头、西安、拉萨、银川、玉树和康巴藏区等西北地区以及夏热冬暖气候区三亚的太阳辐射强度较高，夏季太阳辐射强度峰值均在 700W/m² 以上，而属于夏热冬冷气候区黄山和绵阳的太阳辐射强度峰值均在 500W/m² 及以下；（3）各个城市夏季太阳辐射强度普遍比冬季高出 200～400W/m²。

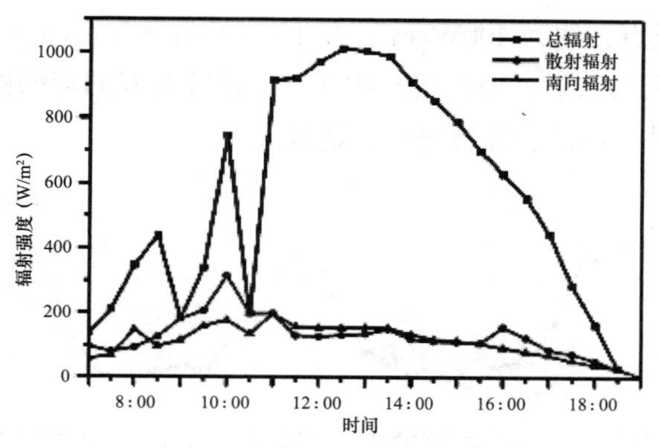

图 3-9　三亚夏季太阳辐射强度

3.3.2　城市长波辐射

针对城市长波辐射的测试，考虑到长波辐射的时空分布差异，选取了严寒气候区哈尔滨和包头、寒冷气候区西安、夏热冬冷气候区汉中以及夏热冬暖气候区三亚。

1. 哈尔滨

冰城哈尔滨地处中国东北地区的黑龙江省西南部，位于东经 125° 42′～130° 10′、北纬 44° 04′～46° 40′ 之间。哈尔滨四季分明，冬季漫长寒冷，而夏季短暂凉爽，属于严寒气候区。受经纬度位置影响，年平均气温 5.6℃，最冷月为 1 月，月平均气温 −15.8℃，哈尔滨全年日照时数 2641～2732h。

测试时段为 2016 年 9 月 20～22 日，测试数据为建筑南墙所发射的长波辐射，图 3-10 为哈尔滨长波辐射强度。长波辐射强度总体呈先上升后下降的单峰状态。在 12 时达到峰值，约为 475W/m^2，在 6 时达到最低值，约为 360W/m^2，平均长波辐射强度约为 394W/m^2。

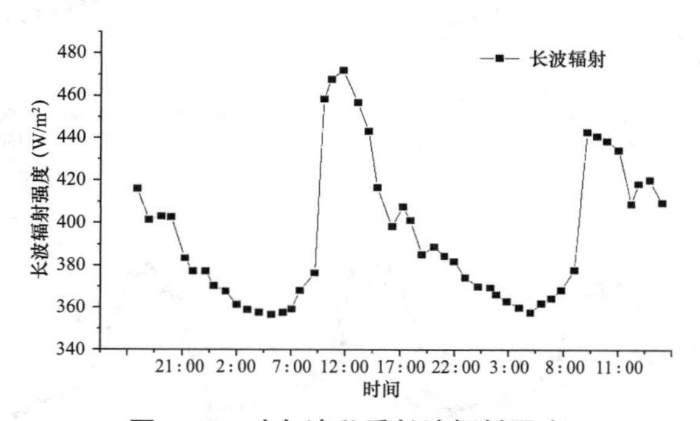

图 3-10　哈尔滨秋季长波辐射强度

2. 包头

包头测试时段为 2018 年 7 月 26～28 日，测试数据为城市下垫面所发射的长波辐射量。图 3-11 为包头长波辐射强度。在测试期间，包头长波辐射强度在凌晨

1时左右达到最低点，约为400W/m²，在17时左右达到最高点，约为575W/m²。这是因为经过白天的照射，城市建筑物在临近傍晚时候储存的能量最多，所以傍晚温度最高，向外发射的长波辐射量也就最大。

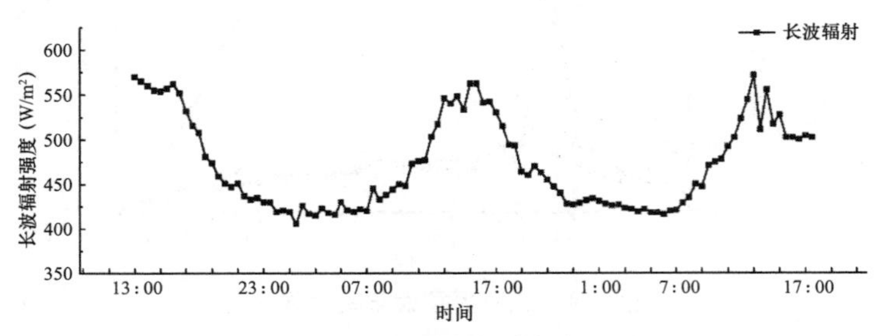

图 3-11　包头夏季长波辐射强度

3. 西安

西安测试时段为2016年7月20～22日、2018年7月18～21日和2021年7月20～22日，测试数据为城市下垫面所发射的长波辐射量。图3-12为西安长波辐射强度。西安2016、2018、2021年夏季长波辐射整体变化趋势相同，呈现先上升后下降的单峰状态。在6时达到最低值，在12时左右达到峰值。2016年峰值约为550W/m²，最低值约为422W/m²；2018年峰值约为700W/m²，最低值约为400W/m²；2021年峰值约为555W/m²，最低值约为457W/m²，其中2018年长波辐射强度最高。

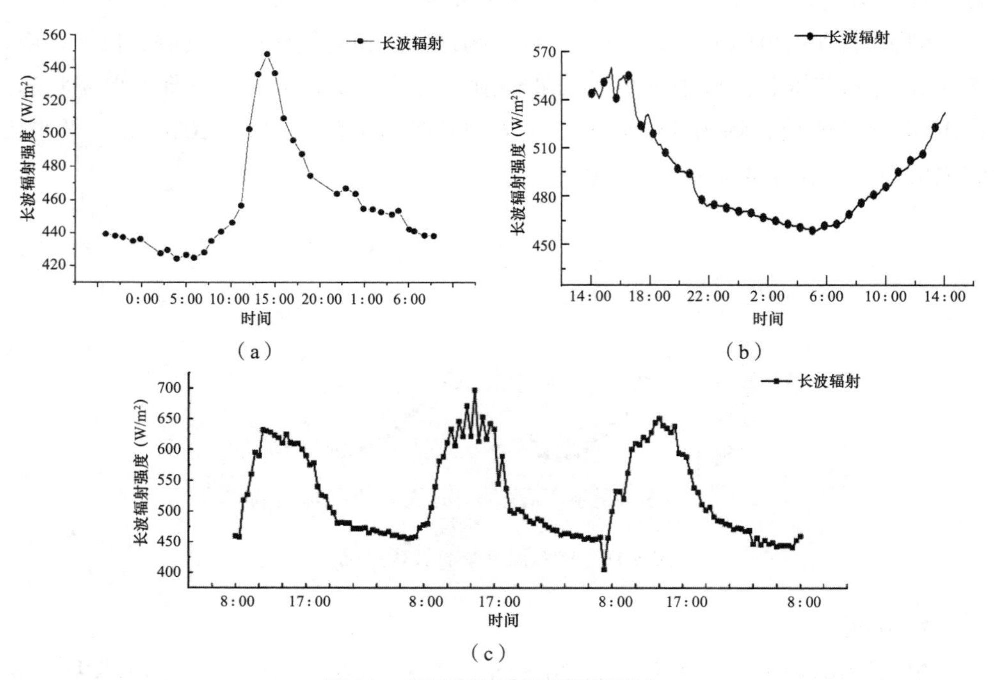

图 3-12　西安夏季长波辐射强度

（a）2016年；（b）2021年；（c）2018年

4. 汉中

自古被誉为“秦之咽喉”“蜀之门户”的汉中地处陕南地区，地理坐标位于东经105° 29′～108° 16′和北纬32° 08′～33° 52′之间，春秋略短，而冬夏稍长，属于夏热冬冷气候区。受盆地地形以及经纬度位置的影响，汉中年平均气温约14.5℃，最冷月为1月，平均气温2.6℃；最热为7月，平均气温25.5℃；年日照时数约2301.4h。

汉中测试时段为2021年7月23～25日，测试数据为城市下垫面所发射的长波辐射量，图3-13为汉中长波辐射强度。汉中长波辐射强度在15时左右达到峰值，约为525W/m^2，随之下降，在7时左右达到最低值，约为435W/m^2。由于天气原因，第二天的长波辐射强度变化趋势较为平缓。

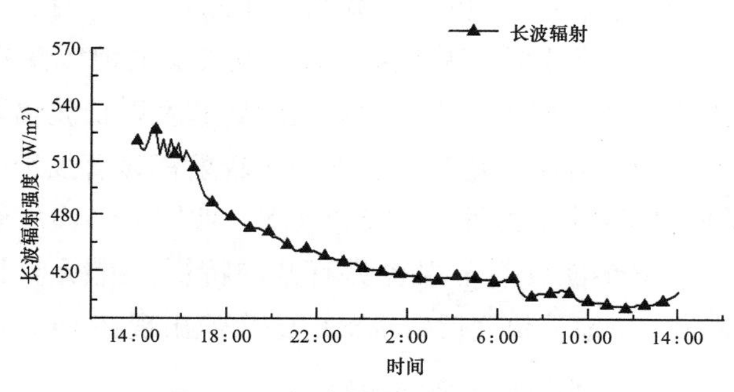

图3-13 汉中夏季长波辐射强度

5. 三亚

三亚测试时段为2016年8月中旬，测试数据为城市下垫面所发射的长波辐射量，图3-14为三亚长波辐射强度。三亚长波辐射强度在12时左右达到峰值，约为480W/m^2；清晨6时左右达到最低值，约为430W/m^2，平均辐射强度约为439W/m^2。因为天气原因，第二天长波辐射强度整体变化较为平缓。

从总体上看，所测试城市的长波辐射强度在400～700W/m^{2}之间，各个城市的长波辐射受天气因素影响较大。在白天随太阳辐射强度变化而变化，晚上由于没有太阳辐射，长波辐射强度受建筑物在白天所储存热量的影响较大。

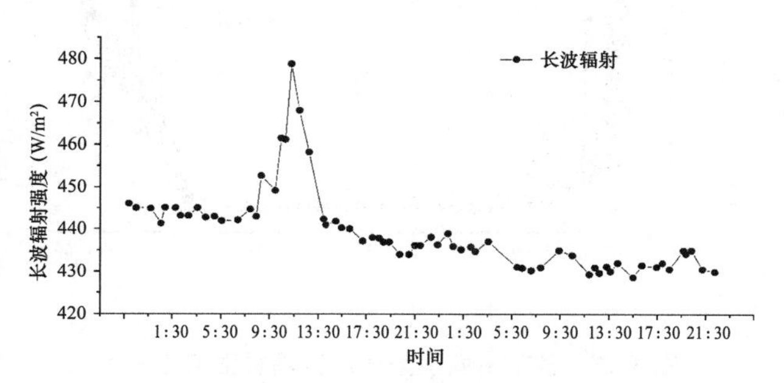

图3-14 三亚夏季长波辐射强度

3.3.3 辐射差异对比分析

基于前文对太阳辐射规律的阐述，通过对比不同气候区城市、城郊和围合开敞之间的辐射差异，探究导致辐射强度变化的关键因素，总结辐射强度的变化规律。

1. 不同气候区辐射差异

本部分将以下垫面为纽带，以西安、汉中和包头三座城市为样本来探究不同气候区辐射差异，因下垫面为城市的重要载体，能够从很大程度上反映城市辐射强度的变化情况。

西安与汉中分别位于秦岭北麓和南麓，两地虽相距不远，但地形地貌、气候，甚至风俗民貌都有明显差异。在气候特征上，西安偏干冷，属于寒冷气候区，汉中偏湿热，属于夏热冬冷气候区。而包头，属于严寒气候区。三地位于建筑热工气候分区的不同地区，其辐射特征可体现上述三种气候类型的地域性差异。图 3-15 和图 3-16 分别为三地中夏季不同下垫面反射短波辐射和发射长波辐射的变化规律。

从图 3-15 可知，包头各种下垫面反射的短波辐射都显著强于西安和汉中，其原因是包头的太阳短波辐射强度高于西安和汉中。西安下垫面反射的短波辐射强度与汉中相近。三地下垫面反射辐射也具有共同特征：混凝土下垫面的反射最强，沥青下垫面最弱。三地下垫面反射辐射的最大值出现在 14 : 00～15 : 00 之间。

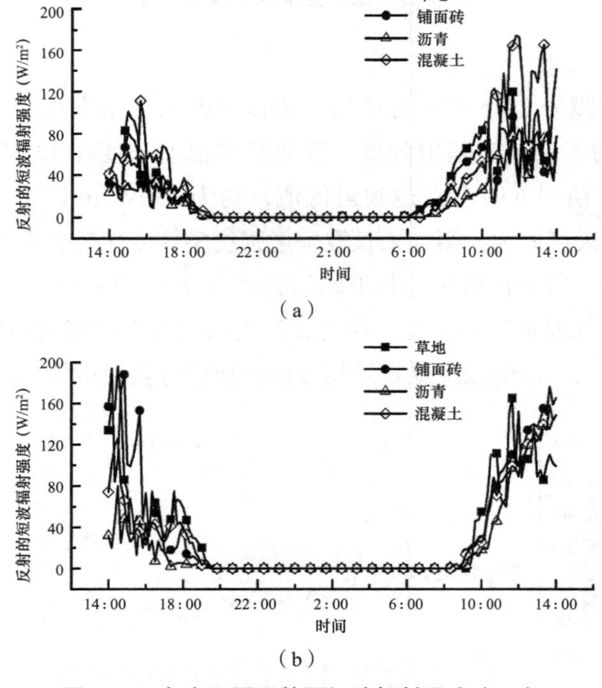

图 3-15 各市不同下垫面短波辐射强度（一）

（a）西安；（b）汉中

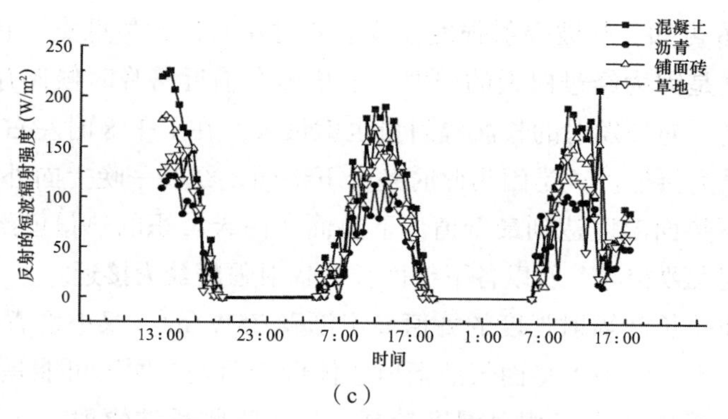

（c）

图 3-15　各市不同下垫面短波辐射强度（二）

（c）包头

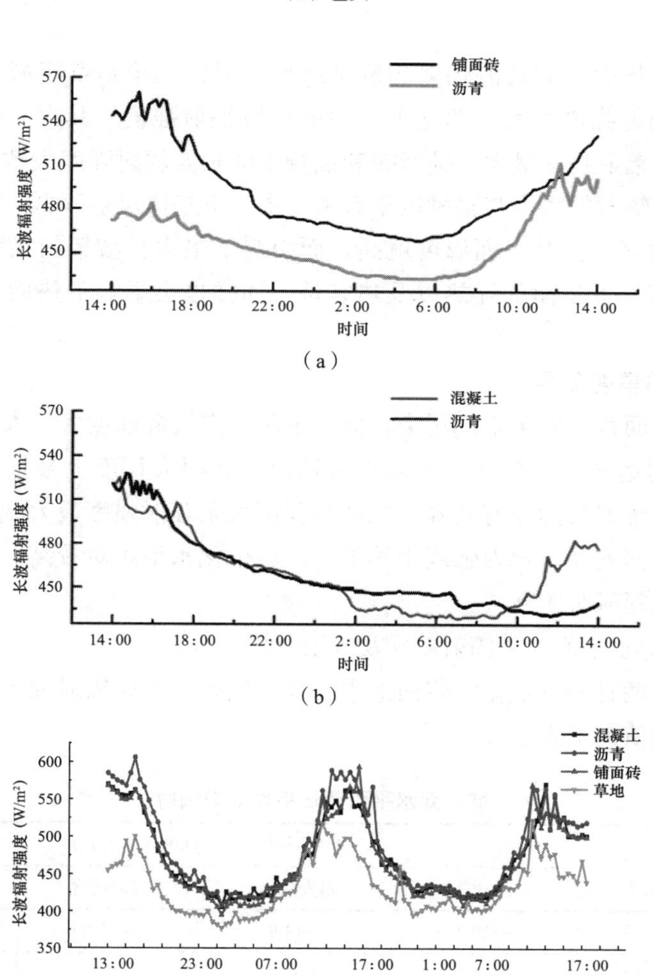

图 3-16　各市不同下垫面长波辐射强度

（a）西安；（b）汉中；（c）包头

从图 3-16 可知，长波辐射强度在凌晨 4 时左右达到最低点，在 17 时左右达到最高点。这是因为经过白天的照射，下垫面在临近傍晚时候储存的能量最多，所以温度最高，向外发射的长波辐射量也就最大。在上午 8 时左右，各下垫面长波辐射强度最为接近。这是因为此时各个下垫面，经过一晚上向外发射长波辐射后，使得各下垫面温度达到最低值。下垫面在白天蓄积的热量已经基本释放完，各下垫面温度大致相同，所以各下垫面长波辐射强度最为接近。

西安铺面砖长波辐射强度的峰值高出沥青 75W/m^2，汉中沥青的长波辐射强度略高于混凝土。汉中下垫面长波辐射整体低于西安，原因可能是汉中气候较西安更为湿热，汉中的空气相对湿度较高，易于吸收长波辐射，从而导致长波辐射强度较低。包头下垫面上方的长波辐射强度，依次为沥青、铺面砖、混凝土、草地。

从不同下垫面上方长波辐射的测试结果来看，无论是哪座城市，其人工下垫面的长波辐射强度均大于草地下垫面的长波辐射强度。其次，在人工下垫面中，沥青长波辐射强度最大，铺面砖和混凝土的长波辐射强度大致相同。不同下垫面上方长波辐射的大小与多种因素有关。由于下垫面反射率低，所以下垫面吸收的太阳辐射多，使其表面温度就高，而引起下垫面长波辐射增强只是其中的一个影响因素。下垫面的导热以及热容量，同样也会影响下垫面上方长波辐射强度。

2. 城、郊辐射差异

对于城市而言，由于空气污染，低云量多，空气混浊度大，太阳辐射的透射率会降低，到达城市下垫面的太阳直接辐射会在很大程度上被削弱。这就表明城、郊之间的辐射必然会有差异。拉萨是我国太阳辐射强度最大城市之一，且城市化率较低；西安属于辐射强度中等地区，城市化水平相对较高。因此，选择这两座城市进行辐射对比测试。

1）城、郊水平面太阳辐射差异及成因分析

综合两地两日测试数据，将两地水平面总辐射、散射辐射和水平面直射辐射的日总值平均值列于表 3-7。

城、郊水平面两日平均太阳辐射 **表 3-7**

辐射类型	4 个测试点辐射强度（W/m^2）			
	西安城区	西安郊区	拉萨城区	拉萨郊区
总辐射	6320.4	6743.9	7672.2	6805.2
散射辐射	2111.2	1909.4	2171.7	1809.9
直射辐射	4209.2	4834.5	5587.0	4995.3

对水平面总辐射，西安与拉萨城郊辐射强弱规律相反，西安的城市总辐射

小于郊区，而拉萨的城市总辐射大于郊区；两地的直射辐射具有相同规律。散射辐射，无论是西安还是拉萨都是城市大于郊区。并且两地城郊各辐射量差异都显著。拉萨城、郊的水平面总辐射、散射辐射和水平面直射辐射的两日平均辐射差值，分别为 867W/m^2、361.8W/m^2、591.7W/m^2；西安城、郊的水平面总辐射、散射辐射和水平面直射辐射的两日平均辐射差值，分别为 −423.5W/m^2、201.8W/m^2、−625.3W/m^2。

西藏地区海拔高，空气干燥，大气透明度好，其中直射辐射占全年总辐射的56%～78%。直射辐射占比越多，由此产生的反射辐射越多，就会加强太阳辐射的强度，使得拉萨城市总辐射变强，进而使空气温度升高。而西安由于建筑密度高，建筑高度大，城区之间建筑的互相遮挡使得直射辐射减少（表 3-7），进而使温度相比同时刻的西安郊区有所降低。因此城市化发展水平，是影响城郊辐射差异的关键原因。

一个城市的城市化水平可采用建成区地表占地面积和建筑竣工面积来综合表征，表 3-8 列出了西安和拉萨上述两项指标的数值。

城、郊建成区地表占地面积与历年建筑竣工面积　　表 3-8

年份	建成区地表占地面积（km^2）		历年建筑竣工面积（万 m^2）	
	西安	拉萨	西安	拉萨
2010	395.00	62.88	668.49	23.39
2011	415.00	62.88	1002.82	41.59
2012	415.38	86.00	1450.29	37.33
2013	504.68	70.29	975.03	56.48

数据来源：西安统计年鉴．2016 [M]．；拉萨统计年鉴．2014 [M]．

从表 3-8 中可知，西安房屋建成区地表占地面积远大于拉萨，说明西安的城市化进程快于拉萨；西安历年房屋竣工面积也远远大于拉萨，它反映了城市在一定空间上“体积”的增加。这表明西安城区建筑物之间的遮挡程度比拉萨要大，即西安的城市化水平显著高于拉萨。因此，导致了西安水平面的辐射强度在城区要明显弱于郊区。

2）城郊南、北朝向太阳辐射差异分析

在建筑太阳能利用中，建筑各垂直立面上接收到的太阳辐射是一个重要太阳能利用参数。表 3-9 列出了西安和拉萨南北垂直朝向上的辐射强度，为测试两日内日总辐射的平均值，从表 3-9 可知，拉萨城区南向与北向太阳辐射差异均大于郊区，城、郊南向两日平均辐射差异约为 131W/m^2，城、郊北向两日平均辐射差异约为 31W/m^2。西安城区南向与北向太阳辐射差异均小于郊区，城、郊南向两日平均辐射差异约为 10W/m^2，城、郊北向两日平均辐射差异约为 9W/m^2。

城郊南、北朝向太阳辐射 表 3-9

辐射朝向	垂直立面辐射（W/m²）			
	西安城区	西安郊区	拉萨城区	拉萨郊区
南向	9498.2	9678.8	11546.3	9181.8
北向	1032.5	1201.4	2195.0	1629.2

因拉萨地区直射辐射占总辐射的比重大，产生反射辐射就多，导致了城区南向与北向太阳辐射的增强。而西安建筑密度高，建筑高度大，西安城区中的太阳直射辐射被建筑物遮挡程度大，直射辐射就会减少，进而使南向与北向太阳辐射减弱。这进一步说明了城市化对太阳辐射强度的影响。

3）城市化对城市太阳辐射强度影响规律

从拉萨与西安城、郊的太阳辐射差异及其对温湿度的影响分析来看，建筑间的围合与遮挡对太阳辐射的影响与其规模、密度紧密相关，建筑间的围合在一定范围内会增加建筑物之间的反射，使太阳辐射增加，但过于密集则会阻挡直射辐射照射，使太阳辐射强度减弱。

据此可以推测，城市化发展到一定程度时太阳辐射强度在城市中呈增长趋势，但城市化发展到一定水平时，太阳辐射强度在城市中呈减弱趋势（图 3-17）。本次测试只对西安、拉萨两个城市进行了冬季测试，其数据样本量小，关于城市化对太阳辐射时空分布规律理论的深入研究还需要更多的数据支持，这有待课题后续研究的进一步深化与完善。

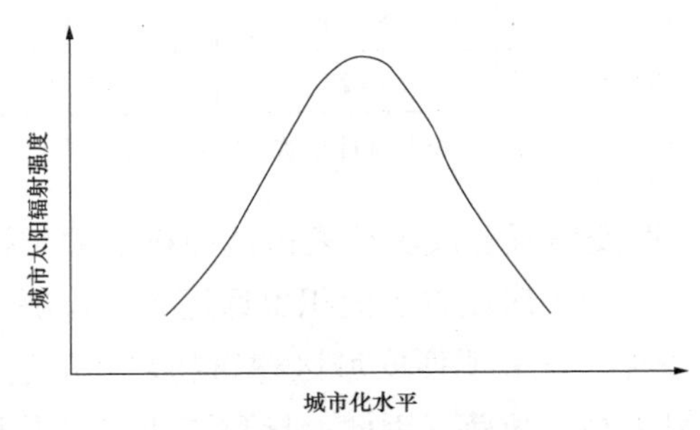

图 3-17 城市化对太阳辐射影响规律曲线

3. 围合与开敞空间的辐射差异

由于辐射的反射与吸收效应，城市围合空间与开敞空间中太阳辐射强度也必然存在差异。因此，分别对西安和三亚两地，进行针对短波辐射场强度在围合空间中差异的测试，结果如图 3-18 所示。

图 3-18（a）为西安冬季太阳辐射强度测试结果，由于西安冬季晴朗的天气并不多见，有效测试的时间仅为一天。该测试场地为两面围合，南侧和东侧都有建筑围合，因此在西安的两类空间中，其辐射差异不仅有散射部分，也有直射部

分。如图 3-18 所示，在 10 : 30 时，差异最大，为 600W/m²；在上午 11 : 00 之前，围合空间中南墙外表面的辐射强度明显低于开敞空间，主要原因是在围合空间中东侧的建筑遮挡了部分太阳直射，接近中午时随着太阳高度角增大，太阳从而越过遮挡面，照射至南墙，二者差异相对减弱，而午后的差异则主要来自散射辐射部分。图 3-18（b）为三亚夏季南向垂直墙面上一天的太阳辐射强度值，由图中曲线可知，三亚围合空间南向辐射场强度较开敞空间低，这是由于上午天气为多云，太阳直射辐射时常受空中运动的云层影响，两条曲线波动均较明显，但整体变化趋势基本一致，同时由于天空视野因子的不同，二者的差异主要体现在天空散射辐射上。午后天气相对晴朗，两条曲线波动相对微弱。但在 13 : 30 后，围合空间的曲线有了明显下降趋势，较开敞空间相差很大，16 : 00 后两条曲线逐渐接近，变化趋势相对一致。

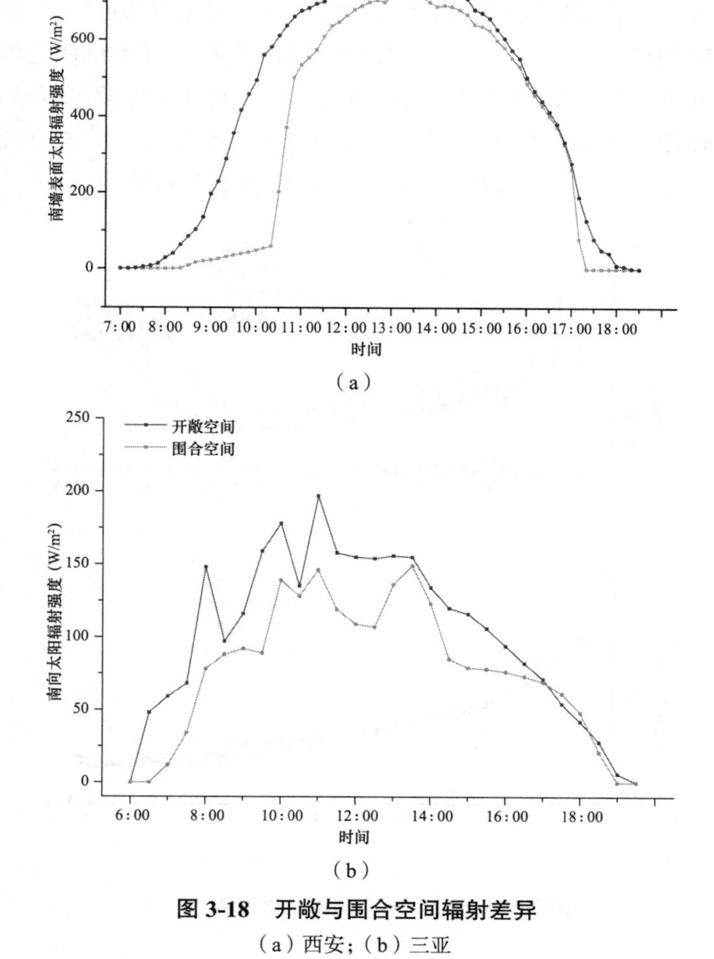

图 3-18　开敞与围合空间辐射差异

（a）西安；（b）三亚

3.4　城市辐射场的热效应测试分析

城市下垫面是形成城市微气候的关键，显著影响着城市地气间的能量收支平衡，而其中辐射热是下垫面影响城市热量收支规律的关键。本节以西安、包头与汉中为所在气候区的代表城市，系统分析不同气候区下和4种下垫面的辐射场变化规律，阐述不同气候区的下垫面对城市辐射热作用的影响。

3.4.1　不同下垫面地表温度对比分析

城市下垫面辐射热作用集中体现在地表温度上。西安、汉中和包头的地表温度，如图3-19所示。各市的四种下垫面地表温度的变化大体一致，趋势为先上升后下降。由于空气温度的升高和太阳辐射的增强，各市下垫面地表温度在14时左右达到最大值，在6时左右达到最小值。西安铺面砖的地表温度明显高于其他三种下垫面温度，其中草地的地表温度最低，沥青和混凝土的地表温度相差最小；汉中沥青的地表温度略高于铺面砖和混凝土；包头下垫面的温度高低，依次为：沥青、铺面砖、混凝土、草地。各市的混凝土与沥青下垫面温度较为接近，而铺面砖与沥青下垫面温度出现不同的原因，是下垫面温度除了受地表反射率等影响之外，还受到下垫面厚度、下垫面材料导热系数等影响。而铺面砖下垫面，由于其厚度尺寸差别很大，所以其表面温度往往有很大不同。

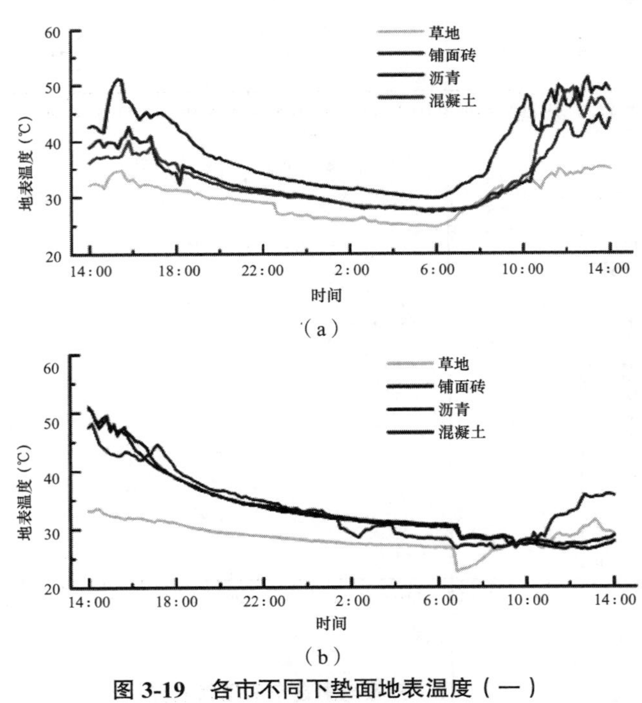

图3-19　各市不同下垫面地表温度（一）

（a）西安；（b）汉中

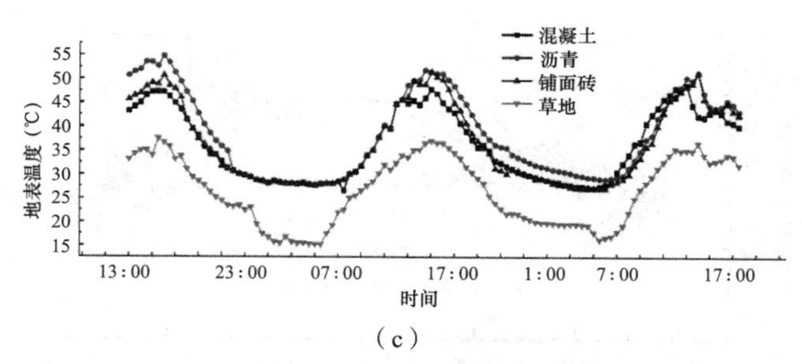

（c）

图 3-19　各市不同下垫面地表温度（二）

（c）包头

3.4.2　不同下垫面辐射强度与气象因子的关系

太阳辐射强度与空气温湿度有较强的相关性。由于太阳短波辐射与长波辐射的昼夜平衡，使得空气温度日变化具有一定的规律性；而对于空气相对湿度而言，水分蒸发过程中，会吸收汽化潜热的热量，这些热量直接或间接来自太阳辐射热。对于其他气象因子而言，风速对于辐射强度的影响较小，可能是因为测试区域风速较小，且无规律性；以及测试区域下垫面大多为硬质下垫面。理论上云量对于辐射强度的影响较大，但在测试时，西安为晴天，汉中为多云天，实际上可以忽略云量对于辐射测试结果的影响。

图 3-20 为城市下垫面空气温度与空气相对湿度的变化趋势。西安铺面砖空气温度整体较高，而汉中混凝土和沥青的下垫面空气温度较为接近；而两个城市空气相对湿度与空气温度的变化趋势都相反，其中汉中下垫面的空气相对湿度高于西安，气候较为湿润。图 3-20（c）、（d）可以看出包头不同下垫面上方空气相对湿度大小依次为：草地、沥青、混凝土、铺面砖。从相对湿度来看，人工下垫面上方的相对湿度要小于自然下垫面上方的相对湿度，但不同人工下垫面上方空气的相对湿度差异较小，且无明显规律。

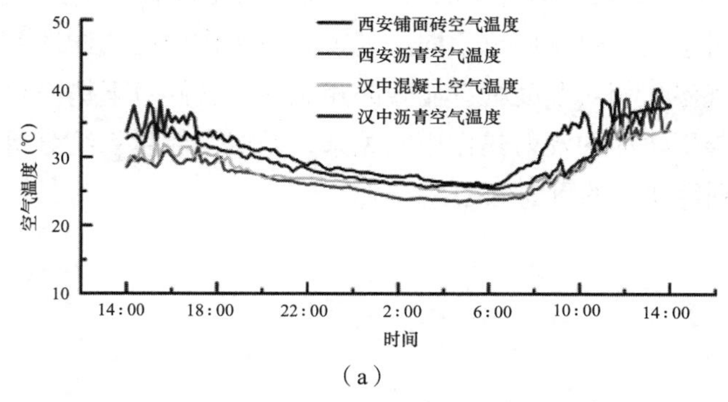

（a）

图 3-20　不同下垫面空气温度与空气相对湿度（一）

（a）西安、汉中下垫面的空气温度

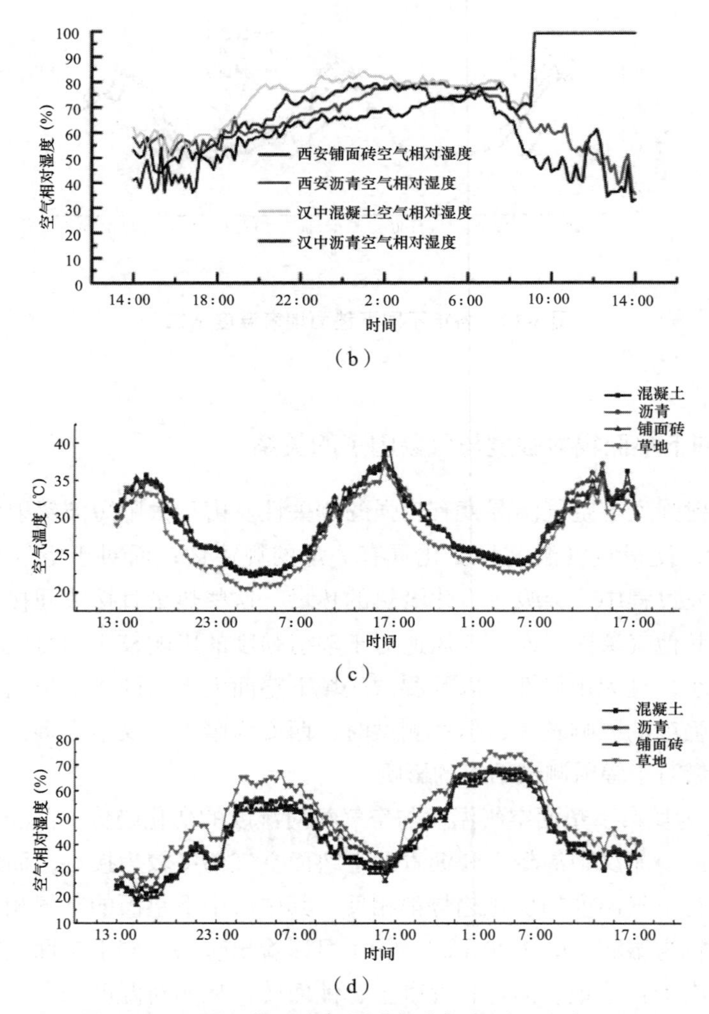

（b）

（c）

（d）

图 3-20　不同下垫面空气温度与空气相对湿度（二）

（b）西安、汉中下垫面的空气相对湿度；（c）包头下垫面的空气温度；（d）包头下垫面的空气相对湿度

结合图 3-19、图 3-20 和前文的长短波辐射强度来看，气候不同导致城市下垫面辐射强度对空气的热作用也不同。其中草地热作用的气候性差异最显著，同时长波辐射与气温、相对湿度具有显著的相关性。气候对下垫面辐射热作用具有重要作用，它与下垫面的辐射热作用的关系，是城市能量系统分析、城市热环境设计、城市规划等研究的重要问题。

第 4 章

城市中建筑围合空间辐射场

4.1 建筑围合空间辐射场构成元素

4.1.1 围合空间的界定和城市辐射热环境

城市的快速建设使得城市中出现了大量的密集建筑群，这导致建筑间距不断缩减，同时建筑间的相互围合现象也越来越明显。现如今，围合空间的增多已成为城市空间发展的一个显著趋势。

围合空间主要指由两栋或两栋以上的建筑所形成的半封闭式或全封闭式的室外建筑空间，它既是人们在室外建筑中的活动范围，同时也是形成室外建筑微小气候的主要空间单元。构成建筑围合空间的主要元素可概括为不同朝向的墙体表面、地面以及其他构筑物所形成的空间边界的表面，这些表面在室外中的尺度、形态及其比例的变化共同影响着围合空间的表现形式。

城市由于建筑密度较高且地面多为硬质铺装，因此形成了具有特殊性质的立体化下垫面层，同时伴随着人口稠密、工业集中而形成的各种人类活动所产生的散热等现象，使得局部大气成分发生变化，形成了与自然状态不同的气候，其热量收支平衡关系与郊区农村显著不同。在市区高楼林立的立体化下垫面层中，详细分析计算是相当复杂的。为简化计算过程，将城市划分为城市边界层和城市覆盖层两部分。其中，城市覆盖层可看作是城市的“建筑物—空气系统”，其热量平衡方程为:

$$Q_N = Q_F + Q_H + Q_E + Q_S \tag{4-1}$$

式中：Q_N——城市覆盖层内净辐射得热量；

Q_F——城市覆盖层内人为热释放量；

Q_H——城市覆盖层大气显热交换量；

Q_E——城市覆盖层内的潜热交换量（正值为得热，负值为失热）；

Q_S——城市下垫面层贮热量。

在城市的覆盖层中，人为热释放主要包括人类社会生产活动和生活，以及生物新陈代谢所产生的热量；显热交换主要指覆盖层与外部大气的对流换热量，一类是热力紊流引起向边界层的热空气扩散、城市四周冷空气来补充所产生的热量传递，另一类是由于大气系统风力引起机械紊流而产生的由城市向郊区的热量传递；城市热环境中的潜热交换主要指覆盖层的水分蒸发和冰面的升华（或凝华）。

其中，城市覆盖层内的净辐射得热量作为城市热量平衡系统中的主要组成部分，同时也是影响建筑室外环境的重要因素。城市覆盖层的净辐射换热量可由下式中各个参量确定：

$$Q_N = I_{SH}(1-\rho) + I_B \cdot \alpha + I_g \tag{4-2}$$

式中：I_{SH}——太阳总辐射强度（W/m^2）；

ρ——城市覆盖层表面对太阳辐射的反射率；

I_B——天空大气长波辐射强度（W/m^2）；

α——城市覆盖层表面对长波辐射吸收率；

I_g——城市覆盖层表面长波辐射强度（W/m^2）。

由上式可知，城市覆盖层内的净辐射得热量主要受太阳的总辐射强度、天空大气以及覆盖层表面的长波辐射强度的影响，即从城市尺度来分析整个覆盖层内的各分量辐射强度。

4.1.2 围合空间中的辐射场构成元素

建筑间的围合空间在日照、通风以及辐射换热等方面对室外热环境产生重要影响。根据建筑热工理论，在建筑与人及周围环境的热交换中，辐射传热量不小于 50%，是三种基础传热方式在围护结构传热中比重最大的传热方式。在城市的建筑围合空间中，辐射是高度变化的能量平衡因素，它常常支配着能量平衡。

在不同类型围合空间中，不同朝向的建筑立面所接收的短波辐射和长波辐射不同，短波主要体现在直射辐射、散射辐射和反射辐射上，而长波主要体现在直接投射辐射和反射投射辐射上。城市建筑的围合空间中具有相对复杂的热辐射场，这种热辐射特点与郊区开敞空间的热辐射特征不尽相同。当一个建筑的范围内没有强烈的太阳辐射时，房间的表面温度通常接近室内气温，因此，在某种程度上我们只需要用一个空气温度值就可以表述室内的热环境状况，无需考虑室内辐射场。而室外空间不同于封闭的房间，存在着两种不同形式的辐射。

第一种辐射是短波辐射，来自太阳极端炙热的表面，通常称之为太阳辐射，其中有一半是肉眼看不见的，它们接近光谱的红外线范围。第二种辐射是城市建成环境中的大气层和较低温度的陆地表面释放的长波辐射。尤其在夏季，建筑各朝向的表面和地面都受到大幅度热波动的刺激。

对于短波辐射，在非围合空间中建筑表面接受太阳直射辐射的时间较长，而在城市的围合空间中，由于建筑间的相互遮挡使其受太阳直射的时间较短，使得全天的直射辐射总量较少；同样，由于建筑的相互遮挡，城市建筑密集区建筑表面的天空视野面小于郊区相对开敞的环境，因此，全天的散射辐射总量同样减小。另外，由于城市中建筑立面较多，意味着反射面较多，因此，不同朝向的建筑立面接收太阳的反射辐射总量比在开敞环境中更多。

对于长波辐射，城市密集建筑群既增加了辐射的发射面，又增加了辐射的反射面，因此与开敞空间相比，密集建筑群的建筑表面总的长波辐射投射量将会增多。

此外，城市中的风环境不同于郊区，无论风速还是风量都比郊区要小。因此在总的换热过程中，建筑与空气间进行对流换热的比例相对较小，但与周围环境的辐射换热的作用则更强。

4.2　短波辐射计算模型

4.2.1　短波辐射组成

太阳辐射是外部提供给地球唯一的巨大能源。尽管每年照射到地球上的太阳辐射只占太阳辐射量的两万分之一，但这就足以满足整个地球全年所需的能源。在照射到地球的太阳辐射中，有三分之一被地表所反射，而其余的三分之二都能被吸收。入射到地球上的太阳辐射由于受大气层的影响，可以将其分为两个部分，穿过大气层直接到达地面的部分即是太阳的直接辐射；另一部分被大气的气体分子、大气中的微尘、水蒸气等吸收，从而产生向下散射的太阳辐射则可将其称为天空的散射辐射。太阳总辐射，即全天太阳辐射，就是指地面接收到的太阳直射辐射和散射辐射之和。晴天时，太阳总辐射量介于 600W/m^2 到 1000W/m^2 之间。

城市中的建筑外墙表面通常都是垂直的，屋顶也大多是水平面。在太阳辐射的计算中，一般建筑物外表面以倾斜角和方位角定义的面被称为“倾斜面”。因到达地表的太阳辐射分为太阳直射辐射和天空散射辐射两种，所以存在直达法线面和从天空呈倾斜面入射的太阳辐射量。另外，在水平面以外还有来自周围的反射的太阳辐射。因此，入射到倾斜面的太阳辐射就是太阳直射辐射、天空散射辐射、反射的太阳辐射总和，称之为“倾斜面上的太阳总辐射”。

因此，对于建筑物来说，太阳辐射是一项十分重要的外扰因素。虽然在冬季供暖期来自太阳的短波辐射可以作为建筑耗热量的来源从而升高室内空气温度，但是在夏季空调期内，太阳辐射带来的热量却会变成不利因素，人们不得不通过电能来除去这些热量。因此，掌握太阳辐射强度的规律特性，对合理利用或控制围合空间内太阳辐射强度的作用颇为重要。

1. 直射辐射

根据定义，短波直射辐射即是太阳辐射穿过地球大气层到达地面而方向没有改变的辐射。任何平面上接收到的短波直射辐射都与阳光对该平面的入射角有关，当某平面的倾斜角为 θ 时，其所接受的太阳直射辐射强度 I_{Ds} 为：

$$I_{Ds}=I_{DN}\cos i \tag{4-3}$$

式中：I_{DN}——沿太阳入射方向的太阳辐射强度（W/m^2）；

i——太阳入射角。

当该平面为水平面时（$\theta=0°$），I_{Ds} 与太阳高度角 h_s 有关，即：

$$I_{Ds}=I_{DN}\sin h_s \tag{4-4}$$

当该平面为垂直面时（$\theta=90°$），I_{Ds} 与太阳高度角 h_s 和方位角 A_s 有关，即：

$$I_{Ds}=I_{DN}\cos h_s\cdot\cos A_s \tag{4-5}$$

2. 散射辐射

由于气体分子直径比太阳射线的波长小得多，因此太阳辐射在通过地球的大气层时遇到空气分子和微小尘埃发生的散射属于瑞利散射，其特点是各向同性且对短波散射占优，这是天空呈蓝色的原因。而当尘埃的粒径与射线波长属同一数量级时则产生米氏散射，这种散射具有方向性，沿射线方向散射的能量较多。

全晴天的太阳辐射主要受地球大气层中的空气分子和微小尘埃所影响，从而形成来自天空各个方向的辐射；在全阴天，由于天空云层多而厚，导致来自天空的散射辐射增多，而太阳的直射辐射则会大幅度降低。要精确计算天空不同云量时的散射辐射强度是比较复杂的，对于晴天水平面的天空散射辐射照度 I_{dH}，可用贝尔格拉（Berlage）公式计算：

$$I_{dH}=\frac{1}{2}I_o\sin h\frac{1-P^m}{1-1.4\ln P} \tag{4-6}$$

此公式是在假定天空为等辉度散射条件下推导出来的，其中 P 为大气透过率。与水平面呈 θ 角的倾斜面的天空视野因子为 $\left(\frac{1}{2}+\frac{1}{2}\cos\theta\right)$，故倾斜面的天空散射辐射强度 $I_{d\theta}$ 为：

$$I_{d\theta}=I_{dH}\left(\frac{1}{2}+\frac{1}{2}\cos\theta\right)=I_{dH}\cos^2\frac{\theta}{2} \tag{4-7}$$

对于垂直面，$\theta=90°$，其所接受的天空散射辐射强度 I_{dV} 为：

$$I_{dV}=\frac{1}{2}I_{dH} \tag{4-8}$$

3. 反射辐射

短波的反射辐射主要是指太阳光线照射到地面或建筑立面以后，其中一部分不能被这些表面所吸收或透射而被反射的辐射量。通常情况下，城市中的地面和非透明的建筑外围护结构比较粗糙，对于大多数建筑的外围护结构，如果透明部分（如窗户）相对于非透明部分比例较小，那么在分析围合空间内短波反射辐射强度时，可统一将建筑表面看作是非透明围护结构，不考虑因出现大面积玻璃窗而产生镜面反射的情形。对于大面积开窗的立面，则需要根据透明围护结构实际的反射率来计算镜面反射的部分，这意味着太阳的直射辐射和天空散射辐射在非透明围护结构表面上发生反射，从而形成各个方向上的反射辐射。当该倾斜面与水平面的夹角为 θ，则由地面反射至该倾斜面上的短波辐射强度 $I_{R\theta}$ 为：

$$I_{R\theta}=\rho_G I_{SH}\left(\frac{1}{2}-\frac{1}{2}\cos\theta\right)=\rho_G I_{SH}\left(1-\cos^2\frac{\theta}{2}\right) \tag{4-9}$$

当计算的倾斜面垂直于地面时，$\theta=90°$，由地面反射至该表面的短波辐射强度 I_{RV} 为：

$$I_{RV}=\frac{1}{2}\rho_G I_{SH} \tag{4-10}$$

式中：I_{SH}——水平面上太阳直射辐射和天空散射辐射的总和（W/m^2）；

ρ_G——地面对短波辐射的平均反射率。

$$I_{SH}=I_{DH}+I_{dH} \tag{4-11}$$

4.2.2　短波辐射计算分析

1. 晴天太阳辐射量的计算

晴天时的太阳辐射量有助于理解在不同方位及季节时太阳辐射量的变化情况。晴天（假设是万里无云的晴天）时的太阳辐射量可根据大气透过率与太阳的位置进行计算后得出。首先计算法线面太阳直接辐射量与水平面天空太阳辐射量，并用所得值求解入射到任意表面的太阳辐射量。

大气层外太阳辐射量的太阳常数为 I_o，矢径为 r，可用下述公式计算：

$$I_o=I_{sc}/r^2 \tag{4-12}$$

法线面太阳直接辐射量因大气的影响而发生散射、衰减，所以用大气透过率 P 在下面公式中进行计算，该公式被称为“布格公式”（Bouger’s equation），即：

$$I_{dn}=I_o P^{1/\sin h} \tag{4-13}$$

天空辐射是指通过大气的太阳辐射在大气中散射入射到地表的太阳辐射。晴天时水平面天空辐射的计算方法有很多，但与太阳直接辐射相比，大气层外的太阳辐射在大气中散射后到达地表过程的计算模型要复杂得多。

到达地球表面上的散射辐射，通常与大气透过率 P、太阳高度角 h_s、大气层外的太阳辐射与太阳直接辐射之差有关，可用公式表示为：

$$I_{sky}=(I_o-I_{dn})\sin h_s\{(0.66-0.32\sin h_s[0.5+(0.4-0.3P)\sin h_s]\} \tag{4-14}$$

式（4-13）和式（4-14）中也都有大气透过率 P。其中，在不同地域大气透过率有很大的不同，因受大气中水蒸气的影响，天空的大气透过率具有冬季偏低、夏季偏高的特点。

2. 太阳的位置

全年任意一天任意时刻的太阳位置，主要由太阳高度角和太阳方位角所反映，计算过程如下所示：

$$L_s = T_z \cdot 15 \tag{4-15}$$

$$t_{as} = t + E + \frac{L - L_s}{15} \tag{4-16}$$

$$\omega = (t_{as} - 12) \cdot 15 \tag{4-17}$$

$$\sin h_s = \sin\varphi \sin\delta + \cos\varphi \cos\delta \cos\omega \tag{4-18}$$

$$\cos A_s = \frac{\sin h_s \sin\varphi + \sin\delta}{\cos h_s \cos\varphi} \tag{4-19}$$

$$A_s = \begin{cases} \cos^{-1}(\cos A_s) & (\omega > 0) \\ -\cos^{-1}(\cos A_s) & (\omega > 0) \end{cases} \tag{4-20}$$

式中：h_s——太阳高度角（°）；

A_s——太阳方位角（°）；

φ——纬度（°）；

δ——太阳赤纬角（°）；

ω——时间角度（°）；

t_{as}——真太阳时（h）；

t——标准时（h）；

E——平均时差（h）；

L——经度（°）；

L_s——标准子午线的经度（°）；

T_z——以世界时为基准的标准时的时区（h）。

其中，太阳赤纬角 δ，均时差 E 分别为：

$$B = 360(n - 81)/365$$

$$\sin\delta = \sin 23.45 \sin B \tag{4-21}$$

$$E = 0.1645 \sin 2B - 0.1255 \cos B - 0.025 \sin B$$

n 为从元旦算起的天数，当日期为 1 月 1 日时，$n=1$。因此，已知某地纬度 φ，经度 L，时区 T_z 和标注时 t，即可求得在标准时刻的太阳高度角 h_s 和方位角 A_s。

3. 主要的遮挡类型分析

在建筑围合空间中，由于在白天建筑各表面间存在对太阳辐射的相互遮挡关系，因此需要先量化不同时刻太阳辐射被遮挡的比例。如图 4-1 所示，点 1 至点

5分别是建筑围合空间内南墙表面上的5个点，图中的太阳辐射状况属于全年当中某一天上午的情形，围合空间东侧和南侧的两栋建筑分别在北侧建筑的南墙上产生阴影。如果用浅线表示太阳的入射光线，灰线表示太阳入射光线在水平面上的投影线，深线表示南墙的法线，h_s 和 A_s 分别为此时的太阳高度角和方位角，则5个点与太阳光线的入射或遮挡关系如图4-1中所示。

其中，5个点分别对应不同类型的空间位置。点1、点3和点5分别代表受太阳直射的位置，其中点1由于位置较高而不受东侧建筑立面的遮挡，点5同样由于位置较高而不受南侧建筑立面的遮挡，点3虽然位置较低，但太阳光线恰好能从周围其他建筑之间穿过从而受到直射；点2和点4分别代表太阳辐射被遮挡的位置，其中点2被东侧建筑的西墙所遮挡，点4被南侧建筑的北墙所遮挡。因此，若能将这5类点的太阳辐射遮挡状况描述清楚，则可以分析空间中整个南墙上各个点的太阳辐射遮挡状况。

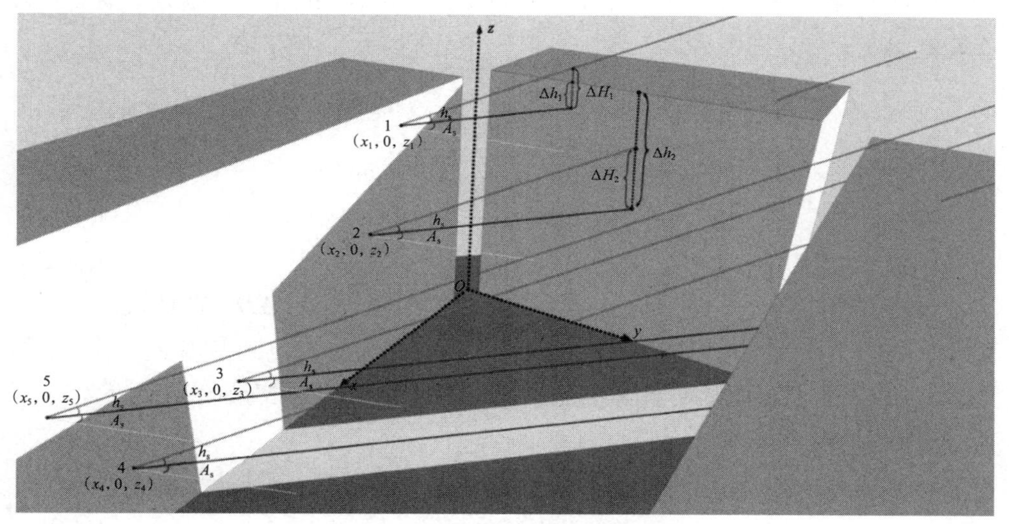

图4-1 围合空间中不同遮挡情况图示

4. 不同遮挡情况的判定

为了对墙面任意一点进行定位计算，需要建立统一的空间坐标系。如图4-2所示的方法对空间中的各个计算点进行坐标定位，其中 H_e、H_s、H_w、H_n 分别表示围合空间内东墙、南墙、西墙和北墙的高度。为方便计算，这里仅考虑空间的围合面，而把建筑的体量忽略不计，将南墙、西墙在地面的交点作为O（0，0，0）点，西向为 x 轴的正方向，南向为 y 轴的正方向，天空的方向为z轴的正方向，按此空间坐标系分别标记各个点的空间位置，则图4-2中南墙上点1～点5的坐标可分别表示为（x_1，0，z_1）、（x_2，0，z_2）、（x_3，0，z_3）、（x_4，0，z_4）和（x_5，0，z_5）。

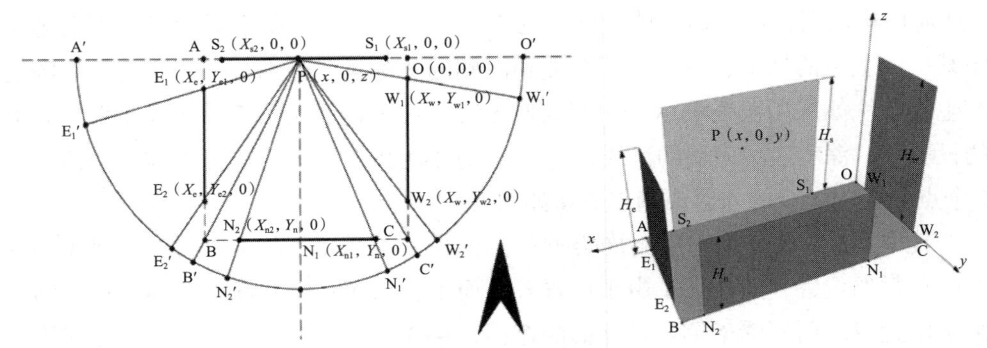

图 4-2 空间坐标系的建立

仍然讨论上午某一时刻，设南墙上任意一点 P（x，0，z）上的入射光线在水平面上的投影线与西墙和南墙各自所在的平面相交（图 4-3、图 4-4），设其在西墙和北墙平面上的交点到各自入射光线的垂直距离分别为 ΔH_w、ΔH_n，设交点到西墙和北墙最高位置（西墙和北墙的高度分别为 H_w 和 H_n）的垂直距离分别为 Δh_w 和 Δh_n，可分别表示为：

$$\Delta H_w = \sqrt{x^2 + \left(\frac{x}{\tan A_s}\right)^2} \cdot \tan h_s \tag{4-22}$$

$$\Delta H_n = \sqrt{D^2 + (D \cdot \tan A_s)^2} \cdot \tan h_s \tag{4-23}$$

$$\Delta h_w = H_w - z \tag{4-24}$$

$$\Delta h_n = H_n - z \tag{4-25}$$

设西墙所在平面上的投影交点到南墙沿 y 轴的距离为 ΔD，西墙最南端到南墙沿 y 轴的距离为 Δd，同理设北墙所在平面上的投影交点到南墙 P 点沿 x 轴的距离为 ΔL，南墙最南端到南墙 P 点沿 x 轴的距离为 Δl，可分别表示为：

$$\Delta D = \frac{x}{\tan A_s} \tag{4-26}$$

$$\Delta d = Y_{w2} \tag{4-27}$$

$$\Delta L = D \cdot \tan A_s \tag{4-28}$$

$$\Delta l = x - X_{n1} \tag{4-29}$$

因此，在上午时刻，当 $\Delta D \leqslant \Delta d$ 且 $\Delta L > \Delta l$ 且 $\Delta H > \Delta h$ 时，点 P（x，0，z）不受墙面遮挡而处于直射区，如点 1（x_1，0，z_1）的情况；

当 $\Delta D \leqslant \Delta d$ 且 $\Delta L > \Delta l$ 且 $\Delta H \leqslant \Delta h$ 时，点 P（x，0，z）受墙面遮挡而处于阴影区，如点 2（x_2，0，z_2）所示；

当 $\Delta D > \Delta d$ 且 $\Delta L > \Delta l$ 时，点 P（x，0，z）不受墙面遮挡而处于直射区，如点 3（x_3，0，z_3）的情况；

当 $\Delta D > \Delta d$ 且 $\Delta L \leqslant \Delta l$ 且 $\Delta H \leqslant \Delta h$ 时，点 P（x，0，z）受墙面遮挡而处于阴影区，如点 4（x_4，0，z_4）的情况；

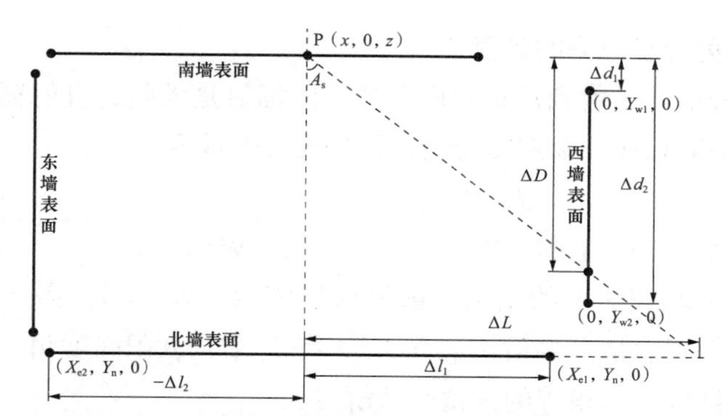

图 4-3　南墙上的点受西墙影响太阳直射辐射的平面分析图

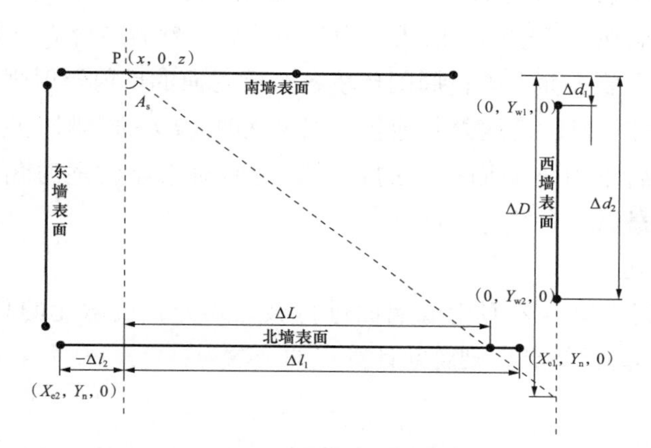

图 4-4　南墙上的点受北墙影响太阳直射辐射的平面分析图

当 $\Delta D > \Delta d$ 且 $\Delta L \leqslant \Delta l$ 且 $\Delta H > \Delta h$ 时，点 P（x，0，z）不受墙面遮挡而处于直射区，如点 5（x_5，0，z_5）的情况。

在判定之后，当 P 点被直射时，P 点到西墙的辐射角系数可表示为：

$$WVF_{ds\rightarrow w}=f_v(H_w-z,\ Y_{w2},\ x)-f_v(H_w-z,\ Y_{w1},\ x)+f_v(z,\ Y_{w2},\ x)-f_v(z,\ Y_{w1},\ x) \tag{4-30}$$

其中：
$$f_v(a,\ b,\ c)=\frac{\arctan\left(\frac{a}{c}\right)}{2\pi}-\frac{c\cdot\arctan\left(\frac{a}{\sqrt{b^2+c^2}}\right)}{2\pi\sqrt{b^2+c^2}} \tag{4-31}$$

当 P 点处于阴影区时，P 点到西墙的辐射角系数为 0，即 $WVF_{ds\rightarrow w}=0$。所以，在任意时刻，南墙受太阳的直射面对西墙的平均辐射角系数则为：

$$\overline{sWVF_{s\rightarrow w}}=\frac{\sum WVF_{ds\rightarrow w}(WVF_{ds\rightarrow w}\neq 0)}{n} \tag{4-32}$$

其中，n 表示 $WVF_{ds\rightarrow w}\neq 0$ 的总个数。同理，可求得南墙受太阳的直射面对西墙、北墙、天空和地面的平均辐射角系数 $\overline{sWVF_{s\rightarrow w}}$，$\overline{sWVF_{s\rightarrow n}}$，$\overline{sWVF_{s\rightarrow k}}$ 和 $\overline{sWVF_{s\rightarrow f}}$。

5. 不同辐射分量差异的计算

根据以上分析，入射到建筑立面上的太阳辐射是太阳的直射辐射、天空散射辐射以及反射辐射总和，以南墙为例，用公式可表示为：

$$I_{G,s}=I_{D,s}+I_{d,s}+I_{r,s} \tag{4-33}$$

式中：$I_{G,s}$——南墙表面上的太阳总辐射强度值（W/m^2）；

$I_{D,s}$——南墙表面上的太阳直射辐射强度值（W/m^2），需通过水平面上总辐射直散分离后（I_D 和 I_d），将 I_D 结合太阳高度角、赤纬角、地理纬度、时角等的三角函数解得；

$I_{d,s}$——南墙表面上来自天空的太阳散射辐射强度值（W/m^2），需得到南墙在围合空间中的天空视野因子后，然后结合 I_d 计算求得；

$I_{r,s}$——南墙表面上来自周围环境各个反射面的反射辐射强度值（W/m^2），需得到除南墙外其他各个墙面逐时（τ）的太阳直射辐射值 $I_{D,i}$，然后求得该墙面接收的直射辐射面对南墙的逐时角率 $\overline{sWVF_{i,s}}(\tau)$，最后二者结合求得。

1）直射辐射

直射辐射的计算需要对南墙墙面进行微元划分，设微元的高为 h，宽为 w，将微元的中央作为计算点，则总共计算点的个数为：

$$n_a=\frac{L_s \cdot H_s}{w \cdot h} \tag{4-34}$$

h 和 w 的值越小，则计算出的结果越精确。设通过式（4-34）判定计算后得到处于直射区的点数为 n_1，则某一时刻南墙的太阳直射率为：

$$\eta=\frac{n_1}{n_a} \tag{4-35}$$

所以，在围合空间中的某一时刻，南墙表面上太阳直射辐射强度的平均值为：

$$I_{D,s}=\frac{I_D}{\tan h_s} \cdot \cos A_s \cdot \eta \tag{4-36}$$

式中：I_D——水平面上的太阳直射辐射强度（W/m^2）。

开敞空间与围合空间的短波直射辐射差异可用公式表示为：

$$\Delta I_{D,s}=\frac{I_D \cdot \cos A_s}{\tan h_s}(1-\eta) \tag{4-37}$$

2）散射辐射

围合空间中，散射辐射强度的计算相对简单，可用公式表示为：

$$I_{d,s}=I_d \cdot SVF_s \tag{4-38}$$

式中：I_d——水平面上的天空散射辐射强度值（W/m^2）；

SVF_s——南墙表面的天空视野因子。

因此，开敞空间与围合空间的短波散射辐射差异可用公式表示为：

$$\Delta I_{d,s}=I_{d}(0.5-SVF_{i}) \tag{4-39}$$

3）反射辐射强度

在围合空间中，仍将建筑表面视为非透明围护结构，则各表面上的短波反射辐射强度可用公式表示为：

$$I_{r,s}=\left(\sum_{i} I_{D,i}\cdot\overline{sWVF}_{i\to s}+\sum_{i} I_{d,i}\cdot\overline{WVF}_{i\to s}\right)\cdot\rho_{i} \tag{4-40}$$

式中：$I_{r,s}$——南墙表面上的反射辐射强度值（W/m²）；

$I_{D,i}$——周围其他表面上的直射辐射强度值（W/m²）；

$I_{d,i}$——周围其他表面上的散射辐射强度值（W/m²）；

$\overline{sWVF}_{i\to s}$——受太阳直射辐射影响的，由其他墙面对南墙的直射反射辐射角系数；

$\overline{WVF}_{i\to s}$——受太阳散射辐射影响的，由其他墙面对南墙的散射反射辐射角系数，即空间辐射角系数；

ρ_{i}——i 表面对太阳辐射的反射率。

开敞空间与围合空间的短波反射辐射差异可用公式表示为：

$$\Delta I_{r,s}=0.5I_{l}\cdot\rho_{f}-\left(\sum_{i} I_{D,i}\cdot\overline{sWVF}_{i,s}+\sum_{i} I_{d,i}\cdot\overline{WVF}_{i,s}\right)\cdot\rho_{i} \tag{4-41}$$

式中：I_{l}——水平面上的太阳总辐射强度（W/m²）；

ρ_{f}——地面对太阳辐射的反射率。

综上所述，围合空间与开敞空间中短波辐射场强度的差异即为三个辐射分量差异之和：

$$\Delta I_{G,s}=\Delta I_{D,s}+\Delta I_{d,s}+\Delta I_{r,s} \tag{4-42}$$

以上是针对围合空间内短波辐射强度分析的计算模型，其主要建立在第 2 章辐射角系数模型的基础上，增加了对围合空间内不同时刻在建筑表面上所形成的直射面或阴影面的判定，从而计算得到建筑表面受遮挡和反射影响后的短波辐射强度。因此，同前面建立的辐射角系数模型的适用范围一致，这里的短波辐射模型适用于常见的互相平行或垂直的建筑围合空间内短波辐射强度的计算和分析。

4.2.3 短波辐射模型验证

计算模型的准确性往往需要用实测来验证对比。根据第 3 章对西安的测试，将通过测试得到的围合空间短波辐射强度实测值与通过短波计算模型得到的计算值绘制成曲线，如图 4-5 和图 4-6 所示。通过计算得到的围合空间短波辐射场强度与实测值变化趋势相同，且在对应的每一时刻数值相对吻合，相对误差分别为 8.9% 和 8.1%。造成个别时段相差较大的原因主要在于天空云层移动的影响、场地的限制以及人为读数的误差，因此该计算模型可以用于工程上建筑围合空间的短波辐射场强度变化分析。

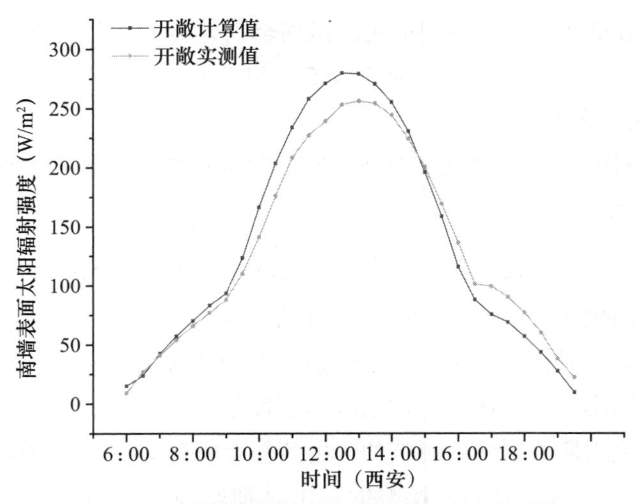

图 4-5　开敞空间辐射强度计算值与实测值对比

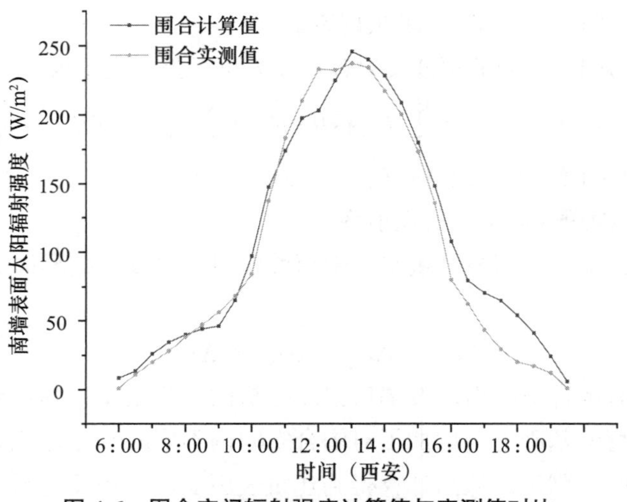

图 4-6　围合空间辐射强度计算值与实测值对比

4.3　长波辐射计算模型

4.3.1　长波辐射组成

城市建筑围合空间中的各个表面和地面都不同程度地发射并吸收着来自周围的长波辐射，这种长波辐射的热交换过程可将其称为辐射的热收受。对于围合空间中的任一表面，它对周边环境的辐射热接受程度取决于空气温度、周边环境相应部分所具有的长波辐射的辐射率以及各表面之间的辐射角系数。

根据斯蒂芬－玻尔兹曼定律，一个物体发出的辐射强度可以通过引入其整个

半球的辐射率 ε 来计算：

$$E = \varepsilon\sigma T^4 \tag{4-43}$$

式中：T——绝对温度（K）；

σ——斯蒂芬－玻尔兹曼常数［5.67×10^{-8}W/（$m^2\cdot K^4$）］。

从定义上讲，ε 并不统一，因城市建筑材料性质的不同而不同。大气层向下释放的长波辐射可以用如下方程表达：

$$L_d = L\downarrow\overline{SVF} \tag{4-44}$$

式中，$L\downarrow$ 是天空向城市下垫面释放的长波辐射强度。估算这种长波辐射的方法有很多，通常可以利用空气的温湿度来测算天空辐射强度的近似值。天空辐射率的值一般在 0.7～0.9 之间，它随空气中水蒸气含量的增加而增加，因此天空辐射率受空气温度和相对湿度的共同影响。当天空有云时，天空辐射率较高，作为云层或雾覆盖函数，天空辐射率的增幅与云层或雾的覆盖程度成正比。

对于接收辐射的表面来说，空间中的水平表面（L_h）和垂直表面（L_v）向其投射的长波辐射强度可以用下式来表示：

$$L_h = \varepsilon_h\sigma T_h^4\,\overline{FVF} \tag{4-45}$$

$$L_v = \varepsilon_v\sigma T_v^4\,\overline{WVF} \tag{4-46}$$

这里，下标 h 和 v 分别表示水平表面和垂直表面，$\overline{FVF}$ 和 $\overline{WVF}$ 分别为接收辐射表面的地面辐射角系数和墙面辐射角系数。通常，城市建筑物大部分材料的表面辐射率在 0.90～0.95 之间。抛光的铝材和镀锌钢这类金属是一个特例，这些材料具有低辐射率（低吸收率）的特征，在远红外频段中，它们基本上是“热镜”。

不受太阳辐射等其他热影响的水平表面和垂直表面，其辐射温度（T_h 和 T_v）相对接近于周围的室外空气温度。当地面和建筑立面直接暴露在阳光下时，这种表面温度受到太阳辐射与空气温度的共同影响，需要用综合温度（sol-airtemperature）来表达，这样的表面综合温度在某一时段可能会比空气温度高出 10℃之多。

围合空间中的建筑各表面除了吸收投射过来的长波辐射外，同时也将长波辐射释放到周围环境中。根据斯蒂芬－玻尔兹曼定律，其释放的长波辐射强度为：

$$L_s = \varepsilon_s\sigma T_s^4 \tag{4-47}$$

这里所表示的辐射率 ε_s 与其他表面的辐射率一样，也在 0.9 左右，其表面温度 T_s 依赖于整个围合空间中的能量平衡，将随周围热环境条件的变化而变化。

1. 直接投射辐射

对于建筑围护结构的外表面来说，均可将其理解为具有漫射性质的灰表面。若有多个任意位置且彼此可见的漫射灰表面组成的封闭空间，则 i 面上的投射辐射（空间其他所有表面投射至 i 面的长波辐射）由两个分量组成，即：

$$G_{li} = G_{d,li} + G_{r,li} \tag{4-48}$$

式中：G_{li}——空间中所有面对 i 面的投射辐射强度（W/m^2）；

$G_{d,li}$——空间中其他所有发射面对 i 面的直接投射辐射强度（W/m^2）；

$G_{r,li}$——由空间中其他所有反射面反射至 i 面上的反射投射辐射强度（W/m^2）。

如果逐一对空间中其他各个面进行分析，根据角率的互换性，投射至 i 面上的长波辐射强度为空间中其他各个面发射的辐射并直接投射至 i 面的总和，即：

$$G_{d,li}=\sum_{j=1}^{n-1}\frac{E_{bj}\varepsilon_j X_{j,i}A_j}{A_i}=\sum_{j=1}^{n-1}E_{bj}\varepsilon_j X_{i,j} \tag{4-49}$$

式中：E_{bj}——面 j 的黑体发射功率（W/m^2）；

ε_j——面 j 的发射率；

$X_{i,j}$，$X_{j,i}$——面 i 到面 j、面 j 到面 i 的辐射角系数；

A_i，A_j——面 i 和面 j 的辐射面积（m^2）。

2. 反射投射辐射

在一个围合空间中，通常存在多个灰表面，他们之间既有直接投射的长波辐射，又有反射的长波辐射。但仅从投射辐射的过程分析，至少需要确定三个面，即通常把其中一个面作为反射面（面 1），另一个面作为反射投射辐射的研究对象，即接收投射辐射的面（面 2），然后将剩于的面作为发射辐射的面（面 3）来分析。

因此，假设有彼此可见的三个漫射表面组成的封闭腔体，面 1 和面 3 是灰表面，面 2 是黑表面（图 4-7），三个表面均大于绝对零度且差值不过分悬殊（即可认为吸收率“α”等于发射率“ε”）。那么，面 2 上的投射辐射既包括来自面 1 和面 3 的直接投射辐射，又包括面 1 和面 3 反射至面 2 的反射投射辐射。

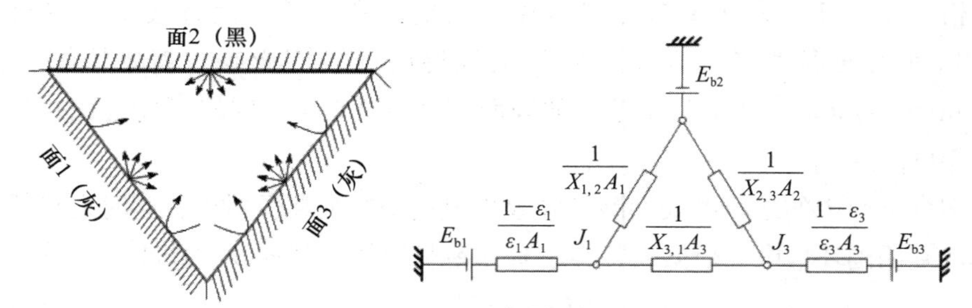

图 4-7 两个灰表面与一个黑表面组成的封闭腔辐射换热网络

面 1 与面 3 间进行了无数（n）次反射，同样用网络求解法，由于篇幅所限，过程不再赘述，用“ρ”表示反射率，直接写出面 2 上的反射投射辐射强度为：

$$G_{nr,l2}=\frac{(E_{b1}\varepsilon_1 X_{3,1}+E_{b2}X_{3,2})\rho_3[X_{2,3}+X_{1,3}\rho_1 X_{2,1}]+(E_{b3}\varepsilon_3 X_{1,3}+E_{b2}X_{1,2})\rho_1[X_{2,1}+X_{3,1}\rho_3 X_{2,3}]}{1-X_{1,2}X_{2,1}\rho_1\rho_2} \tag{4-50}$$

已知式（4-49）以及漫反射体的辐射规律，则式（4-50）可简化为：

$$G_{nr,12}=\frac{G_{r,12}+G_{r,11}X_{2,1}\rho_1+G_{r,13}X_{2,3}\rho_3}{1-X_{1,3}X_{3,1}\rho_1\rho_3} \tag{4-51}$$

由于在工程上，建筑表面的发射率 ε 较高，均在 0.9 左右，因此反射率 ρ 可近似取作接近于 0，大多数面与面之间的角率 X 又均小于 1，则“ρ”与“X”的乘积可看作趋近于 0 的极小值，则上式可近似写作：

$$G_{nr,12}\approx G_{r,12} \tag{4-52}$$

在对建筑表面间无数次的反射投射辐射进行估算时，可近似取一次反射量视为有效值。对于两次或两次以上反射辐射量可以将其视为极小值并忽略不计。

换言之，对于由 n 个灰表面组成的围合空间，且各发射率均接近于 1，则 i 表面的反射投射辐射为其他各个面上的直接投射辐射又经该面一次反射后到达 i 面的辐射量的总和，即可用下式进行估算：

$$G_{r,1i}\approx\sum_{j=1}^{n-1}G_{d,1j}\rho_j X_{i,j} \tag{4-53}$$

得到反射投射辐射计算公式，再结合直接投射辐射公式，则不难写出长波总投射辐射计算公式，即联立式（4-48）、式（4-49）和式（4-53），空间中所有面对 i 面的投射辐射可表示为：

$$G_{1i}=\sum_{j=1}^{n-1}(G_{d,1i}+G_{d,1j}\rho_j X_{i,j}) \tag{4-54}$$

4.3.2 长波辐射强度的计算

为了评估建筑的围合空间对建筑长波辐射的影响，分析城市复杂辐射场分布规律，深入研究建筑长波散热这一有效的被动式降温策略。建立围合空间建筑长波辐射计算模型，研究建筑围合空间中的长波辐射规律，从而为改善城市室外热环境、促进建筑节能技术发展以及优化城市规划设计奠定基础。

1. 直接投射辐射

对于长波辐射的直接投射辐射分量，Evyatar · Erell 提出了天空视野因子 *SVF*（Sky View Factor），地面视野因子 *FVF*（Floor View Factor），以及墙面视野因子 *WVF*（Wall View Factor）这些参数来估算街谷中人体所受到的长波辐射热量。这里的三个视野因子，把天空、墙面和地面当作三个表面，把空间中的人当作一个点来分析，属于面对点的角率情况。

分析各朝向表面的长波辐射强度最重要的是确定各个表面间的 *SVF*、*WVF* 和 *FVF*，在建筑围合空间中南墙上的任意一点，这三个因子可分别表示为 SVF_s、WVF_s 和 FVF_s。因此，通过第 2 章建立的辐射角系数计算模型，可以求得墙面上某点接收来自各个表面的直接投射辐射强度，用公式表示为：

$$G_{d,1s}=\sigma(\varepsilon_a T_a^4 SVF_s+\varepsilon_W T_W^4 WVF_s+\varepsilon_f T_f^4 FVF_s) \tag{4-55}$$

式中：$G_{d,ls}$——南墙上某一点接收来自周围环境的长波辐射强度（W/m^2）；

ε_a、ε_W、ε_f——天空、墙面以及地面的发射率；

σ——斯蒂芬 - 玻尔兹曼常数［5.67×10^{-8} W/（$m^2 \cdot K^4$）］；

T_a、T_W、T_f——天空、墙面和地面的温度（K）。

从建筑热工的角度来分析，通常需要考虑建筑的一整面墙，实际上是需要确定面对面的辐射角系数，而不是点对面的辐射角系数。获得了整个面之间的平均视野因子后，则整面墙上的平均投射辐射强度为：

$$\overline{G}_{d,ls} = \sigma(\varepsilon_a T_a^4 \overline{SVF}_s + \varepsilon_W T_W^4 \overline{WVF}_s + \varepsilon_f T_f^4 \overline{FVF}_s) \tag{4-56}$$

式中：$\overline{G}_{d,ls}$——南墙表面接收来自周围环境的直接投射辐射强度（W/m^2）；

$\overline{SVF}_s$、$\overline{WVF}_s$、$\overline{FVF}_s$——南墙的平均天空、墙面和地面视野因子。

2. 总的投射辐射

一般来说，城市中的建筑围合空间由四个朝向建筑外立面以及地面和天空六个面共同形成，而且在不同时刻围合空间中各朝向的建筑表面温度也不相同，因此，为了与实际情况更加接近，应将各个面分开来计算。如果已知东、西和北墙的表面温度，则根据式（4-56），南墙外表面直接投射辐射强度可以写为：

$$\overline{G}_{d,ls} = \varepsilon_a \sigma T_a^4 \overline{SVF}_s + (\varepsilon_w \sigma T_w^4 \overline{WVF}_{s,w} + \varepsilon_n \sigma T_n^4 \overline{WVF}_{s,n} + \varepsilon_e \sigma T_e^4 \overline{WVF}_{s,e}) + \varepsilon_f \sigma T_f^4 \overline{FVF}_s \tag{4-57}$$

由于空气对热射线不具备反射的性质，因此南墙表面既接收来自另外五个面的直接长波辐射，同时也接收来自除天空外其他四个面的反射长波辐射。根据反射投射辐射计算式（4-53），南墙外表面上某一点的反射投射辐射强度，可用下式表示：

$$G_{r,ls} = \overline{G}_{d,ln} WVF_{s,n} \rho_n + \overline{G}_{d,lw} WVF_{s,w} \rho_w + \overline{G}_{d,le} WVF_{s,e} \rho_e + \overline{G}_{d,lf} FVF_s \rho_f \tag{4-58}$$

而对于北栋建筑整个南墙外表面上的反射投射辐射强度，需用平均值来表示，即：

$$\overline{G}_{r,ls} = \overline{G}_{d,ln} \overline{WVF}_{s,n} \rho_n + \overline{G}_{d,lw} \overline{WVF}_{s,w} \rho_w + \overline{G}_{d,le} \overline{WVF}_{s,e} \rho_e + \overline{G}_{d,lf} \overline{FVF}_s \rho_f \tag{4-59}$$

因此，对于围合空间内某一朝向（i）的墙，其外表面上某一点的投射辐射强度可以通过以下公式计算：

$$G_{li} = G_{d,ti} + \sum_{j=1}^{n} \overline{G}_{d,lj} WVF_{i,j} \rho_j + \overline{G}_{d,lf} FVF_i \rho_f \tag{4-60}$$

而对于一整面墙，其平均投射辐射强度计算公式应为：

$$\overline{G}_{li} = \overline{G}_{d,ti} + \sum_{j=1}^{n} \overline{G}_{d,lj} \overline{WVF}_{i,j} \rho_j + \overline{G}_{d,lf} \overline{FVF}_i \rho_f \tag{4-61}$$

由此得到可用于围合空间内长波辐射强度分析的计算模型，这仍然建立在第 2 章辐射角系数模型的基础之上。由于在一个确定的空间中，各表面的角率是确定不变的，因此相对于短波辐射强度计算比较简单，但需要先得到各表面的逐时温度值。长波辐射强度计算模型仍适用于常见的互相平行或垂直的建筑围合空间内短波辐射强度的计算和分析。

4.3.3　长波辐射模型验证

根据第3章对西安、三亚和哈尔滨的测试，将得到的计算值与实测值进行比较，如图4-8～图4-10所示。通过对比三地南墙外表面在各时刻接收的长波辐射实测值与理论计算值的曲线，三地测试值与计算值总体变化趋势相同，平均误差分别为3.18%、3.09%和2.36%。造成误差的原因有很多，例如测量仪器本身的限制、气象因素的影响以及并不绝对理想的场地属性，这些误差因素在计算模型中很难完全考虑。在三个地点中，哈尔滨的测试结果与计算值的误差最小，而三亚误差最大。由于湿空气相对来说更容易吸收长波辐射，因此在湿度最大的三亚，测试的长波辐射明显小于计算值。但在中午因为温度升高而湿度降低，所以中午时刻测试值与计算值最为接近。尽管如此，这里的理论计算值与实测值的吻合度相对较好，可以用来估算围合空间建筑外墙表面接收的长波辐射强度。

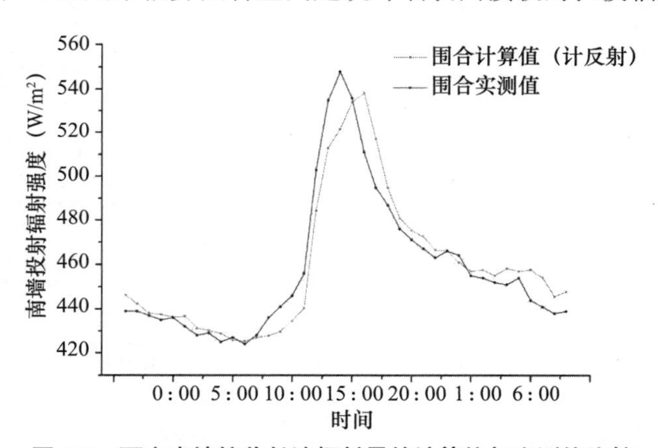

图4-8　西安南墙接收长波辐射量的计算值与实测值比较

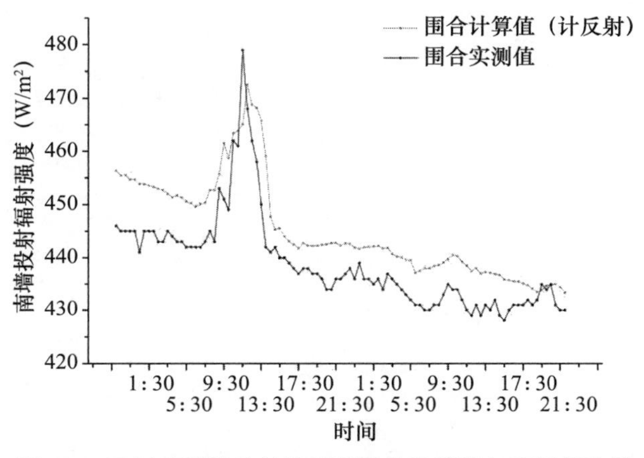

图4-9　三亚南墙接收长波辐射量的计算值与实测值比较

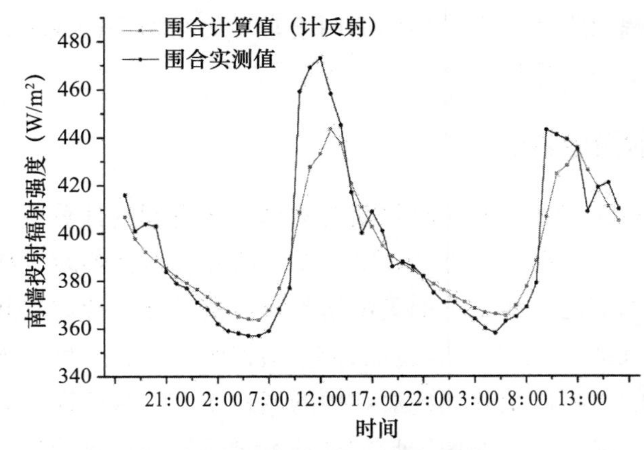

图 4-10 哈尔滨南墙接收长波辐射量的计算值与实测值比较

第 5 章

城市下垫面辐射场

5.1 城市下垫面辐射场概念及机理

5.1.1 城市下垫面辐射场

辐射热是影响城市热环境的关键因素之一。城市中的下垫面主要承担了吸收太阳短波辐射、发射长波辐射的作用，下垫面的辐射热作用对城市热环境产生重要影响。城市中人工下垫面（沥青、混凝土、铺面砖等）取代了自然下垫面（草地、土壤等）。相对于自然下垫面，人工下垫面的辐射吸收率、反射率以及发射率都发生了显著变化。此外人工下垫面材料的导热、比热及蓄热能力与自然下垫面显著不同。因此城市下垫面导致城市地表的辐射热作用与乡村地表的辐射热作用存在明显不同，形成了典型的城市下垫面辐射热场，以及相应的辐射热效应。具体形成方式及热作用如图 5-1 所示。

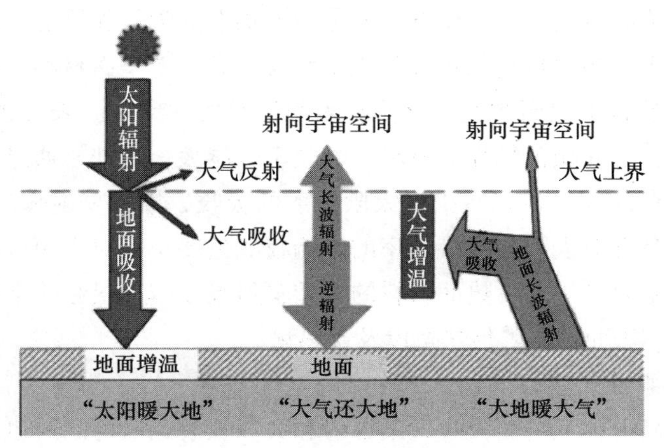

图 5-1 城市下垫面辐射场

城市下垫面既吸收太阳辐射中的短波直射辐射、散射辐射和大气长波辐射，又反射太阳短波辐射和大气长波辐射，与此同时，在自身热作用下，下垫面也发射长波辐射，且与周围环境通过辐射换热进行热量交换。这些辐射共同构成了城市下垫面辐射场。城市下垫面吸收太阳短波辐射，导致下垫面地表温度升高，并通过长波辐射的散热方式影响室外空气的温度、湿度、风速和风向等热环境参数。辐射热是人体与周围环境热交换的最主要方式，所以，下垫面辐射场也会对室外人体热感觉产生重要影响。此外，城市下垫面反射的短波辐射和发射的长波辐射会作用于周边建筑，这部分辐射热会对建筑的供暖和空调能耗产生一定的影响。综上分析，城市下垫面辐射场的热作用对象多，且城市地表占城市面积比例高，所以研究下垫面辐射场对于调节室外热环境、影响建筑能耗及研究室外人体热舒适，具有重要意义。

5.1.2 城市下垫面辐射场的影响因素

在城市下垫面辐射场中，影响辐射场的因素众多。当太阳辐射到达下垫面时，受城市中空气质量和大气透明度等因素的影响；在接近下垫面附近时，受周边建筑的遮挡作用；最终抵达下垫面时，则受地形及地表材质等因素影响。若以下垫面为辐射作用对象，当天空晴朗时，下垫面受到的辐射热作用主要由吸收的长波辐射、短波辐射和发射的长波辐射所产生。下垫面吸收的长波辐射和短波辐射使地表温度升高，随后向周围环境发射长波辐射。而在这些吸收的辐射热中，短波辐射起主要作用。因此下垫面辐射场的特性主要受到下垫面材料的短波吸收率和长波发射率等因素的影响。

1. 短波辐射性能参数

下垫面材料一般属于不透明材料，可认为其辐射透射率为 0，故下垫面对太阳短波辐射的作用只有反射和吸收，且吸收率与反射率之和等于 1。当太阳短波辐射投射到下垫面表面时，主要发生的是短波辐射的吸收和反射，而吸收和反射的辐射量取决于下垫面材料的短波吸收率和反射率。下垫面材料的短波吸收率和反射率，主要受材料表面颜色、材质和表面光滑度的影响。表面越粗糙的材料，其吸收率越大；表面颜色越深的材料，吸收率也越大。另外，通过使下垫面表面光滑、并用浅色涂层，可以减少对太阳辐射的吸收，增强反射作用。研究表明，材料表面的粗糙度对太阳辐射吸收率的影响较颜色要小；对于短波辐射，下垫面材料的颜色起主要作用。下垫面材料的太阳辐射吸收率直接影响下垫面对太阳辐射的吸收程度，进而影响其传热量以及蓄热量。

2. 长波辐射性能参数

在城市环境中，下垫面吸收太阳辐射和大气长波辐射，同时也向外以长波辐射的方式发射辐射热。太阳辐射的波长主要处于短波波段，不同下垫面吸收的太阳短波辐射程度不同，导致在相同入射辐射作用下，下垫面自身温度升高的程度不同，进而使得对外辐射热量存在差异，影响下垫面附近空气的热状况。此外，下垫面不仅反射短波辐射，还反射接收到的长波辐射。因此下垫面产生向外的长波辐射量既包括下垫面自身向外发射的长波辐射量还包括反射的大气长波辐射量。下垫面的全部长波辐射由下垫面吸收、反射的长波辐射以及下垫面发射的长波辐射所组成。就短波辐射而言，材料表面的颜色对反射和吸收起主要作用；而就长波辐射而言，材性对反射和吸收起主要作用。抛光的金属表面具有很高的反射能力，因此建筑中常用铝箔来反射长波辐射。

下垫面材料的长波发射率受自身材质、表面状态（如表面材质颗粒大小）、材料表面温度以及发射方向的影响，不同下垫面材料以及同种材料不同温度等状态下的长波发射率均不同。材料的发射率越大，其长波辐射能力也就越大，对外来辐射的吸收能力也越大。对于同种材料而言，材料温度越高，材料的发射率越大。

5.1.3 下垫面辐射热交换过程

下垫面的热交换过程可通过与围护结构的热交换过程，以类比的方式来进行阐述，两者有相似部分，又存在显著差别。基于传热学理论，不透明建筑围护结构传热过程由建筑外表面吸热、围护结构传热以及建筑内表面放热三部分组成。与围护结构传热相同的是，两者都存在一个热交换面，能够与太阳辐射、相邻建筑及天空进行辐射换热，同时与室外空气进行对流换热。与围护结构不同的是，下垫面的厚度可近似于无限厚，其远远大于围护结构的厚度。但下垫面只有一侧与空气接触，而围护结构内外两侧均与空气接触，这些差异使得下垫面热交换过程与围护结构的热交换过程存在明显不同。

下垫面辐射热作用过程由下垫面表面吸热、结构内部传热、下垫面表面放热三部分组成。下垫面的吸热和放热发生在一侧，而建筑围护结构的吸热和放热发生在两侧。不同材料的下垫面具有不同的吸收、反射、传热及蓄热特性，这使得下垫面辐射场的热过程变得更为复杂、多样，且可能存在较大差异。下面对下垫面的热交换过程进行深入分析，因为短波辐射主要发生于白昼，而长波辐射主要作用于夜间，所以分别进行阐述，如图 5-2 所示。

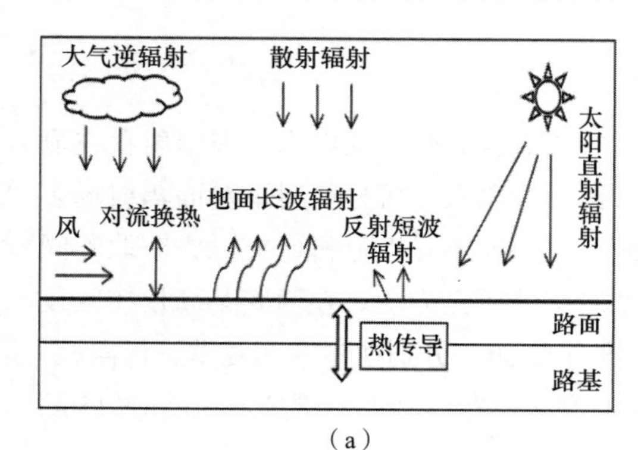

（a）

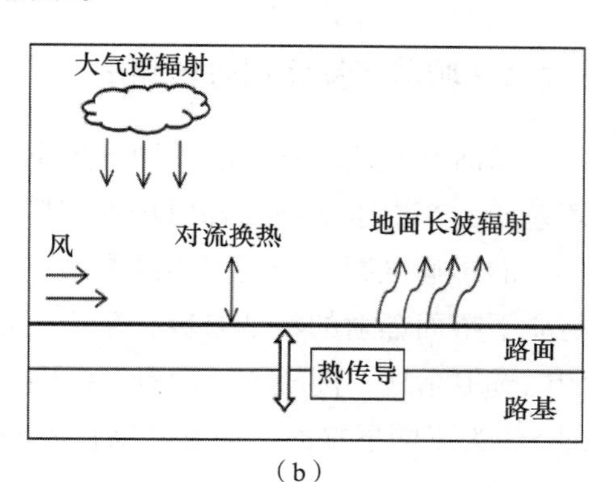

（b）

图 5-2 下垫面动态热交换作用过程

（a）昼间；（b）夜间

昼间，下垫面接收到太阳的直射和散射辐射以及大气逆辐射，将一部分太阳辐射和大气逆辐射反射出去，另一部分被下垫面的表面所吸收。在吸收辐射过程中，下垫面温度升高，导致地表和地面其他部分之间产生温差，下垫面中的温差使得热量以热传导的方式从地表传向温度较低的地下深处，将热量储存在热容较大的地层之中。同时，因为地表温度与空气温度之间存在温差，下垫面以辐射换热形式和地表附近的空气之间发生热量交换，将热量传递到周围环境中。此外，由于空气温度的不同导致空气密度的变化，进而引起气流波动，使得下垫面与空气之间以对流换热的方式发生热量交换。夜间，太阳的短波辐射消失，而大气逆辐射依然存在，此时下垫面只接收大气逆辐射。在这种情况下，地表附近气温降低的速度快于地表温度降低的速度，使得地表温度高于气温，下垫面通过自身储存的热量开始通过长波辐射和对流换热的方式与近地面空气进行热交换，直到两者能量达到动态平衡。随着第二天的日出，又一轮白昼的热交换方式出现，昼夜间的下垫面辐射热交换过程如此不断循环。

无论下垫面和地表附近的大气及周边环境之间的热交换有多复杂，热量仍是以热传导、热对流和热辐射等三种方式进行传递。下垫面中表面与大地之间的热传导是下垫面内部热交换的问题，和外部环境进行热交换的主要形式是对流换热和辐射换热，更主要的是辐射换热。当下垫面的太阳辐射吸收率增大时，下垫面吸收的太阳辐射增多，下垫面表面温度升高，下垫面与周围环境的对流换热量和辐射换热量也会增大，即太阳辐射吸收率的增大使得下垫面的太阳辐射得热量、对流换热量和辐射换热量同步增长。而当太阳辐射吸收率减小时，反之亦然。可见，太阳辐射是下垫面热交换的主要热源，对地表换热，地内传热都产生重要影响，更是下垫面辐射热交换的核心影响要素。

5.2 不同类型下垫面辐射特征的差异分析

5.2.1 城市下垫面辐射场测试

如前文所述，材料的不同导致下垫面的长短波吸收、反射和长波辐射存在显著差异，产生了下垫面辐射场的多样性特征。为深入分析材料对下垫面辐射场多样性的影响机制，开展了不同类型下垫面辐射特征差异性分析研究。为获取不同材质下垫面辐射的特征参数，采用了现场测试的研究方法。在西安某高校校区校园内选取草地、混凝土、沥青、铺面砖 4 种下垫面，分别在冬季和夏季进行测试。图 5-3 为不同下垫面在西安某高校校园内的实测位置，测点范围选取 500m×150m 的区域内。

图 5-3　测点位置

被选 4 种下垫面为城市中比较典型的下垫面材料类型，无论在我国南方还是北方城市中使用比例都较高。其中混凝土下垫面、沥青下垫面、铺面砖下垫面属于人工下垫面，其透水性较差；而草地为透水性强的自然下垫面。图 5-4 展示了 4 种不同类型的下垫面。表 5-1 列出了常见下垫面的热物性参数。

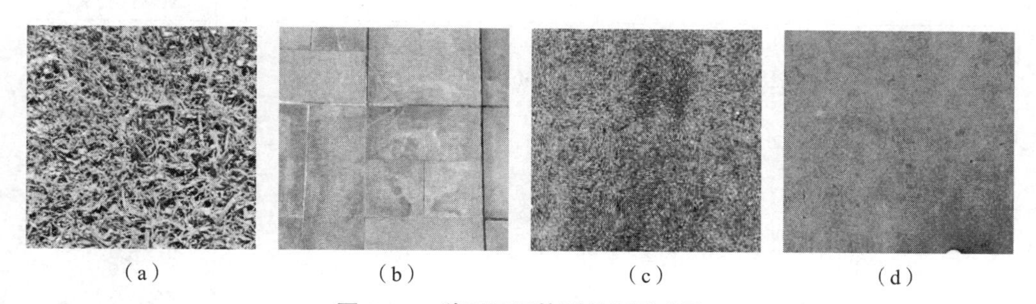

图 5-4　4 种不同下垫面现场测试图

（a）草地下垫面；（b）铺面砖下垫面；（c）沥青下垫面；（d）混凝土下垫面

常见下垫面热物性参数　表 5-1

下垫面类型	短波反射率	长波发射率
草地	0.5	0.93
混凝土	0.1～0.35	0.85
铺面砖	0.4	0.90
沥青	0.1	0.95

测试是为了研究不同下垫面辐射特征的差异，验证下垫面与空气之间的热交换过程，因此测试项目包括：下垫面接收到的太阳短波辐射、下垫面反射的太阳短波辐射、下垫面向上发射的长波辐射、地表温度、地表热流、近地空气温度、空气相对湿度、风速等。通过测试下垫面接收到的太阳短波辐射、下垫面反射的

太阳短波辐射，以及下垫面向上发射的长波辐射可以了解不同下垫面的辐射场差异。测试所用的仪器如表 5-2 所示。

测试仪器 表 5-2

测试项目	仪器名称	仪器精度	采样时间（min）	仪器图片
短波辐射强度	EKO（MS-602）总辐射传感器	响应时间（95%）：17s 工作温度（℃）：−40～80	10	
长波辐射强度	QTS-4 长波辐射仪	±0.5%	10	
地表温度	四通道热电偶	±0.1℃	10	
空气温湿度	温度块	空气温度 ±0.3℃ 空气湿度 ±5.0%	10	
地表热流密度	热流传感片	0.005mV/（W·m^2）	10	
风速	Testo405i 风速仪	±（0.1m/s＋5% 测量值） （0～2m/s）	10	

太阳总辐射以及下垫面反射的短波辐射采用 EKO 辐射仪测试，EKO 辐射仪放在空旷无遮挡的位置用以测量太阳短波辐射强度。测试反射辐射的方法是将太阳辐射仪反向地面水平放置，并保持距离地面一米的位置，以测量下垫面的反射辐射强度。长波辐射强度的测量是采用 QTS-4 长波辐射仪，将其布置在与测量下垫面反射短波辐射相同的位置，用以测量下垫面向上发射的长波辐射强度。

下垫面地表温度的测量使用四通道热电偶，每种下垫面的地表温度采用两个通道进行测量，然后计算两个通道的平均值。其中草地下垫面地表温度的测量是将热电偶插入草地的表层土壤处，而其他 3 种下垫面则是采用锡纸胶带将热电偶贴于地表，从而测量不同下垫面的地表温度。

对于地表热流密度的测量，则是采用热流传感片，将其用锡纸胶带贴于不同下垫面的表面，从而测得不同下垫面的热流密度。不同下垫面上方空气温度的测量，则是将温度块置于距离下垫面1.1m高的位置，然后用锡纸将其包裹起来，以防止太阳辐射对温度块的热影响。图5-5为不同下垫面的现场测试照片。

（a）　（b）　（c）　（d）

图5-5　不同下垫面现场测试照片

（a）草地下垫面；（b）铺面砖下垫面；（c）沥青下垫面；（d）混凝土下垫面

5.2.2　不同类型下垫面辐射特征差异规律

1. 不同类型下垫面辐射吸热差异分析

下垫面吸收的热量来源有两部分，其中一部分来源于下垫面吸收的太阳短波辐射，另一部分为下垫面吸收的大气逆辐射以及周边物体的长波辐射。图5-6、图5-7分别为西安夏季、冬季投射到下垫面上方的太阳辐射强度，以及4种下垫面吸收太阳辐射随时间变化的曲线。

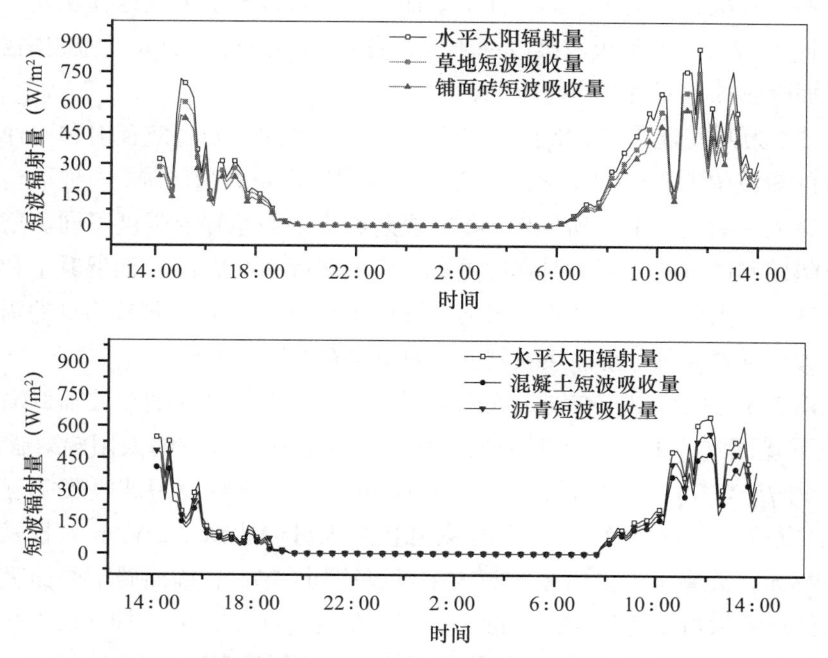

图5-6　西安夏季不同下垫面吸收太阳短波辐射变化趋势图

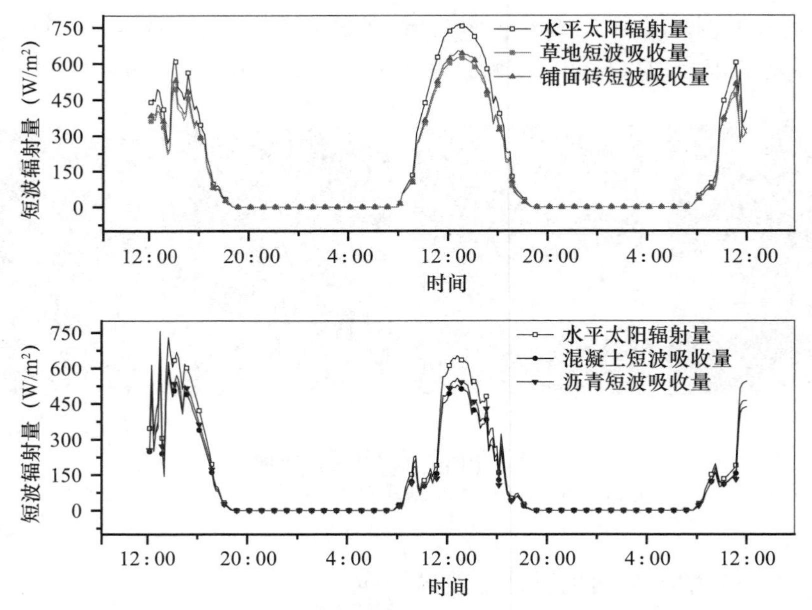

图 5-7　西安冬季不同下垫面吸收太阳短波辐射变化趋势图

从两图中可以看出不同下垫面吸收的短波辐射强度具有一定的规律性变化，其变化趋势与太阳辐射变化趋势相一致，中午 14:00 太阳短波辐射最强，各种下垫面吸收的太阳辐射也达到最高峰，而在早上和傍晚太阳辐射减弱时，其吸收的短波辐射强度也随之减少，而到了夜间没有太阳辐射照射时，下垫面吸收的短波辐射为零。其次，在同一时刻不同下垫面吸收的短波辐射强度也存在差异。主要是因不同下垫面的太阳短波吸收率不同，各种下垫面反射的太阳短波辐射越多，则下垫面吸收的太阳短波辐射越少。

图 5-6 为西安夏季在 24h 内下垫面上方投射到的太阳短波辐射和 4 种下垫面所吸收的短波辐射随时间变化的趋势图。受测试设备数量所限，4 种下垫面的测试不是在同一天进行的，所以图 5-6 中投射的水平面总辐射强度不同。草地、铺面砖下垫面测试日的太阳辐射强度更高，峰值接近 900W/m^2，而混凝土和沥青下垫面测试日的太阳辐射强度相对较弱，峰值不到 700W/m^2。测试两日的辐射条件差异较大，导致 4 种下垫面接收到的辐射量也存在明显差异。

从图 5-6 可以看出，在同一太阳辐射强度下，沥青吸收的短波辐射强度大于混凝土下垫面吸收的短波辐射强度。其中草地下垫面吸收的太阳辐射强度最大可以达到 751W/m^2，日累计值为 23297W/m^2，草地下垫面短波吸收率可以达到 86.9%；混凝土下垫面吸收的太阳辐射强度最大可以达到 472W/m^2，日累计值为 13185W/m^2，混凝土下垫面短波吸收率可以达到 73.7%；铺面砖下垫面吸收的太阳辐射强度最大可以达到 653W/m^2，日累计值为 20093W/m^2，铺面砖下垫面短波吸收率可以达到 75.0%；沥青下垫面吸收的太阳辐射强度最大可以达到 567W/m^2，日累计值为 15557W/m^2，沥青下垫面短波吸收率可以达到 87.0%。综上所述，4 种下垫面吸收的短波辐射率从大到小依次为：沥青、草地、铺面砖、混凝土。

在下垫面辐射热作用过程中，测量的量包括下垫面反射的短波辐射和下垫面接收到的太阳总辐射量，研究中的 4 种下垫面均为不透明下垫面，下垫面的短波反射率与下垫面吸收率的总和为 1。文中不同下垫面吸收的短波辐射量是通过下垫面接收到的总辐射量减去下垫面反射的短波辐射量所得到的。而在测试过程中，草地下垫面反射的短波辐射量小于混凝土和铺面砖下垫面反射的短波辐射量，因此夏季草地下垫面的短波吸收量大于混凝土和铺面砖下垫面的短波吸收量。

图 5-7 为西安冬季 4 种不同下垫面上方连续 48h 吸收的太阳短波辐射量。从图中可以看出，不同下垫面吸收的太阳辐射强度在 48h 内出现了一定的规律性变化。其中草地下垫面吸收的太阳辐射强度最大可以达到 628W/m^2，日累计值为 19823W/m^2，草地下垫面短波吸收率可以达到 82.35%；混凝土下垫面吸收的太阳辐射强度最大可以达到 617W/m^2，日累计值为 15907W/m^2，混凝土下垫面短波吸收率可以达到 80.4%；铺面砖下垫面吸收的太阳辐射强度最大可以达到 653W/m^2，日累计值为 20374W/m^2，铺面砖下垫面短波吸收率可以达到 84.51%；沥青下垫面吸收的太阳辐射强度最大可以达到 726W/m^2，日累计值为 16715W/m^2，沥青下垫面短波吸收率可以达到 84.55%。4 种下垫面吸收的短波辐射率从大到小依次为：沥青、铺面砖、草地、混凝土。

下垫面吸收太阳短波辐射强度的同时也在吸收大气逆辐射。图 5-8 和图 5-9 为西安夏季和冬季不同下垫面吸收的大气逆辐射强度随时间变化的趋势图。从图中可以看出，下垫面在白天吸收的大气逆辐射变化趋势波动较大，晚上变化较为平缓，在白天 14 : 00 左右达到最大值，凌晨 6 : 00 左右吸收的大气逆辐射值最小。

图 5-8 为夏季不同下垫面吸收的大气逆辐射强度，草地下垫面吸收大气逆辐射的平均值为 411W/m^2，其变化范围为 383～461W/m^2。混凝土下垫面吸收大气逆辐射的平均值为 314W/m^2，其变化范围为 300～340W/m^2。铺面砖下垫面吸收大气逆辐射的平均值为 358W/m^2，其变化范围为 334～404W/m^2。沥青下垫面吸收大气逆辐射的平均值为 389W/m^2，其变化范围为 365～456W/m^2。4 种下垫面在夏季吸收的大气逆辐射强度从大到小依次为：草地、沥青、铺面砖、混凝土。

图 5-9 为冬季不同下垫面吸收的大气逆辐射强度，草地下垫面吸收大气逆辐射的平均值为 333W/m^2，其变化范围为 299～381W/m^2。混凝土下垫面吸收大气逆辐射的平均值为 275W/m^2，其变化范围为 252～313W/m^2。铺面砖下垫面吸收大气逆辐射的平均值为 287W/m^2，其变化范围为 257～328W/m^2。沥青下垫面吸收大气逆辐射的平均值为 334W/m^2，其变化范围为 306～380W/m^2。4 种下垫面在冬季吸收的大气逆辐射强度从大到小依次为：沥青、草地、铺面砖、混凝土。

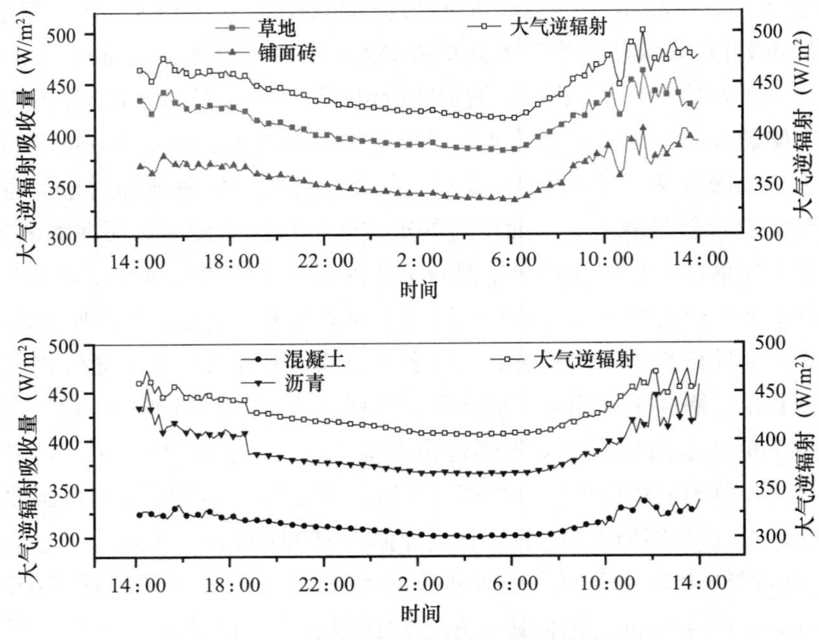

图 5-8 西安夏季不同下垫面吸收大气逆辐射变化趋势图

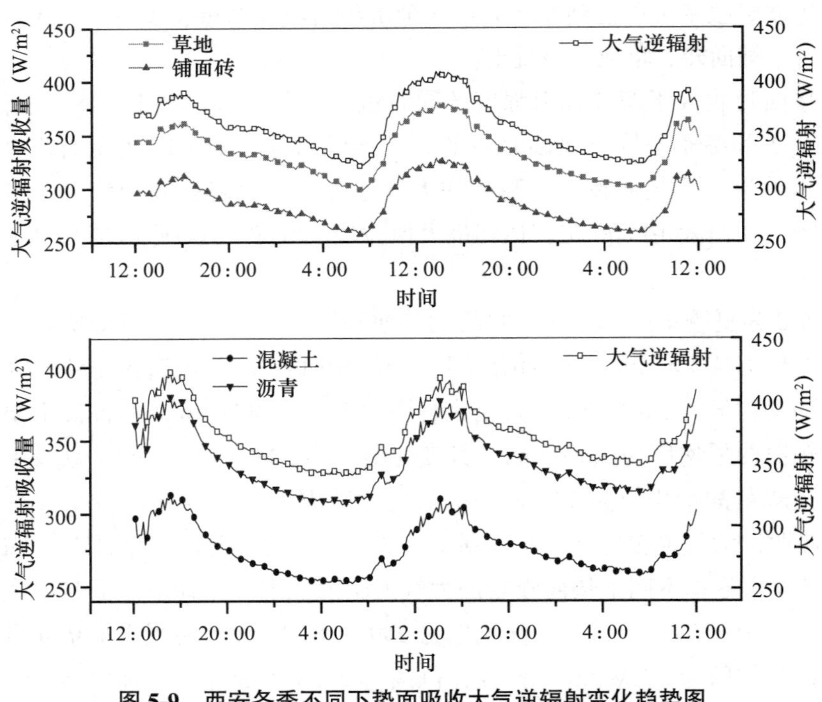

图 5-9 西安冬季不同下垫面吸收大气逆辐射变化趋势图

图 5-10、图 5-11 为西安夏季、冬季不同下垫面吸收的总辐射热作用强度的变化趋势。从图中可以看出，白天下垫面受到太阳短波辐射的影响，导致吸收的

总辐射热作用强度变化趋势波动较大，晚上只有大气逆辐射作用的影响，波动较为平缓。其中夏季草地下垫面吸收的总辐射热的变化范围为386.3～1217W/m^2，日平均值可以达到572.40W/m^2，混凝土下垫面吸收的总辐射热的变化范围为344.4～871.7W/m^2，日平均值可以达到405.11W/m^2，铺面砖下垫面吸收的总辐射热的变化范围为332.3～1053W/m^2，日平均值可以达到507.17W/m^2，沥青下垫面吸收的总辐射热的变化范围为364.7～990.2W/m^2，日平均值可以达到497.33W/m^2。

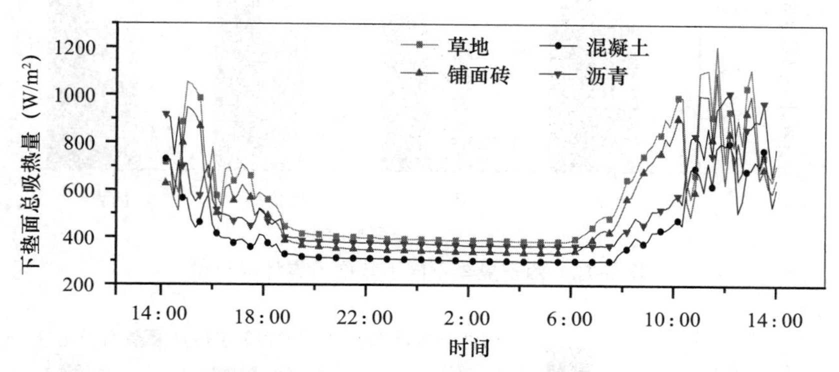

图 5-10　西安夏季不同下垫面吸收的总辐射量

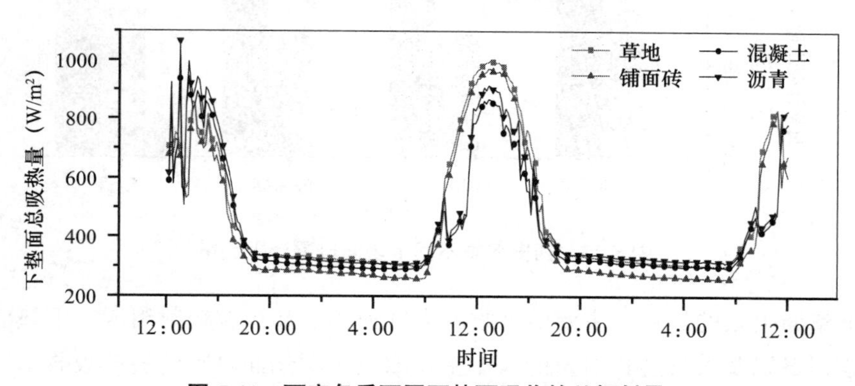

图 5-11　西安冬季不同下垫面吸收的总辐射量

冬季草地下垫面吸收的总辐射热的变化范围为299～1001W/m^2，日平均值可以达到471.01W/m^2，混凝土下垫面吸收的总辐射热的变化范围为289～945W/m^2，日平均值可以达到426.31W/m^2，铺面砖下垫面吸收的总辐射热的变化范围为257～972W/m^2，日平均值可以达到428.12W/m^2，沥青下垫面吸收的总辐射热的变化范围为306～1065W/m^2，日平均值可以达到450.40W/m^2。通过分析不同下垫面吸收总辐射热作用强度的日累计值发现，不管是冬季还是夏季，4种下垫面吸收的总辐射量具有典型的季节性规律。

图5-12和图5-13为西安夏季、冬季不同下垫面吸收短波辐射以及大气逆辐射日均累计值。从图5-12和图5-13中可以看出，不管是夏季还是冬季，草地下

垫面日累计总吸热量最大，夏季为82426W/m^2，冬季为67820W/m^2；混凝土下垫面日累计总吸热量最小，夏季为70055W/m^2，冬季为61388W/m^2。4种下垫面日累计吸热量从大到小依次为：草地、沥青、铺面砖、混凝土。草地日累计吸收热量最大的主要原因在于草地进行了光合作用，草地上的植被进行有机物的能量存储。

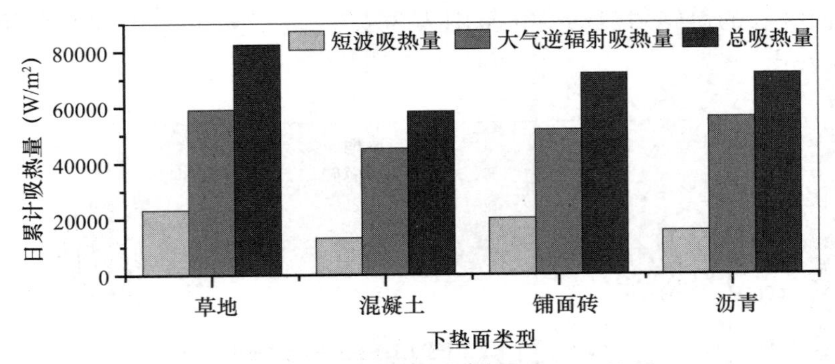

图5-12 西安夏季不同下垫面日累计吸热量

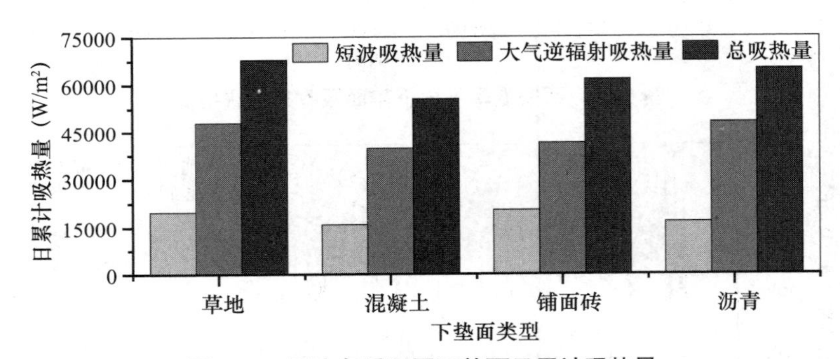

图5-13 西安冬季不同下垫面日累计吸热量

下垫面吸收的热量，主要由吸收的大气逆辐射和短波辐射组成，下垫面吸收短波辐射量以及大气逆辐射量的大小主要取决于下垫面材料的短波吸收率以及长波吸收率。下垫面吸收的大气逆辐射量远远大于下垫面吸收的短波辐射量，4种下垫面吸收大气逆辐射量占总吸热量的65%以上，其中主要原因是下垫面吸收的太阳光短波辐射只存在于白天，而下垫面在一天24h内随时都可以吸收大气逆辐射。夏季4种下垫面吸收的热量中大气逆辐射量的占比从小到大依次为：草地71.35%、铺面砖71.9%、混凝土74.04%、沥青78.25%；而冬季4种下垫面吸收的热量中大气逆辐射量的占比从大到小依次为：沥青74.3%、混凝土74.0%、草地68.0%、铺面砖67.0%。

2. 不同类型下垫面热传导差异分析

白天下垫面吸收太阳短波辐射和大气逆辐射，导致地表温度升高，热量通过热传导向深层地表传递，并以热量的形式储存在下垫面中，晚上太阳短波辐射消失，下垫面储存的热量以热传导的形式流向地表，释放热量。

图 5-14 和图 5-15 为西安夏季、冬季不同下垫面地表热传导变化趋势图，下垫面导热量的大小主要由下垫面材料的导热系数大小以及下垫面吸收的太阳辐射强度决定，不管是冬季还是夏季，白天下垫面热传导变化波动大，而晚上太阳短波辐射消失，导致下垫面导热量变化趋势较为平缓。

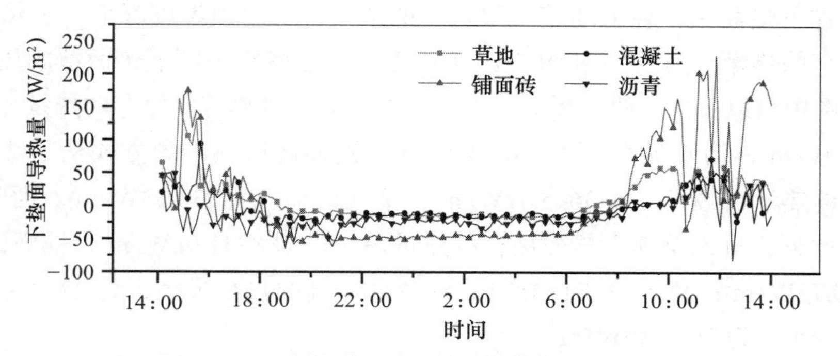

图 5-14　西安夏季不同下垫面热传导变化趋势图

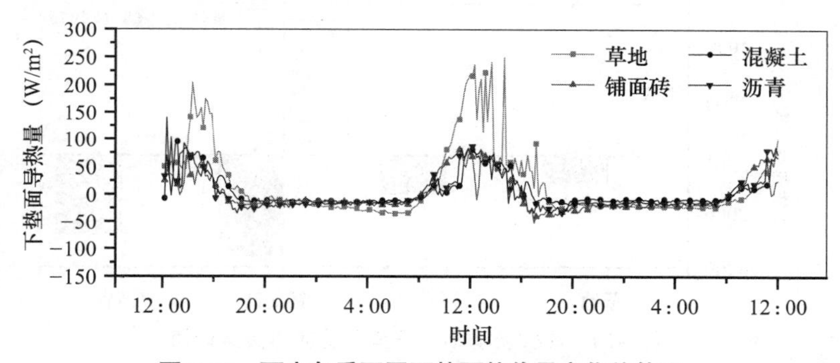

图 5-15　西安冬季不同下垫面热传导变化趋势图

由图 5-14 可得，在夏季，草地下垫面导热量平均值为 10.84W/m²，其变化范围为 −18.59～100W/m²。混凝土下垫面导热量平均值为 −0.90W/m²，其变化范围为 −47.17～93.84W/m²。铺面砖下垫面导热量平均值为 8.86W/m²，其变化范围为 −58.06～229.24W/m²。沥青下垫面导热量平均值为 −15.04W/m²，其变化范围为 −81.09～71.58W/m²。4 种下垫面在夏季白天吸收太阳短波辐射以热传导的方式进入下垫面的热量从大到小为：铺面砖、草地、混凝土、沥青，夜间释放的热量从大到小为：沥青、铺面砖、混凝土、草地。

由图 5-15 可得，在冬季，草地下垫面导热量平均值为 17.39W/m²，其变化范围为 −35.66～250.36W/m²。混凝土下垫面导热量平均值为 6.41W/m²，其变化范围为 −17.83～140.47W/m²。铺面砖下垫面导热量平均值为 0.29W/m²，其变化范围为 −52.06～80.90W/m²。沥青下垫面导热量平均值为 1.64W/m²，其变化范围为 −34.84～103.32W/m²。4 种下垫面在冬季白天以热传导的方式进入下垫面的热量从大到小为：草地、混凝土、沥青、铺面砖，夜间释放的热量从大到小为：铺面砖、草地、沥青、混凝土。

城市下垫面与空气之间无时无刻不在进行着能量交换，导致地表和地面其他部分之间产生温差，下垫面结构的温差促进热量从地表传向温度较低的地基。白天下垫面吸收热量，地表温度变高，热量以热传导的方式流向下垫面内部，将热量储存在下垫面中；晚上随着太阳辐射的消失，下垫面温度降低，下垫面释放白天储存的热量。图 5-16 和图 5-17 为西安夏季、冬季不同下垫面蓄放热量累计值，从图中可以看出，西安夏季，铺面砖下垫面通过热传导储存的热量最大，为 4891.30W/m^2，沥青最小，为 661.54W/m^2；铺面砖以热传导方式从下垫面释放到空气的热量也最大，为 3615.42W/m^2，草地最小，为 934.53W/m^2。西安冬季，以热传导方式进入草地下垫面储存的热量最大，为 8731.08W/m^2，铺面砖最小，为 3640.77W/m^2；草地以热传导方式释放到空气的热量最大，为 3723.44W/m^2，混凝土最小，为 2035.30W/m^2。

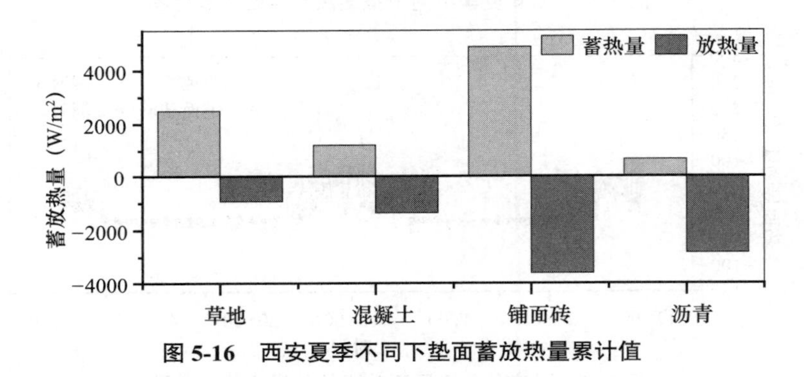

图 5-16　西安夏季不同下垫面蓄放热量累计值

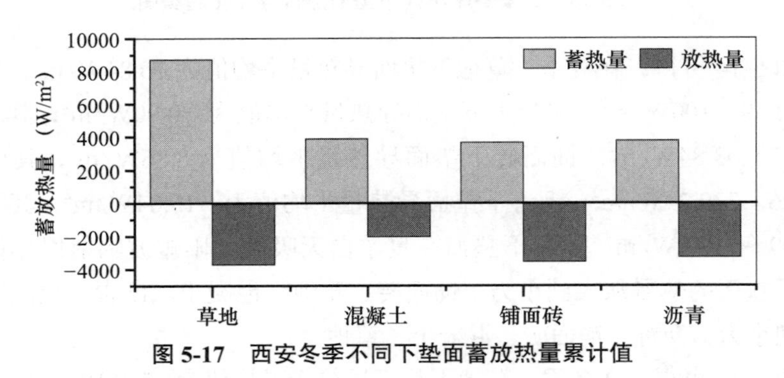

图 5-17　西安冬季不同下垫面蓄放热量累计值

5.2.3　不同类型下垫面放热差异

1. 下垫面的长波辐射换热差异

下垫面吸收大气逆辐射以及太阳短波辐射的同时，与外界以长波辐射换热的形式发射长波辐射。图 5-18、图 5-19 为西安夏季、冬季不同下垫面发射长波辐射强度随时间变化的曲线。从不同下垫面发射长波辐射量计算结果发现，无论是冬季还是夏季，草地下垫面发射的长波辐射强度小于铺面砖、沥青、混凝土下垫面发射的长波辐射强度。其次，不同下垫面发射的长波辐射强度与诸多因素有关。其中，低反射率的下垫面吸收了更多的太阳短波辐射，使得下垫面地表温度升高，进而引起下垫面发射的长波辐射量增加。同时，下垫面的导热量以及热容量的增加，也会引起下垫面上方长波辐射强度的增加。

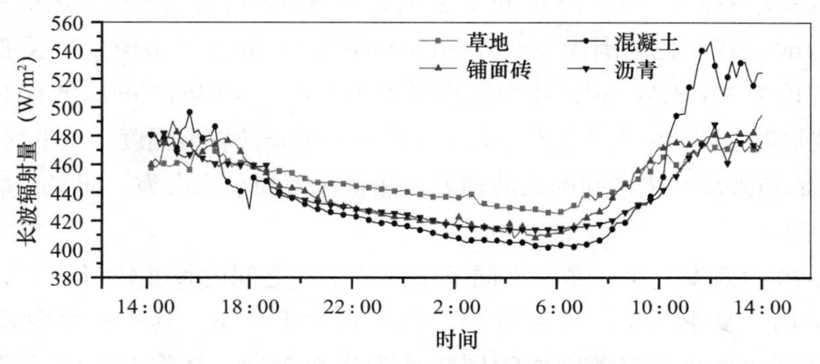

图 5-18　西安夏季不同下垫面发射长波辐射量

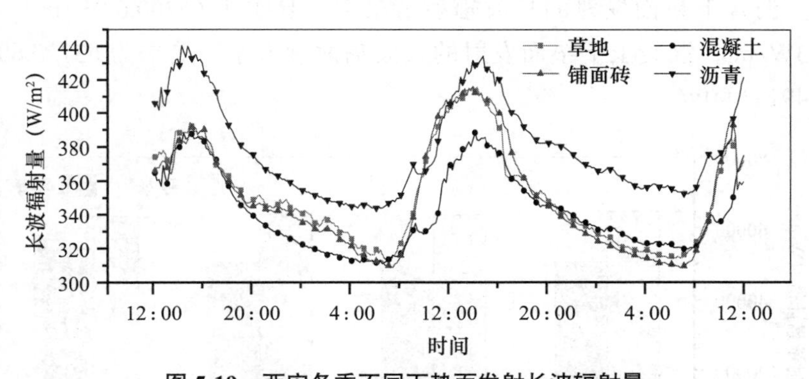

图 5-19　西安冬季不同下垫面发射长波辐射量

由图 5-18 可知，夏季不同下垫面发射的长波辐射在 12:00 左右达到最高值，这是因为经过白天太阳短波照射，下垫面在 12:00 左右，向外发射的长波辐射量最大，地表温度也最高。而早上 6:00 左右，各下垫面发射的长波辐射达到最低值，且不同下垫面发射长波辐射量最为接近，这是由于不同下垫面在白天蓄积的热量在晚上已基本释放结束，各种下垫面的地表温度大致相同。夏季，草地下垫面发射长波辐射换热量平均值为 449.52W/m^2，其变化范围为 425.29～477.97W/m^2。混凝土下垫面发射长波辐射换热量平均值为 442.50W/m^2，其变化范围为 401.09～546.78W/m^2。铺面砖下垫面发射长波辐射换热量平均值为 444.28W/m^2，其变化范围为 407.90～495.03W/m^2。沥青下垫面发射长波辐射换热量平均值为 438.89W/m^2，其变化范围为 413.68～438.22W/m^2。从平均值来看，4 种下垫面在夏季与外部环境之间的长波辐射换热量从大到小依次为：草地、铺面砖、混凝土、沥青。

由图 5-19 可知，冬季不同下垫面因为在 16∶00 左右的时候储存的能量最多，所以在此时温度最高。早上 7∶00 左右，各下垫面发射的长波辐射达到最低值。其中，草地下垫面发射长波辐射换热量平均值为 351.29W/m^2，其变化范围为 312.47～416.36W/m^2；混凝土下垫面发射长波辐射换热量平均值为 341.55W/m^2，其变化范围为 310.72～388.23W/m^2；铺面砖下垫面发射长波辐射换热量平均值为 349.37W/m^2，其变化范围为 308.67～416.09W/m^2；沥青下垫面发射长波辐射换热量平均值为 378.81W/m^2，其变化范围为 343.87～440.46W/m^2。沥青下垫面发射的长波辐射强度始终大于其他 3 种下垫面发射的长波辐射强度。从平均值来看，4 种下垫面与外部环境之间的长波辐射换热量从大到小依次为：沥青、草地、铺面砖、混凝土。

图 5-20 为西安夏季、冬季不同下垫面与空气之间的长波辐射量，从图 5-20 中可以看出，夏季下垫面发射的长波辐射量大于冬季，其主要原因是夏季太阳辐射强度远远大于冬季，对于同一种下垫面而言，夏季下垫面的温度远高于冬季。沥青下垫面发射的长波辐射量最多，夏季为 65200.62W/m^2，冬季为 54548.13W/m^2；混凝土下垫面发射的长波辐射量最小，夏季为 63720.60W/m^2，冬季为 49183.90W/m^2。

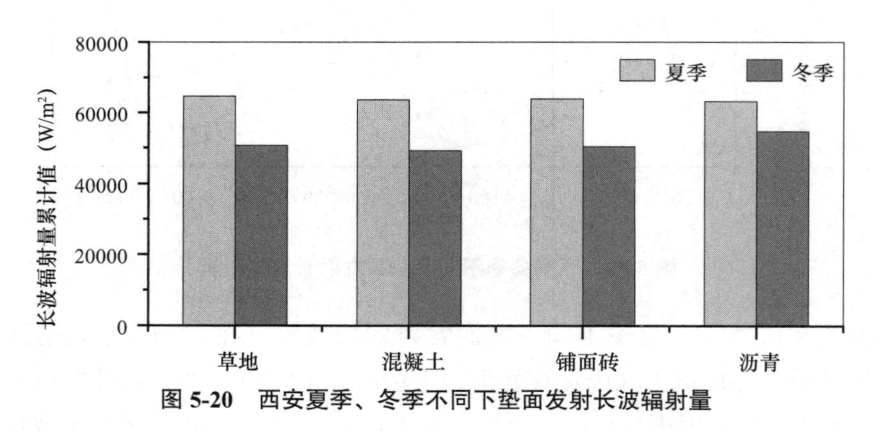

图 5-20 西安夏季、冬季不同下垫面发射长波辐射量

2. 下垫面对流换热差异

下垫面以辐射换热方式释放热量的同时，与空气之间以对流换热的方式发生热量交换。下垫面与空气之间的对流换热量大小主要受下垫面地表温度与空气温度之间的温度差以及下垫面上方的风速影响。图 5-21 和图 5-22 分别为西安夏季、冬季不同下垫面与空气之间的对流换热变化趋势图。由图可知，下垫面与空气之间的对流换热量变化趋势主要与下垫面上方的风速变化趋势相一致，白天风速波动大，对流换热量变化波动大，晚上风速相对白天风速小，变化波动小，夜间对流换热变化趋势平缓。

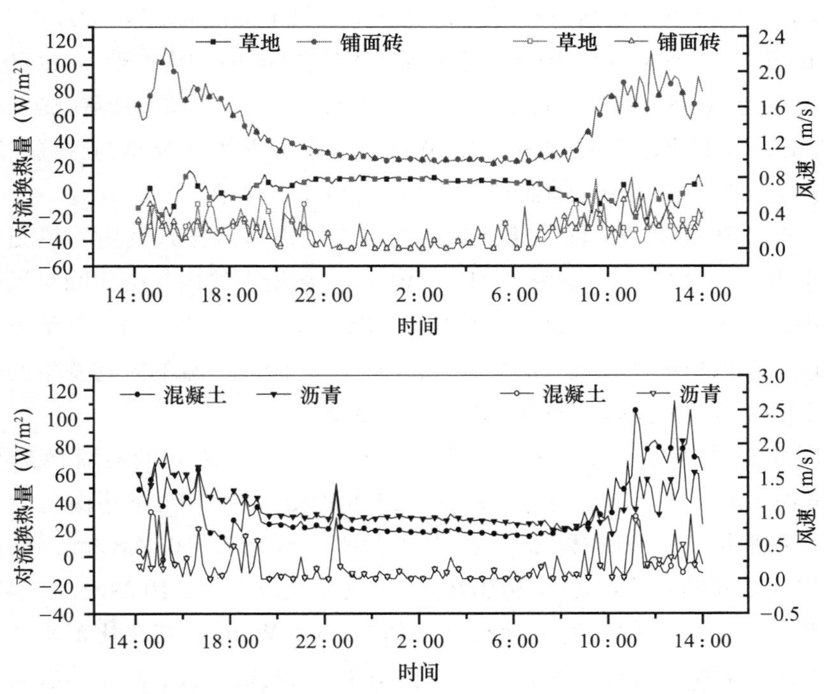

图 5-21　西安夏季不同下垫面与空气之间的对流换热变化趋势图

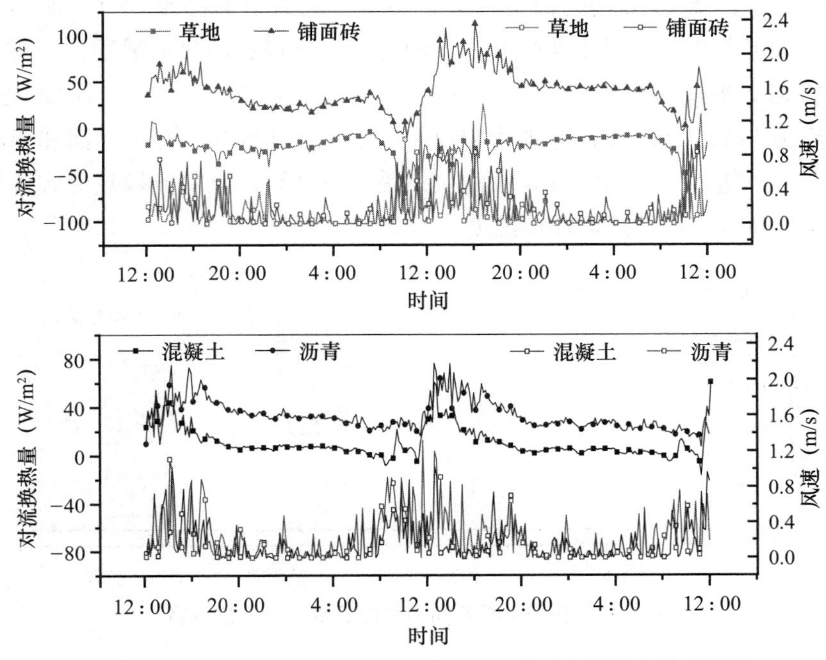

图 5-22　西安冬季不同下垫面与空气之间的对流换热变化趋势图

图 5-21 纵轴的左右两边分别代表对流换热量和风速，观察发现，夏季草地下垫面与空气之间的对流换热平均值为 1.49W/m^2，其变化范围为 −23.63～15.76W/m^2。混凝土下垫面与空气之间的对流换热平均值为 32.49W/m^2，其变化范围为 6.66～112.06W/m^2。铺面砖下垫面与空气之间的对流换热为 48.00W/m^2，其变化范围为 20.98～113.32W/m^2。沥青下垫面与空气之间的对流换热平均值为 35.95W/m^2，其变化范围为 16.36～120W/m^2。4 种下垫面在夏季与空气之间的对流换热量从大到小依次为：铺面砖、沥青、混凝土、草地。

无论冬季还是夏季，铺面砖下垫面与空气间以对流方式发生的热交换量最大，夏季为 113.32W/m^2，冬季为 112.24W/m^2。草地下垫面与空气间对流换热的热量最小，夏季为 15.76W/m^2，冬季为 25.70W/m^2，这主要因为与其他下垫面相比，草地下垫面粗糙度较大。4 种下垫面与空气之间以对流的方式发生的热交换从大到小依次为：铺面砖、沥青、混凝土、草地。

从图 5-22 中可以看出，冬季，草地下垫面与空气之间的对流换热平均值为 −19.63W/m^2，其变化范围为 −93.06～25.70W/m^2。混凝土下垫面与空气之间的对流换热平均值为 10.18W/m^2，其变化范围为 −16.57～60.64W/m^2。铺面砖下垫面与空气之间的对流换热为 40.01W/m^2，其变化范围为 −10.29～112.24W/m^2。沥青下垫面与空气之间的对流换热平均值为 33.27W/m^2，其变化范围为 7.12～76.25 W/m^2。4 种下垫面在冬季与空气之间的对流换热量从大到小依次为：铺面砖、沥青、混凝土、草地。

图 5-23、图 5-24 分别为西安夏季、冬季不同下垫面日累计对流换热量。由图可知，人工下垫面以对流换热的方式向地表空气释放的热量远远大于草地下垫面。不管是冬季还是夏季，铺面砖以对流换热的方式向近地空气释放的热量最大，夏季为 6911.66W/m^2，冬季为 5800.01W/m^2，其次为沥青下垫面和混凝土下垫面，草地下垫面向近地空气释放的热量最小，甚至还以对流换热的方式吸收近地空气中的热量，进而降低环境温度。

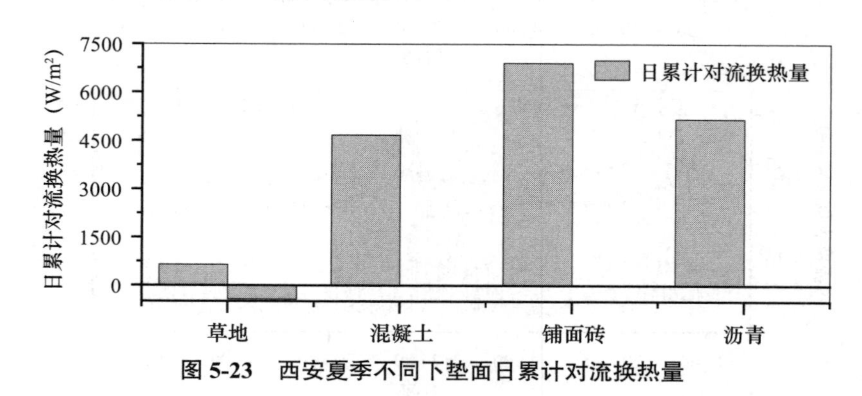

图 5-23　西安夏季不同下垫面日累计对流换热量

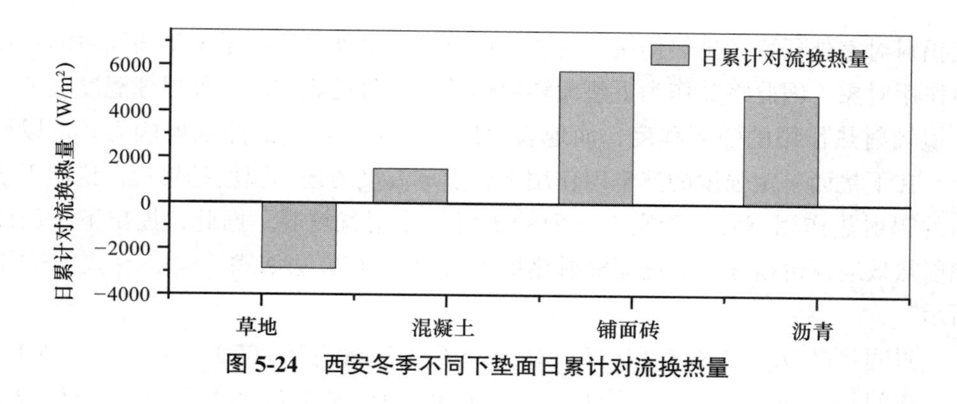

图 5-24 西安冬季不同下垫面日累计对流换热量

5.3 城市下垫面辐射热作用评价方法

为了量化下垫面辐射热作用，有效区别不同类型下垫面辐射热特征，更科学地研究下垫面辐射热效应，提出了采用“下垫面辐射热指标”作为其评价指标。通过分析辐射热作用评价指标与下垫面净辐射、下垫面上方黑球温度之间的关系来验证下垫面辐射热指标的可行性。简要分析了“下垫面辐射热指标”的作用，为调节城市下垫面辐射热环境奠定基础。

5.3.1 评价指标及方法

城市下垫面可吸收大量的短波和长波辐射，这些辐射热被地表吸收后传入地下，一方面提高了地表温度，一方面蓄存在下垫面体中。与此同时，下垫面反射长波辐射和短波辐射，并且向外发射长波辐射，对室外微气候以及相邻建筑等周边物体产生辐射热作用。下垫面的这种辐射热作用不仅作用于建筑、室内／外环境，还会影响室外的人体。辐射热是人体与所处热环境换热的最主要方式，因此下垫面辐射场对室外的人体产生重要的辐射热效应。综上所述，城市下垫面辐射场具有广泛而重要的热效应，如何评价它成为下垫面辐射场研究的关键问题，也是有效利用下垫面辐射场的关键。

城市下垫面可以吸收、反射和发射辐射热，它既是辐射热的作用对象，又能够对建筑、室外微气候和人体产生辐射热作用。作为城市辐射场的重要组成部分，下垫面辐射场是辐射热的贡献者，本节主要研究下垫面辐射场所产生的辐射热效应。为了更科学地分析下垫面辐射场热效应，对其的量化评价是分析的基础和关键。因此本节主要关注下垫面反射的短波辐射和发射的长波辐射的热作用。

在昼间太阳的短波辐射起主要作用，下垫面对外所产生的辐射热作用主要为反射短波辐射的热作用。到了夜间，短波辐射消失，下垫面依靠自身热量发射长波辐射对室外环境产生热作用。这两种情况下，室外微气候是下垫面辐射的主要热作用对象，因此将其作为下垫面辐射热效应评价的载体。室外黑球温度表征了环境辐射热作用的强弱程度，而地表温度表征了下垫面的热辐射能力。可以设想，在下垫面一定强度的热辐射作用下，黑球温度与地面温度越接近，说明下垫面的辐射热作用越强，否则下垫面的辐射热作用就越弱。据此，提出下垫面的辐射热效应评价指标“下垫面辐射热指标”，其计算方法如式（5-1）～式（5-3）所示。

昼间： $$\mu_d = (K_{\uparrow} + L_{\uparrow} - L_{\downarrow}) / (T_g - T) \quad (7:00 \sim 18:00) \tag{5-1}$$

夜间： $$\mu_n = (L_{\uparrow} - L_{\downarrow}) / (T_g - T) \quad (18:00 \sim \text{次日 } 7:00) \tag{5-2}$$

全天： $$\mu = \frac{11}{24}\overline{\mu_d} + \frac{13}{24}\overline{\mu_n} \tag{5-3}$$

式中：μ_d——昼间下垫面辐射热指标（W/℃）；

μ_n——夜间下垫面辐射热指标（W/℃）；

$K_{\uparrow}$——单位时间单位面积下垫面反射的短波辐射量（W/m^2）；

$L_{\downarrow}$——单位时间单位面积下垫面接收到的大气逆辐射量（W/m^2）；

$L_{\uparrow}$——单位时间单位面积下垫面向上发射的长波辐射量（W/m^2）；

T_g——下垫面上方的黑球温度（℃）；

T——下垫面地表温度（℃）；

μ——下垫面辐射热作用强度（W/℃）。

当下垫面辐射热指标小于零时，说明地表温度高于下垫面上方的黑球温度，下垫面向外发射的辐射热大于下垫面从周围环境中吸收的辐射热。此时，下垫面辐射热作用指标越小，表示下垫面对外的辐射热作用越强。反之，当下垫面辐射热指标大于零时，说明下垫面上方的黑球温度大于地表温度，下垫面从周围环境中吸收的辐射热大于其释放到空气中的辐射热。此时，下垫面辐射热作用指标越大，表示下垫面接收到的辐射热作用越强。而当下垫面辐射热指标越接近于零，说明下垫面向周围环境释放的辐射热越弱。

5.3.2 评价方法的验证

为了研究下垫面辐射热指标对城市下垫面辐射热效用评价的有效性，期望通过分析该指标与水平面太阳总辐射量、室外气温的相关性来验证。太阳总辐射量是下垫面的主要辐射热源，总辐射越强则下垫面辐射热作用越强；而空气是下垫面主要的辐射热作用对象，气温是空气热状况的代表性表征量，下垫面辐射热作用的强弱与气温的变化具有趋同效应。若热作用指标与两者的相关性越强，则可认为该指标的有效性越显著。

依据下垫面辐射热指标的计算公式，需要首先获得相关辐射量、黑球温度及地面温度等，同时也要获得太阳总辐射及气温值。本节在前面的下垫面辐射特征差异研究中已经开展了相关测试，可通过上述测试数据对评价指标的有效性进行验证。选取草地、铺面砖、沥青和混凝土 4 种下垫面开展了评价指标的有效性验证。

1. 评价指标与太阳水平辐射的关系

太阳辐射是城市下垫面的主要热源，太阳辐射越强，下垫面吸收热量越多，则下垫面对外的辐射热作用就越强。

图 5-25、图 5-26 为西安夏季、西安冬季不同下垫面水平面总辐射与评价指标间的关系拟合图。从图中可以看出，水平面总辐射与评价指标间存在非线性关系。夏季 4 种下垫面辐射热指标与太阳总辐射之间的相关性分别为：草地为 0.82，混凝土为 0.88，铺面砖为 0.53，沥青为 0.76。冬季 4 种下垫面辐射热指标与太阳总辐射之间的相关性分别为：草地为 0.86，混凝土为 0.82，铺面砖为 0.86，沥青为 0.81。可见，总辐射与下垫面辐射热作用评价指标之间具有显著的相关性。

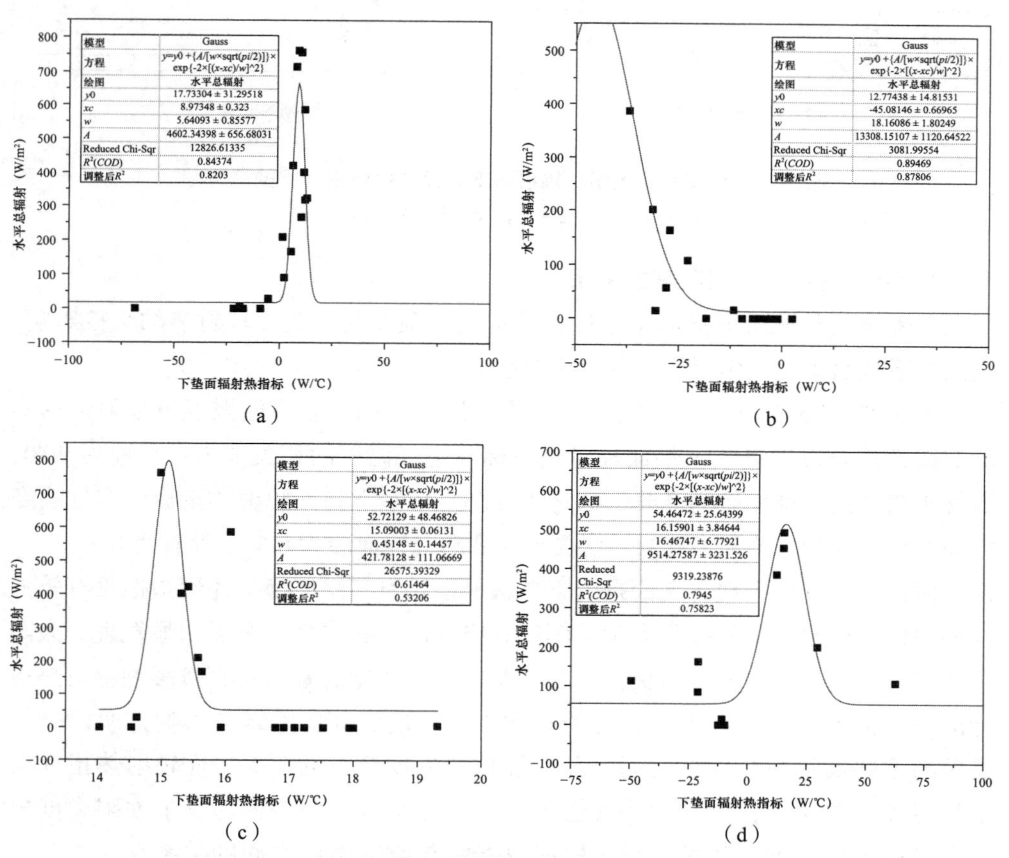

图 5-25　西安夏季太阳总辐射与下垫面辐射热指标间的拟合图

（a）草地；（b）混凝土；（c）铺面砖；（d）沥青

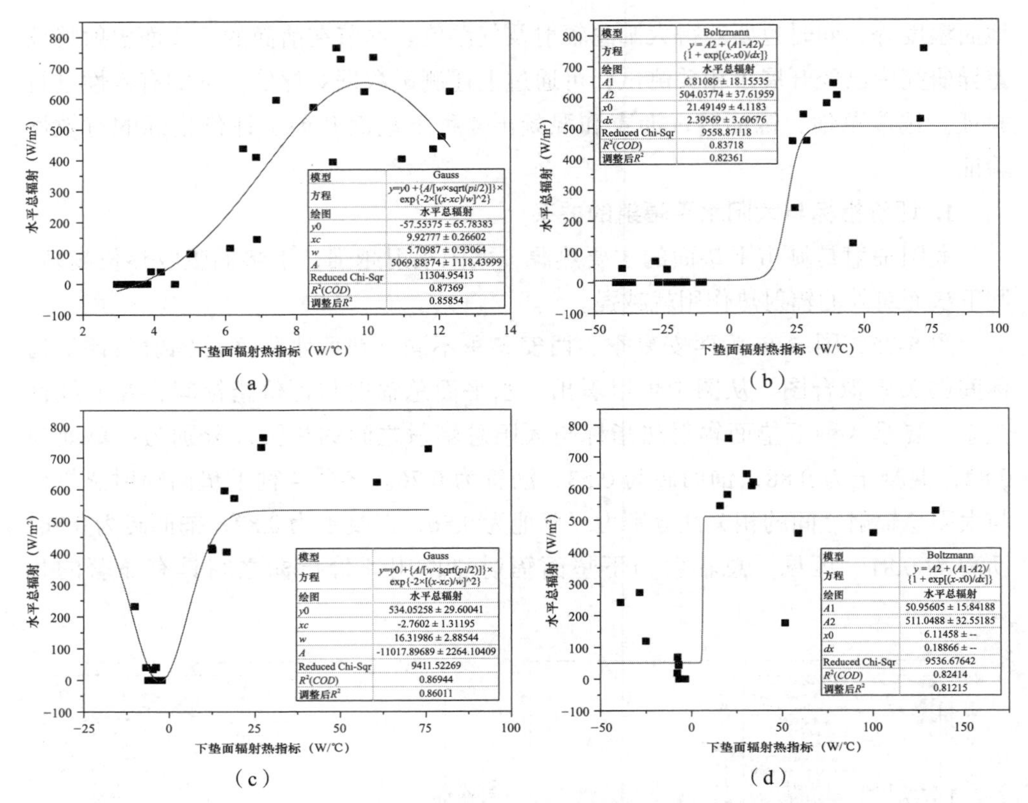

图 5-26　西安冬季太阳总辐射与下垫面辐射热指标间的拟合图

（a）草地；（b）混凝土；（c）铺面砖；（d）沥青

2. 评价指标与空气温度的关系

室外空气与城市下垫面紧密接触使得空气温度受下垫面辐射热的直接影响。气温是下垫面辐射热作用的典型表征参量。

图 5-27 和图 5-28 为西安夏季、冬季不同下垫面上方空气温度与辐射热指标的非线性拟合图。夏季下垫面辐射热指标与空气温度的相关性为：草地为 0.80、混凝土为 0.56、铺面砖为 0.46、沥青为 0.53；冬季下垫面辐射热指标与空气温度之间的相关性为：草地为 0.21、混凝土为 0.53、铺面砖为 0.66、沥青为 0.53。

通过上述分析发现，无论是太阳总辐射还是空气温度都与评价指标具有较强的相关性。对比评价指标与太阳总辐射和空气温度相关性，可以明显发现，太阳总辐射与评价指标的相关性更强。其主要原因是太阳总辐射是直接影响辐射热指标的一个因素，空气温度受辐射的影响之外，还受其他因素的影响，所以空气温度与下垫面辐射热指标之间的非线性拟合程度差。且在下垫面辐射热指标与空气温度的关系中，夏季的非线性关系强于冬季，主要是因为夏季太阳高度角高而冬季太阳高度角较低，导致辐射热指标与空气温度之间的关系存在季节性差异。

综上所述，下垫面辐射热指标与下垫面的辐射热作用规律紧密相关，可以用来量化评价下垫面辐射热效应。

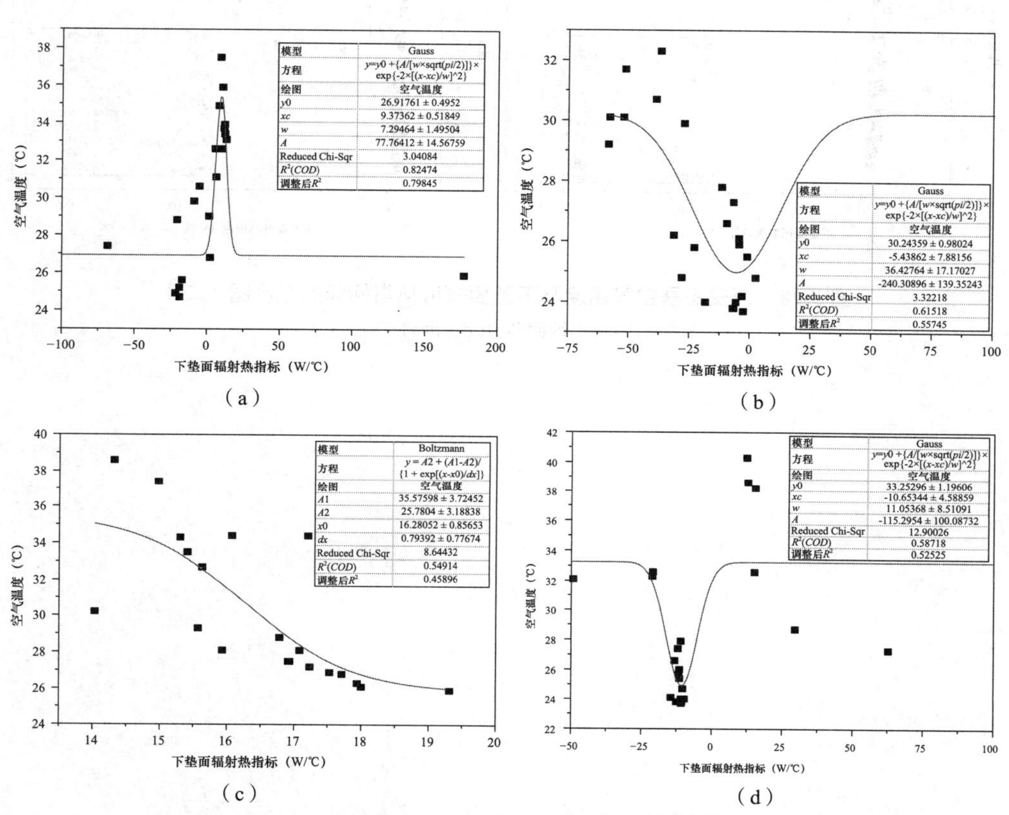

图 5-27　西安夏季空气温度与下垫面辐射热指标间的非线性拟合图

（a）草地；（b）混凝土；（c）铺面砖；（d）沥青

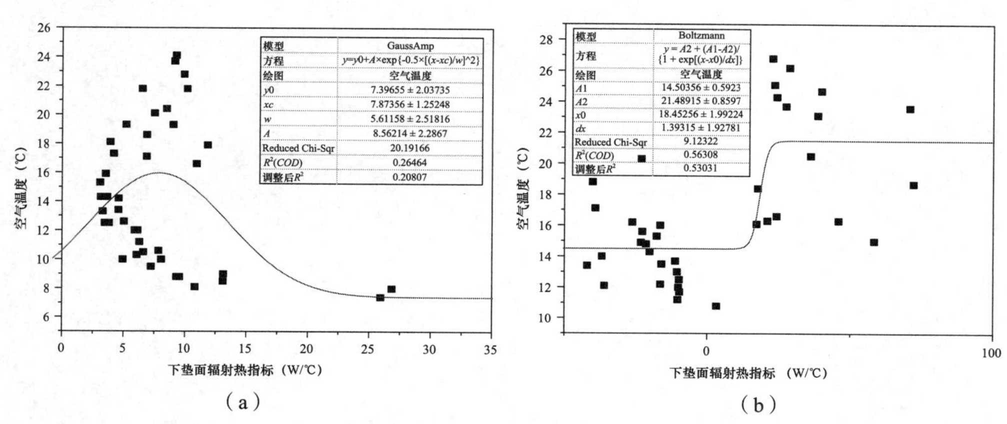

图 5-28　西安冬季空气温度与下垫面辐射热指标间的拟合图（一）

（a）草地；（b）混凝土

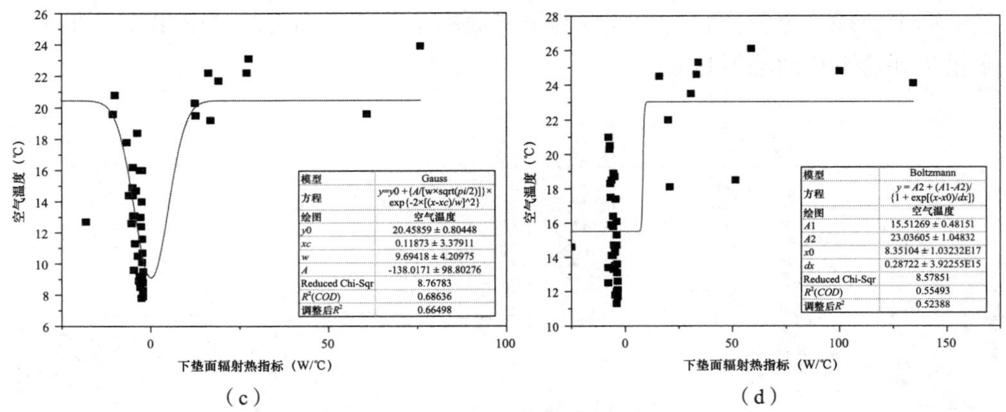

图 5-28 西安冬季空气温度与下垫面辐射热指标间的拟合图（二）

（c）铺面砖；（d）沥青

第6章

建筑表面辐射场

6.1 建筑表面辐射的热交换机理

6.1.1 建筑表面辐射场

建筑表面是城市辐射场中核心的组成部分。随着我国城镇化水平的提高，建筑数量和密度，特别是高层建筑，显著增加，导致城市中存在大量的建筑外表面：包括墙体、屋面、外窗。这些数量巨大的建筑外表面既是太阳短波辐射的吸收面、反射面，也是长波辐射的吸收面、反射面和发射面，是城市中最大的辐射作用面。由于城市中建筑的密度增加，同时建筑间的围合度也在增强，造成了长短波辐射的多次反射，加剧了外表面对辐射的吸收作用，增强了城市中辐射热作用效应，复杂化了城市辐射场的形成机制。

建筑表面辐射场由建筑墙体和屋面等围护结构表面作用的长短波辐射所组成，包括吸收、反射的长短波辐射以及发射的长波辐射。建筑表面的辐射特性由表面颜色、粗糙度、相对位置、发射率和反射率等因素所决定。不同材质外表面产生了差异显著的辐射吸收、反射及发射现象，对围护结构、室内外环境产生不同的热效应。建筑外表面的颜色主要影响太阳短波辐射的吸收，而外表面的材质主要影响长波辐射的发射。由于玻璃只透过短波辐射而阻碍长波辐射，因此透明围护结构可导致强烈的短波辐射热作用，而长波辐射主要发生在非透明围护结构表面。透明和非透明围护结构导致显著不同的辐射热效用，而非透明围护结构兼顾长短波辐射热作用，本书以非透明围护结构为主要研究对象。

非透明围护结构外表面既是辐射的吸收面、反射面，还是发射面，不仅对围护结构自身的传热、蓄热产生重要影响，而且对室内热环境、人体热舒适、建筑能耗以及室外微气候都产生重要影响。因此了解建筑外表面的辐射热作用过程，掌握外表面辐射热作用规律是研究外表面辐射场的重要基础。

6.1.2 建筑表面的辐射热过程

建筑外表面除了与室外空气进行对流换热，还会受到长短波辐射的共同热作用，包括：太阳的直射辐射和天空散射辐射以及来自地面和周围环境反射的长短波辐射。同时围护结构根据自身所蕴含的热量向外发射长波辐射，正是有了吸收与发射的平衡才保证了围护结构自身的热平衡。

建筑外表面吸收的太阳短波辐射是围护结构重要的热源，通过围护结构的热传递将热量传入室内。建筑外表面对短波的吸收与表面颜色紧密相关，浅色反射多吸收少；深色反射少吸收多。太阳短波辐射会导致外表面温度升高，该辐射以电磁波形式传播，使得外表面材料层内能增加，这个过程没有做功，所以内能的增加是以平均分子动能增加形式所呈现，表现为材料层温度升高，这是外表面升温的微观机理。从宏观层面看，建筑外表面材料的导热系数、比热容等因素综合决定了表面的升温强度。在围护结构传热过程中，同时围护结构蓄存部分热量，蓄存热量的多少取决于围护结构材料的蓄热性能。目前围护结构蓄热性能研究主要针对材料层，如蓄热系数。围护结构组成材料的材质决定着围护结构的总需热量，通常重质材料、相变材料的蓄热性能更优。

建筑外表面的辐射热作用过程具体分析如下。在有阳光的白天，太阳的短波辐射照射在建筑外表面，包括太阳的直射辐射和天空的散射辐射。到达外表面的短波辐射一部分被表面材料吸收，墙体开始传热、蓄热，一部分由于材料表面的反射特性，使得短波辐射反射到周围环境中，到达其他建筑表面、空气或下垫面上。与此同时，建筑外表面接受到来自天空、地面及周围建筑表面的长波辐射，而外表面也反射长波辐射。外表面对长短波辐射的吸收与反射强度由表面材料的吸收、反射率所决定。根据热物理原理，温度高于绝对零度的物体都具备热辐射能力，因此建筑外表面在接受长波辐射的同时，自身也发射长波辐射，其能力与自身温度相关，遵循史蒂芬－玻尔兹曼定律。也就是说建筑外表面也向天空、空气、地面及周围建筑表面发射长波辐射。室外空气在太阳短波辐射作用下升温导致空气密度变小，强化了建筑表面和空气间的对流换热。在无阳光的晚上，太阳的短波辐射消失，室外空气温度相对建筑表面降温更大，建筑表面将白天吸收的热量通过长波辐射向室外散热，墙体表面处于放热状态，直到室外空气与外表面间能量达到动态平衡。整个热交换过程如图 6-1 所示。

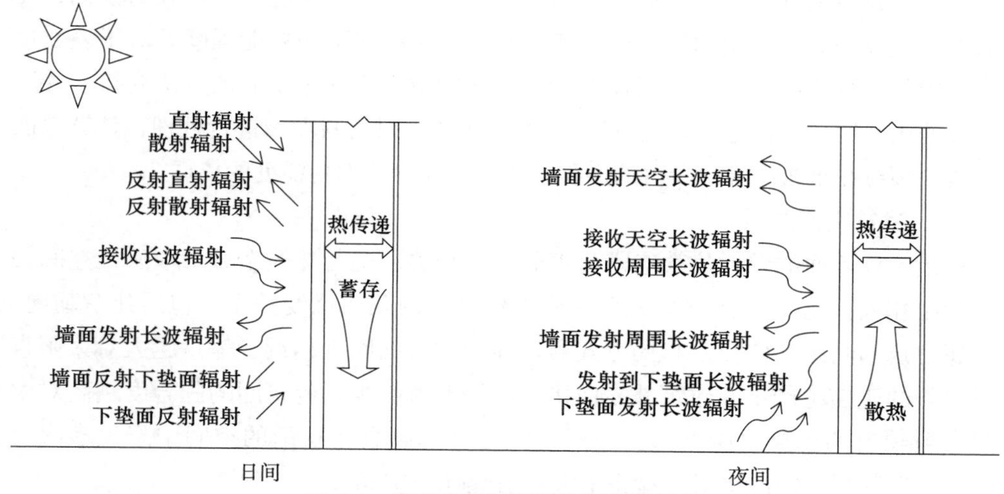

图 6-1 建筑表面辐射场辐射换热过程

6.2 建筑表面辐射受影响因素

6.2.1 影响因素类别

1. 建筑表面辐射特性

建筑外表面材料的粗糙度、颜色、朝向及位置、发射率和反射率等因素都会对辐射场产生显著影响。在《绿色建筑评价标准》GB/T 50378—2019、《民用建筑热工设计规范》GB 50176—2016、《城市居住区热环境设计标准》JGJ 286—2013 中对此都有所关注。

建筑外表面材料的颜色、材质、粗糙度等对建筑表面的吸收和发射率都有很大的影响，进而影响建筑表面吸收的短波辐射和发射的长波辐射。建筑外表面材料包括涂料、石材、砖和挂板、碎屑饰面 4 类。同一类型的建筑外饰面材料，粗糙度和颜色有很大的差异，导致了反射率和发射率的不同。同一材料，颜色越深，材料的吸收率越大，反射率就越小，墙体蓄热量就越多，对于环境的辐射热作用就越小；但是在夜间长波辐射散热作用下，向周围空气输出的能量也相对较多。同一材料，粗糙度越大，材料的发射率越大，建筑表面发射的长波辐射的方向增多，长波辐射量相对来说也越多。

对于建筑表面颜色，在建筑研究和实践中一般根据颜色的色调和灰度程度进行划分，比如浅绿、深灰等。颜色的深浅是人感官所感知到的，只能用于分析颜色的色调变化对辐射场的变化规律，不能量化出具体的变化程度。可通过采集各墙体表面颜色空间 *RGB* 值计算出平均值作为评价依据。

对于建筑表面粗糙度，通常分为粗糙、光滑、平滑这些等级，较为模糊，在前人的文献中有采用金属粗糙度，来分析同一材料在不同粗糙程度下对于表面接收辐射强弱的影响。这种方式需要针对具体的材料，通过实验的方法测得，并不具有普遍适用性。普适的方法可通过 MIPAR 软件对材料图像进行处理，计算墙面材料的颗粒在整张图像中所占的面积之比作为评价墙面粗糙度的依据。

2. 建筑空间关系

建筑外表面的辐射热效应既与表面自身相关，也与建筑在城市中所处空间关系紧密相关。这里所指空间关系主要指建筑间的几何尺度关系，包括建筑朝向，相邻建筑的间距、体量及布局方式等。周边建筑的间距越近、体量越大对太阳直射辐射的遮挡越严重，建筑外表面接受的辐射就越少，建筑间的围合度越高对太阳直射辐射的遮挡也越严重。但同时围合度越高会在狭窄的空间中产生多次反射，并发射长、短波辐射，这将增大辐射热作用空间。

对建筑体量及空间关系的量化，可用建筑高度、间距及围合度来表征。根据现行国家建筑标准，建筑分为低层、多层、中高层和高层 4 种类型，建筑围合度量化了多个建筑间的空间组合尺度，它是南向建筑高度与南北向建筑间距的比值，可以用来量化建筑布局对太阳辐射和通风的影响。为了分析建筑空间布局对建筑表面辐射场的影响，将建筑高度、间距及围合度的变化方式列入表 6-1，在后续研究中，建筑空间关系按照该表的方式进行组合变化，以此分析空间关系对表面辐射场的影响。

建筑空间关系设置　　**表 6-1**

建筑类型	低层	多层	中高层	高层
层数	1	5	9	13
高度（m）	3	15	27	39
间距（m）	3.6	18	30.4	46.8
围合度	0.75	0.75	0.84	0.81
围合方式				

6.2.2　影响因素研究方法

建筑外表面辐射场受影响的因素较多，既有表面材料自身的，也有建筑空间布局的，为了获得众多因素对外表面辐射场的影响规律，采用模拟软件进行分析，通过变化多种影响因素，以模拟获得表面的辐射强度，最终分析影响因素与辐射强度间的量化关系来建立影响因素对表面辐射场的影响规律。选用ENVI-met软件作为城市微气候辐射场模拟工具，该软件1999年由Michael Bruse创建，能够模拟在建筑表面附近微气候环境中长短波辐射的辐射热交换过程。选择该软件的论证见本书第2章第5节。

模拟地点选择为西安（东经：108.97°，北纬：34.25°）。原因如下：1）课题组位于西安，在西安开展了较多的辐射相关测试，这些测试数据便于对模拟结果进行验证，且能够补充不便于模拟的数据。2）西安虽属于寒冷地区，但夏季漫长炎热，因此西安既有辐射供暖需求，又具有辐射降温需求。在对辐射强度进行分析对比时，因为冬季的干扰因素较少，传热状况较为稳定，在模拟计算日选择大寒日1月20日，模拟时长24h。该日的气象参数如表6-2所示。

软件基础参数设置 **表6-2**

参数类别	模拟初始时间	最高气温（℃）	最低气温（℃）	风速（m/s）	模拟时长（h）	风向
参数值	2022.01.20（12:00）	12	2	1	24	东北向

模拟建筑为独栋形式，尺寸为20m×8m×15m。建筑模型中外墙表面材料选择石材、涂料（水泥砂浆）和陶瓷砖贴面三种类型外饰面，材料的影响因素主要有颜色、粗糙度、反射率和发射率等。模拟建筑为匀质墙体，在模拟辐射强度时对所有表面设置统一的参数，主要原因是更好地控制变量，以研究建筑外表面辐射场的分布规律。建筑围护结构的构造设置见表6-3和表6-4。

外墙结构及相关计算参数 **表6-3**

类别	参数	单位
墙体厚度	370	mm
材料导热系数	1.74	W/（m·K）
材料密度	2500	kg/m³
材料比热容	920	J/（kg·K）

建筑表面材料热工参数设置 **表6-4**

热工参数设置	石材	涂料（水泥砂浆）	陶瓷砖	单位
材料导热系数	2.04	0.93	1.16	W/（m·K）
材料密度	2400	1800	2000	kg/m³
材料比热容	940	1050	850	J/（kg·K）
发射率	0.95	0.85	0.92	
反射率	0.5	0.44	0.62	

在分析建筑表面材料特性影响规律时，为排除周围建筑的影响，在对材料颜色、粗糙度和发射率等影响因素进行研究时，设定建筑处于开敞空间，朝向为正南向，周围无遮挡、反射辐射作用。南向外表面在太阳辐射作用下的效果最显著，辐射计算面为南向外表面。在进行建筑空间关系模拟时，建筑表面的颜色、粗糙度等参数需根据材料的热工参数来确定。

6.3 建筑表面材料特性对辐射的影响

城市建筑外表面是城市覆盖层的重要组成部分，建筑外表面的材质、颜色、粗糙度等直接影响城市覆盖层的辐射场变化。反射率越大，建筑表面吸收的太阳辐射量越少，反之，反射率越小，建筑表面吸收的太阳辐射量也就越多。在日间，建筑表面的颜色直接影响建筑表面的反射率。墙面反射率是太阳反射辐射量与太阳总入射辐射量的比值，表征了墙面对太阳辐射的吸收和反射能力。

6.3.1 吸收 / 发射率对建筑表面辐射的影响

1. 影响机理

建筑的非透明外表面在白天太阳的短波辐射作用下，不仅吸收短波辐射，也反射短波辐射。而对于长波辐射，无论白天还是夜晚，建筑外表面都存在着吸收与反射，同时外墙面还可以发射长波辐射。建筑外表面对长短波辐射的吸收与反射性能，主要由外表面材料的辐射吸收率和反射率决定；而对于长波发射能力，则根据斯蒂芬－波耳兹曼定律，是由墙面温度与材料的发射率共同决定。因此材料的辐射吸收率、反射率和发射率是影响建筑表面辐射场强度的重要参数。

理论上非透明围护结构表面吸收系数和反射率的和为 1，辐射的吸收热作用强则反射热作用弱，反之亦然。建筑表面材料的长波发射率决定着墙体的散热性能，发射率越大则墙体表面的散热能力越强。墙体的长波散热在夜间作用更显著，原因是此时室外气温与墙体外壁面温度的温差更大。建筑表面对短波的吸收 / 反射作用主要由表面材料的颜色决定，而表面的长波辐射作用主要与材料的材质、粗糙度等相关。

2. 影响规律

为了进一步理清建筑表面材料吸收率等辐射特性参数对建筑表面的辐射效应，通过模拟分析墙面辐射特性参数变化对墙面的辐射效应的影响规律。吸收率与反射率是影响太阳短波对建筑表面辐射热作用的关键参数，因两者紧密相关，所以针对吸收率进行研究。发射率是影响墙面长波辐射的主要参数，因此选取发射率进行模拟分析。

针对模拟中反射率和发射率变量的参数设置见表 6-5。反射率和发射率都以 0.2 为步幅进行等间距变化。其他模式设置见本章 6.2.2 节。模拟结果如图 6-2～图 6-7 所示。

材料反射率与发射率变量设置　　表 6-5

反射率变化	0.2	0.4	0.6	0.8
发射率变化	0.2	0.4	0.6	0.8

图 6-2 是瓷砖墙面反射率与反射短波辐射强度的关系变化曲线图。从图中可以看出，随着反射率从 0.2 等差变化到 0.8，反射的短波辐射强度在峰值呈相同等差变化关系，每 0.2 反射率变化会带来 100W/m^2 辐射量的波动。最大峰值反射短波辐射量在反射率为 0.8 取得，为 600W/m^2，最小峰值在反射率为 0.2 取得，为 300W/m^2，两者相差 300W/m^2 辐射量。在峰值时，反射率 0.8 的反射短波辐射强度是反射率 0.2 的辐射量的两倍。

图 6-3 是石材墙面反射率与反射短波辐射强度的关系变化曲线图。与瓷砖墙面表现的反射率和反射短波的关系不同，石材墙面的反射率为 0.2 和 0.4 的变化曲线基本重合，反射率 0.6 的辐射量变化趋势最大，但反射率为 0.8 的反射短波辐射强度的逐时变化曲线在最下面，与石材本身的材料特性有关。

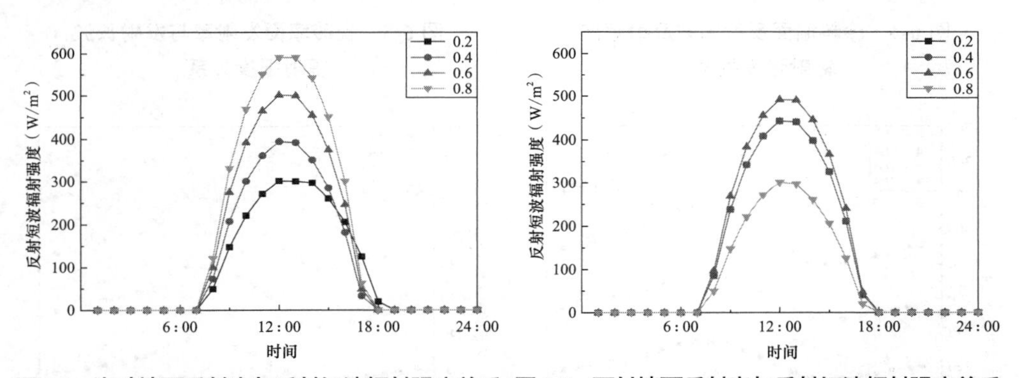

图6-2　瓷砖墙面反射率与反射短波辐射强度关系　图6-3　石材墙面反射率与反射短波辐射强度关系

图 6-4 是涂料墙面反射率和反射辐射强度的关系变化曲线图。整体上看，反射率为 0.2、0.4、0.6 时，开始和结束都是从 7:00 到 18:00 时间段内，只有反射率为 0.8 的曲线是在 7:00 到 19:00 时段，要滞后于其他工况 1h 结束。反射率为 0.4 的反射短波辐射强度逐时变化趋势最小，反射率为 0.6 的辐射量变化最大，两者之间相差 100W/m^2。反射率为 0.2 和 0.8 曲线在两者之间，反射率为 0.8 的变化趋势要低于 0.2 的曲线。反射率 0.4 和 0.6 的对比呈较大的增长变化，0.2 和 0.8 的数据对比的增长变化较小。因此，规律性变化相对明显，反射率 0.4 和 0.8 的涂料墙面对室外热环境的辐射热作用效果最强。

图 6-5 是瓷砖墙面发射率与发射长波辐射强度的关系变化曲线图，从图 6-5 中可以看出，发射率和发射的长波辐射量基本呈现等幅度增长，随着发射率增大发射的长波辐射量显著增强。发射率每增大 0.2 则辐射量约增大 40W/m²。图 6-6 是石材墙面发射率与发射长波辐射强度的关系变化曲线图。由图可知，从 0.2 到 0.8 的发射率等量变化，发射的长波辐射量成倍增长变化。石材墙面变化趋势基本与瓷砖墙面发射率，但整体数值要稍微高于瓷砖墙面。图 6-7 是涂料墙面发射率与发射长波辐射强度的关系变化曲线图。与其他两种工况相比，随着发射率的不断增大，发射长波辐射强度逐时变化趋势越陡峭。发射辐射量在 210W/m² 到 360W/m² 的范围内，发射率每增大 0.2，发射的长波辐射约增加 32W/m² 辐射量。

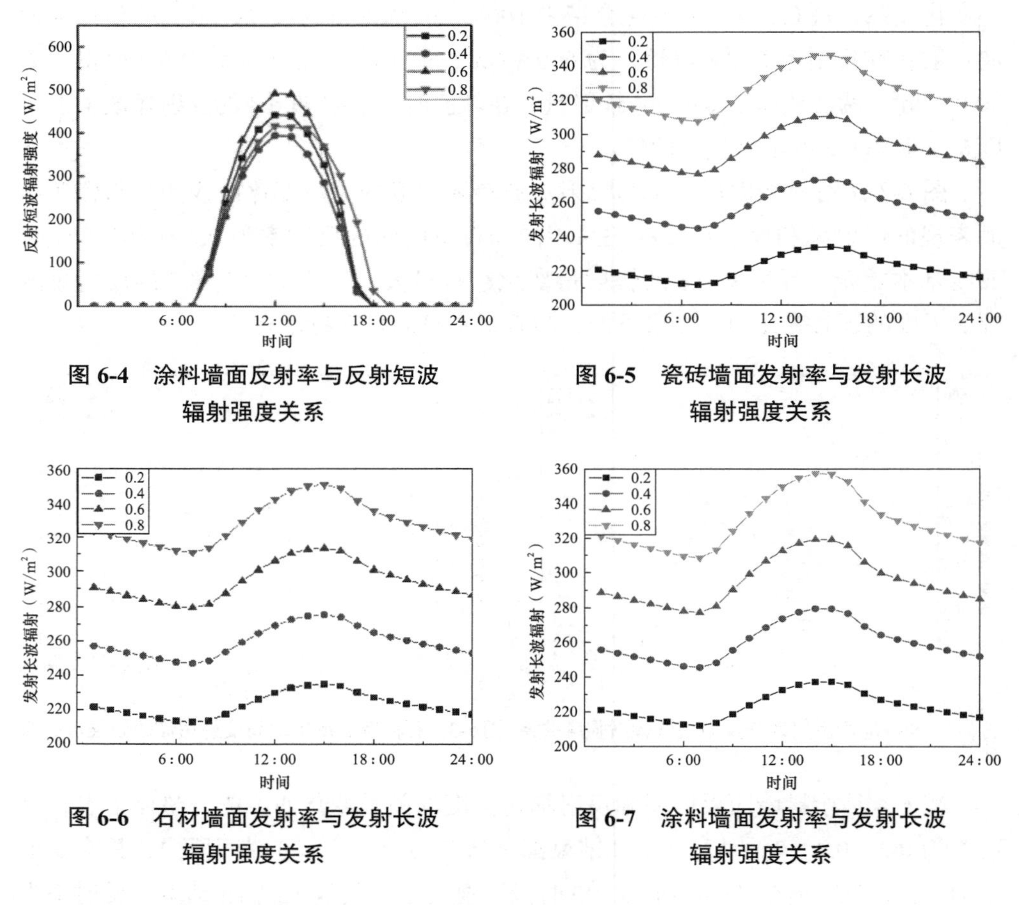

图 6-4　涂料墙面反射率与反射短波辐射强度关系

图 6-5　瓷砖墙面发射率与发射长波辐射强度关系

图 6-6　石材墙面发射率与发射长波辐射强度关系

图 6-7　涂料墙面发射率与发射长波辐射强度关系

6. 3. 2　颜色对建筑表面辐射的影响

1. 影响机理

在建筑中人们常常通过颜色的色调、深浅来表征颜色。建筑外表面的颜色对围护结构的辐射热作用产生显著影响。颜色在很大程度上影响建筑表面短波辐射的吸收和反射。为统一颜色的标准，选择建筑行业的专用色卡《建筑颜色的表示方法》

GB/T 18922—2008 来得到颜色的量化表征，该标准中采用 HSV 模型来量化颜色。

建筑材料的颜色会影响建筑外表面辐射量的原因是材料的颜色显著影响着建筑外表面对短波辐射的反射与吸收。正如所熟知的：白色对短波辐射反射性强，而黑色对短波辐射吸收性强。图 6-8 给出了 8 种常用建材的颜色所对应的辐射反射率和吸收率。8 种材料中黑色的吸收率最大，为 0.92；银色的吸收率最小，为 0.12，两者相差 0.8，差距较大。其他材料的吸收率从大到小依次为浅黄色、红色、深灰色、中灰色、浅灰色、浅青色，颜色越深吸收率越大。不同颜色的 8 种材料的吸收率变化较大，因此围护结构表面颜色对太阳辐射的吸收产生较大差异，导致墙体吸收的辐射热产生较大差异。颜色的反射率中，银色的反射率最大，为 0.7，黑色的最小，为 0.08，相差 0.62，差异相对较小。其他颜色的反射率从大到小依次为浅青色、浅灰色、中灰色、深灰色、浅黄色、红色。可以看出相同色系，颜色越深，反射率越小；不同色系，色调偏向红色，反射率越大，可以看出色调与色谱波长有一定的关系。

本书在研究材料颜色对辐射影响规律时，采用 *HSV* 表色模型进行材料颜色的量化，进而分析颜色和反射率与发射率的逻辑关系。图 6-9 是墙体色度（*H*）、明度（*V*）与材料反射率的量化关系图。可以发现：材料颜色的明度较色度对反射率影响更加显著。明度数值越大，反射率数值越高。色度数值变大，颜色越趋于红色，反射率变大，但变化不明显。材料颜色对辐射反射率的影响主要是针对太阳短波辐射，对于长波辐射，各种颜色对长波的反射能力都较强，且有随波长增加而增大之势。

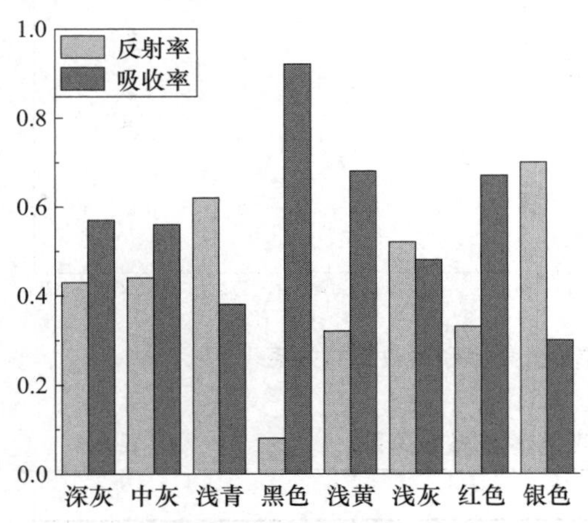

图 6-8　墙体表面颜色的辐射反射率和吸收率

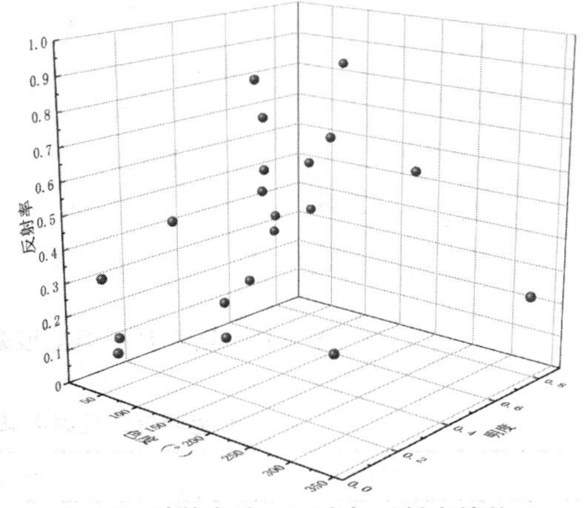

图 6-9　墙体色度、明度与反射率的关系

2. 影响规律

为进一步明确颜色三要素色度、明度和饱和度，各类要素与材料表面辐射反射率的逻辑关系，以涂料、瓷砖和石材 3 种常见墙面材料为例，通过分析 3 种材料颜色 *HSV* 值与短波辐射反射率和吸收率的对应关系（图 6-10）来建立墙面材料颜色与反射率间的定量关系。

因材料对辐射的吸收率与反射率紧密相关，反射率越大则吸收率越小，因此在分析颜色对反射率影响时，也分析了颜色 *HSV* 对吸收率的影响。由图 6-10 可知：色度（*H*）和饱和度（*S*）与反射率（吸收率）的关系较为离散，无明显变化规律。明度与反射率的相关性为 0.94。因此材料颜色对辐射的反射作用主要由颜色中的明度所决定。对明度与反射率/吸收率进行线性回归，得到了明度与反射/吸收率和回归公式，如表 6-6 所示。

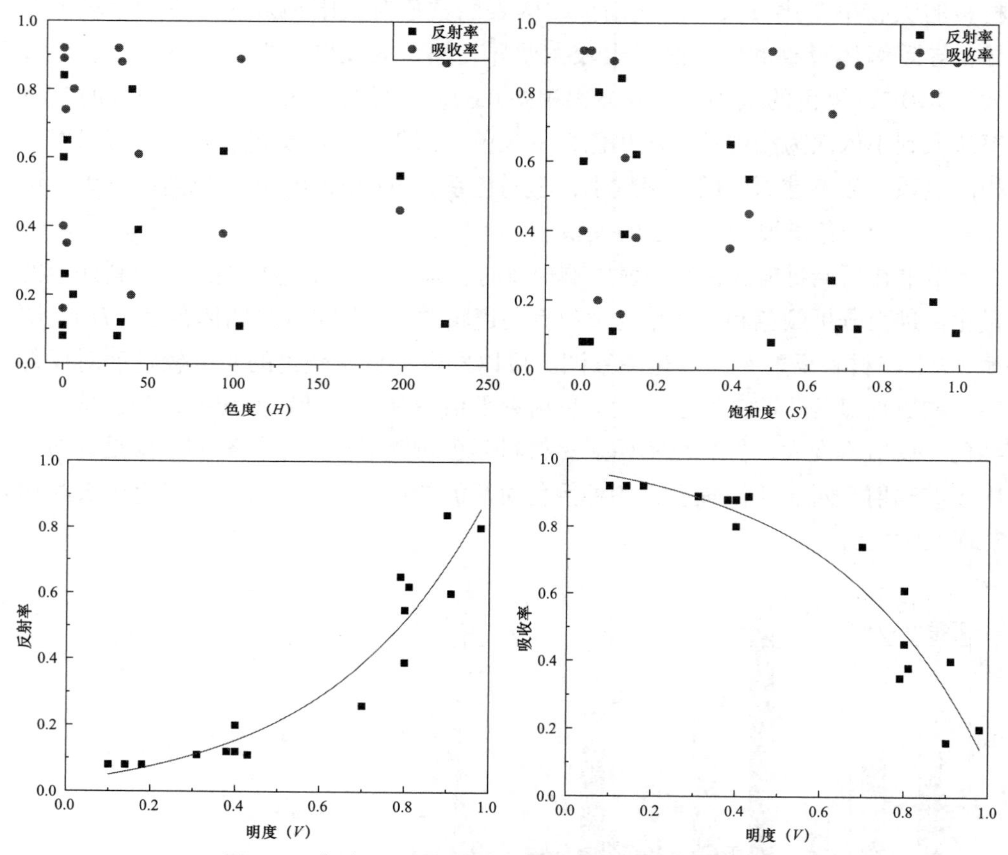

图 6-10　颜色 *HSV* 与短波辐射反射率和吸收率的关系

颜色明度与反射率和吸收率的数量关系　　表 6-6

名称	计算公式	R^2
明度与反射率	$y = 0.0467e^{2.9341}x$ （6-1）	0.95
明度与吸收率	$y = -1.234x^2$ （6-2）	0.91

当颜色明度发生变化后，材料表面的反射率、吸收率都会发生较为明显的变化，这些变化将导致墙面的反射和吸收到的短波辐射发生哪些变化？下文将通

过模拟来进行分析。在模拟中，墙面设定为涂料，对颜色明度进行等间隔变化设置，明度在0～1的范围区间每0.2变化一次，采用式（6-1）、式（6-2）计算对应的反射率/吸收率，如表6-7所示。模拟其他设置见6.2.2节。模拟结果如图6-11、图6-12所示。

墙面的明度值　　**表6-7**

明度变化	0.1	0.3	0.5	0.7	0.9
反射率	0.08	0.12	0.2	0.38	0.7
吸收率	0.91	0.88	0.8	0.62	0.3

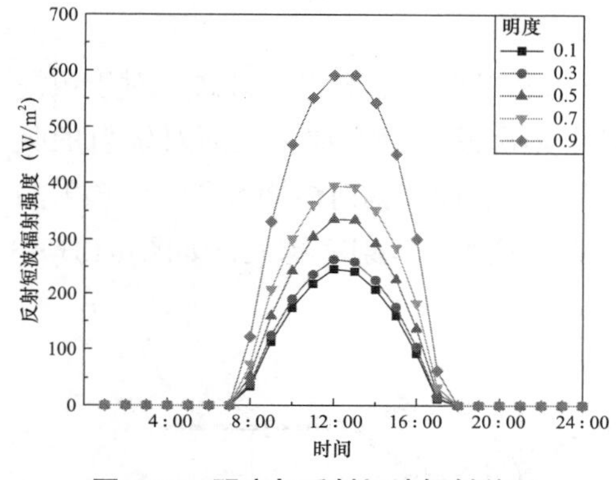

图6-11　明度与反射短波辐射关系

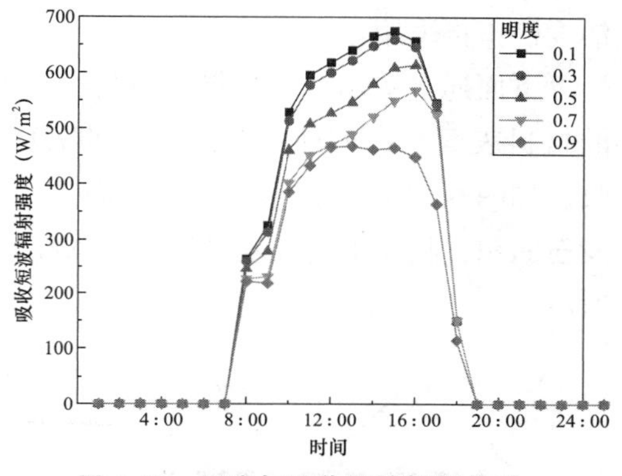

图6-12　明度与吸收短波辐射关系

明度和反射短波辐射的关系如图6-11所示。南向墙面反射短波辐射强度整体变化范围在0～600W/m^2，明度0.1～0.3处于绝对黑值内，此时反射的短波辐射变化比较小；明度0.9在绝对白值内，反射率的数值最大，反射短波辐射量最多，且与其他明度相比反射辐射存在显著的增大效应；明度0.7～0.9范围内反射率变化较大，反射的辐射差异明显。建筑表面材料颜色的明度数值越大，颜色越接近绝对白色，反射率越大，建筑表面反射的短波辐射越多，对周围热环境的影响也越大。

明度和吸收短波辐射的关系如图6-12。在模拟日（大寒日1月20日）7:00～10:00时间段内，南向墙面吸收的短波辐射增长速度最快；明度在0.1～0.7之间的建筑表面吸收的短波辐射呈相同的变化规律；明度为0.9的建筑表面吸收的短波辐射明显小于其他明度建筑表面所吸收的辐射。明度0.9的建筑表面在12:00吸收短波辐射达到最大值450W/m^2。其他明度墙面在16:00左右吸收到的短波辐射达到最大值。明度值越小的墙面吸收的短波辐射越多，对墙体的热作用越显著。

6.3.3　粗糙度对建筑表面辐射的影响

1. 影响机理

建筑外立面除了材料颜色会对短波、长波辐射产生显著的反射、吸收效应外，材料表面平整、凹凸特性也会对长短波辐射产生显著影响。材料表面几何平整程度可采用表面粗糙度来进行量化衡量。表面粗糙度（surface roughness），简称粗糙度，它是加工表面上具有的较小间距和峰谷所组成的微观集合形状特性。粗糙度一般由所采用的加工方法和（或）其他因素形成。

在机械学科中，使用表面粗糙度表征物体表面的平整度和光洁度，与反射率直接相关。表面粗糙度又称表面光洁度，表面光洁度是按人的视觉观点提出来的，而表面粗糙度是按表面微观几何形状的实际提出来的。为与国际标准（ISO）接轨，我国20世纪80年代在表面粗糙度国家标准《表面粗糙度 术语 参数测量》GB/T 7220—1987、《表面粗糙度参数及其数值》GB 1031—1983颁布后，表面光洁度已不再采用。

下面通过图示分析粗糙度对材料辐射反射和发射性能的影响方式。对于粗糙的材料表面，一方面，凹凸不平的表面发生多次漫反射增加了表面对辐射的吸收，如图6-13（a）所示。另一方面，凹凸不平的表面使辐射体增大了长波辐射的发射面积，相应也增大发射强度；体现为粗糙度增大，发射率越大，如图6-13（b）所示。

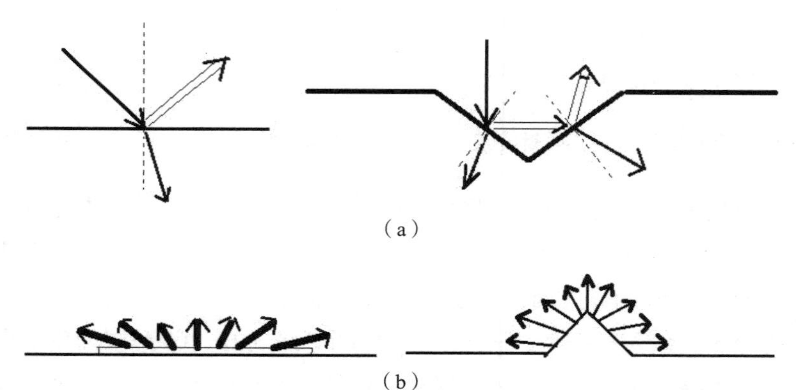

（a）

（b）

图 6-13　材料表面粗糙性对辐射反射和发射的影响方式

（a）粗糙度对反射的影响；（b）粗糙度对发射的影响

2. 影响规律

可采用轮廓算术平均偏差（arithmetical mean deviation of the profile）R_a来量化表面粗糙度。R_a的计算原理如图6-14所示，计算式如式（6-3）、式（6-4）所示。

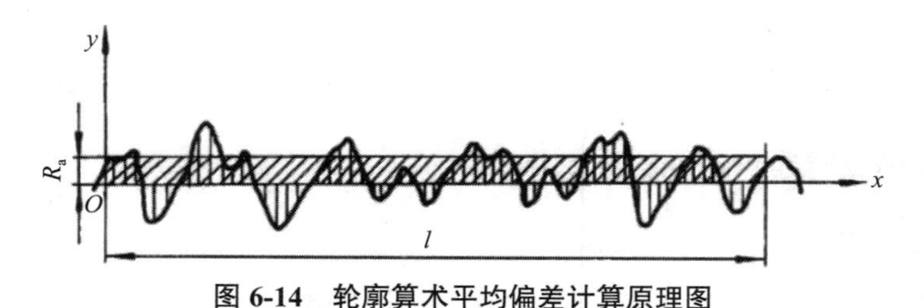

图 6-14　轮廓算术平均偏差计算原理图

$$R_a = \frac{1}{l}\int_0^l |y(x)|\,dx \tag{6-3}$$

或者

$$R_a = \frac{1}{n}\sum_{i=1}^{n} |y_i| \tag{6-4}$$

式中：l——物体表面取样长度；

$y(x)/y_i$——轮廓偏距函数值。

相较于接触式表面粗糙度的测量方法，非接触式测量具有测试速度快，分辨率和测试精度较高等特点。目前，这种方法应用于多种材料的表面粗糙度的测量以及量化，如下垫面材料的表面粗糙度量化。有学者提出了应用数码相机以及图像处理软件来估计土壤的表面粗糙度的技术路线，并进行了应用验证。

本书通过 MIPAR 软件对建筑表面粗糙度进行百分比量化，分析粗糙度和发射率的变化规律。对建筑表面材料的图片进行去灰度、颗粒捕捉标记、细部处理，获取代表粗糙颗粒的像素点，计算在整体图片中所占的面积比，获得粗糙度数值。在这些操作过程中需要对图像的比例尺度进行设置，计算结果会更加精确。选择图片的分辨率像素点作为单位尺度进行计算，可以大致估算出材料像素面积在整体面积中的比例，作为颗粒度粗糙数值。

通过 MIPAR 软件获得常用建材的百分比粗糙度，建立了粗糙度与材料反射率和发射率的逻辑关系，如图 6-15 所示。从图中可以看出粗糙度和反射率呈正相关，大致呈现：粗糙度变化 0.4，反射率变化 0.5。粗糙度与发射率的关系变化不显著，但两者基本呈上升变化趋势，粗糙度变化 0.4，发射率从 0.9 变化到 0.95。

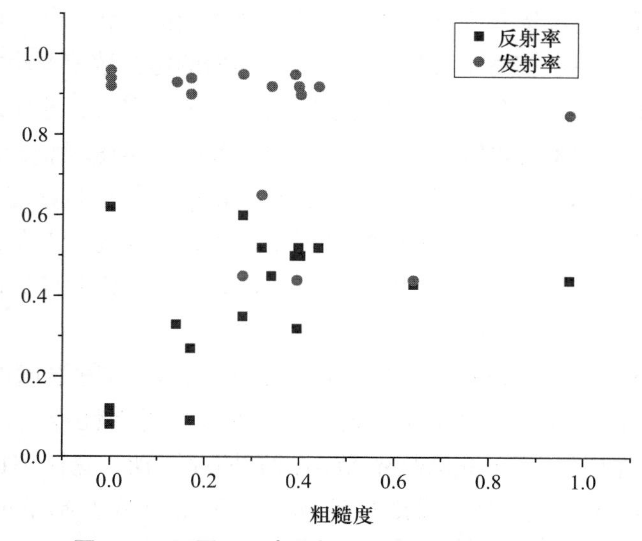

图 6-15　不同工况表面粗糙度的反射率和发射率

6.4 建筑空间特性对辐射的影响

随着我国城镇化率的不断提高，城市建筑密集度不断增加，建筑间的距离显著缩小，建筑布局中形成的空间围合现象越来越普遍。而建筑空间位置的密集化显著地影响着建筑表面接收到的辐射强度。为了分析建筑围合对建筑表面辐射场的影响规律，以南向表面为研究对象，采用模拟计算不同空间围合情况下南向表面的辐射强度。建筑的空间关系如 6.2.1 节表 6-1 所示，其他模拟参数如 6.2.2 节所述。

6.4.1 围合时建筑高度对建筑表面辐射的影响

建筑表面辐射场中，与表面材料紧密相关的不是接收到的短波辐射，而是由材料差异导致的反射辐射和发射的长波辐射。因此在分析建筑空间关系对表面辐射场影响时主要分析表面反射的短波辐射和发射的长波辐射。建筑高度是影响围合情况下建筑表面的辐射强度的关键因素，因此在四面围合情况下模拟了建筑高度变化对建筑表面辐射场的影响，其反射辐射模拟结果如图 6-16～图 6-18 所示；长波辐射如图 6-19～图 6-21 所示。

图 6-16 是围合空间中不同高度石材墙面南向反射短波辐射强度的变化曲线图。从图中可以看出，高度为 3m 的围合空间建筑墙面反射的短波辐射量最多，高度为 15m 的围合空间建筑墙面反射的短波辐射量最少，主要与其围合空间的围合度有关。可以看到除高度为 3m 的建筑，其他建筑表面的规律还是较为显著的，反射的短波辐射强度变化曲线从小到大依次是 15m、27m、39m，随着高度升高，周围建筑表面的面积增大，反射的短波辐射强度值增大。图 6-17 是涂料墙面在不同高度情况下反射短波辐射强度曲线。对比石材墙面的曲线变化，两者的趋势是相同的，不同之处在于相对于石材墙面，涂料墙面的整体数值要小一些。高度为 3m 的建筑墙面变化最大的原因与其更贴近地面，接收到来自地面的反射短波辐射最多，因此反射的短波辐射量较多有一定的关系。图 6-18 是瓷砖墙面在不同高度情况下反射短波辐射强度曲线。瓷砖墙面反射的短波辐射量是三种不同墙面材料中最大的，峰值在 375W/m^2 到 600W/m^2 的范围内。相比于其他两种墙面，瓷砖墙面高度 27m 和 39m 的反射短波辐射数值较为接近，说明建筑高度越高，对反射影响越小。

图 6-19～图 6-21 是石材、涂料、瓷砖接收的长波辐射强度曲线。石材墙面接收的长波辐射强度在 278～345W/m^2 范围内呈周期性波动，涂料墙面接收的长波辐射强度在 283～366W/m^2 范围内周期性波动，瓷砖墙面接收的长波辐射在 268～340W/m^2 范围内周期性波动。三种工况从上到下的顺序是一致的，依次是高度为 3m、15m、27m、39m，排除高度为 15m 的发射辐射强度曲

线，随着高度的升高，接收到的长波辐射强度降低。与其他两种墙面相比，瓷砖墙面接收到的长波辐射随高度变化相差较小。墙面接收到的长波辐射有来自周围的建筑表面发射的长波辐射，因此墙面材料对接收的长波辐射也有一定的影响。

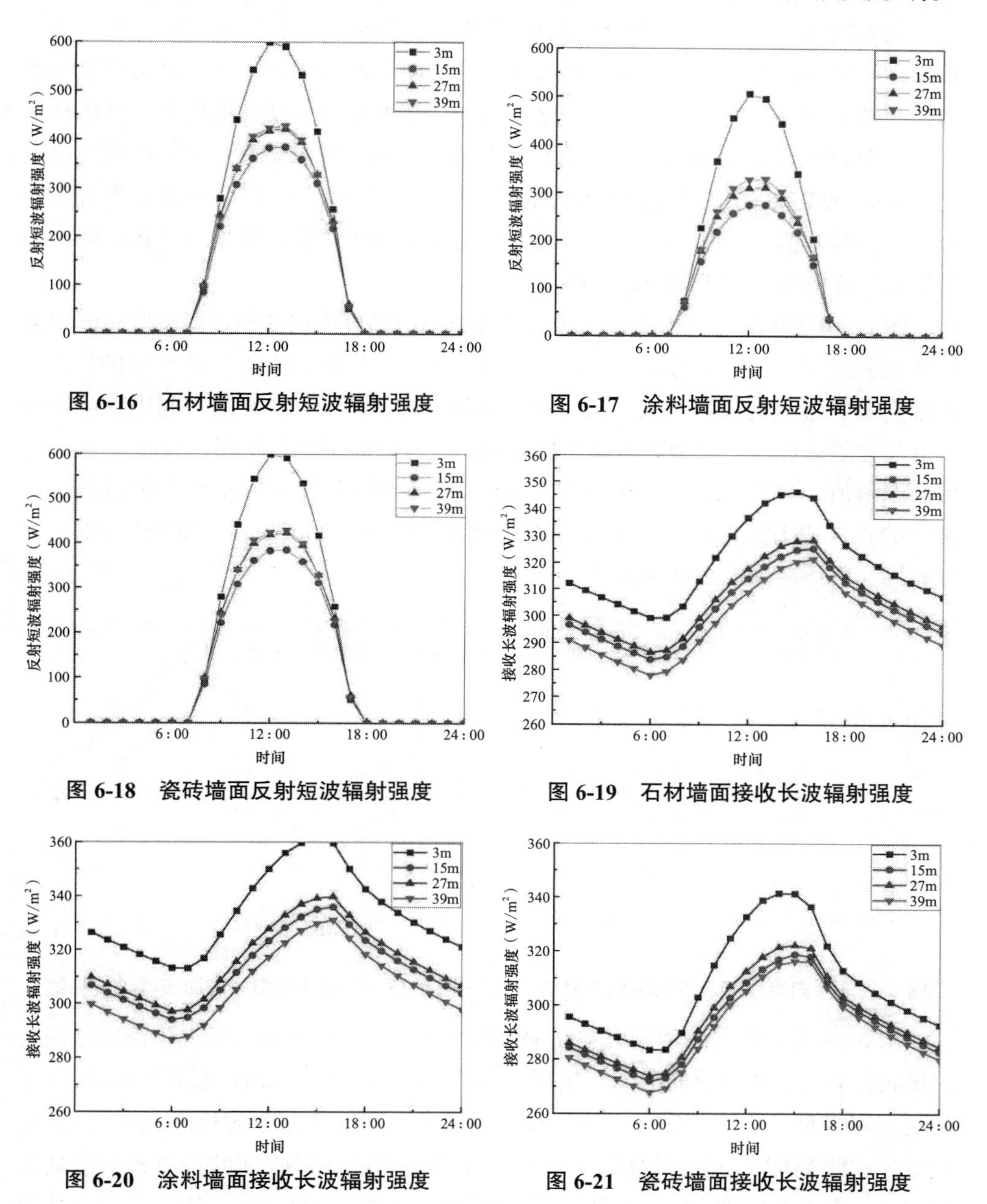

图 6-16　石材墙面反射短波辐射强度

图 6-17　涂料墙面反射短波辐射强度

图 6-18　瓷砖墙面反射短波辐射强度

图 6-19　石材墙面接收长波辐射强度

图 6-20　涂料墙面接收长波辐射强度

图 6-21　瓷砖墙面接收长波辐射强度

6.4.2　围合与非围合建筑表面辐射场对比

为了研究围合空间和非围合情况（开敞空间）的辐射差异，选择 39m 高的四面围合方式的围合空间和开敞空间建筑进行对比分析，并且分析建筑南向表面不同高度的散射辐射、接收长波辐射和反射短波辐射量，研究两种空间类型不同高度辐射场的差异。

图 6-22 是开敞空间和围合空间南向散射辐射强度的变化曲线图。从中可以看出，开敞空间的散射辐射强度要大于围合空间的散射辐射，主要是与建筑物的遮挡有关。围合空间中随着建筑高度的增大，散射辐射强度数值增大，其中建筑高度为 39m 的建筑表面散射辐射更接近开敞空间的辐射量。开敞空间中建筑高度 3m、15m 和 27m 的散射辐射呈现相似规律：开敞空间中的辐射强度显著大于围合空间，其差值在 15W/m^2 左右。建筑高度 39m 的散射辐射强度在开敞空间中数值最大，峰值可达到 33W/m^2 辐射量。

图 6-23 是开敞空间和围合空间石材墙面不同高度南向建筑表面接收长波辐射的变化曲线图。从图中可知，围合空间接收到的长波辐射大于开敞空间接收的长波辐射量，且呈规律性增大，同等高度辐射相差 17W/m^2。开敞空间中除高度为 39m 的建筑墙面外，其他高度墙面接收到的长波辐射量数值相同，且高于 39m 的墙面辐射值，整体范围在 280～330W/m^2。围合空间中随着建筑表面高度的降低，接收的长波辐射强度越大，建筑表面高度在 27m 和 39m 时接收到的长波辐射强度相同，整体范围在 300～345W/m^2。

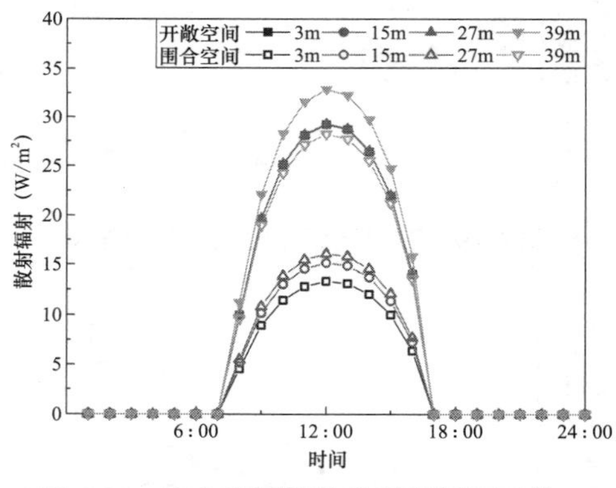

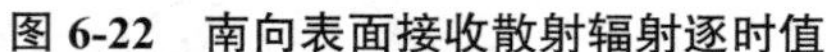
图 6-22　南向表面接收散射辐射逐时值

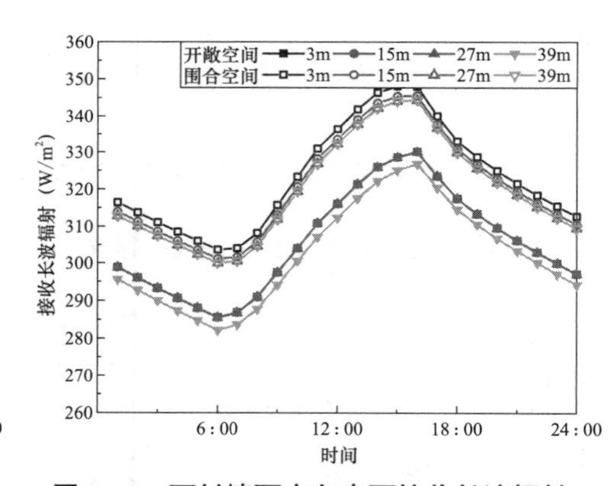

图 6-23　石材墙面南向表面接收长波辐射

图 6-24 是开敞空间和围合空间中涂料墙面在不同建筑高度情况下南向建筑表面接收长波辐射的变化曲线图。从图 6-24 可知，围合空间接收到的长波辐射大于开敞空间接收的长波辐射量，且呈规律性增大，同等高度辐射相差 10W/m^2。开敞空间中除高度为 39m 的建筑墙面外，其他高度墙面接收到的长波辐射量数值相同，且高于 39m 的墙面辐射值，整体范围在 265～315W/m^2。围合空间中随着建筑表面高度的降低，接收的长波辐射强度越大，建筑表面高度在 15m 和 27m 时接收到的长波辐射强度较为接近，整体范围在 275～330W/m^2。围合空间中 39m 建筑表面接收到的长波辐射接近开敞空间的辐射量，两条曲线之间整体相差

2W/m^2。

图 6-25 是开敞空间和围合空间中瓷砖墙面不同建筑高度情况下南向建筑表面接收长波辐射的变化曲线图。从图中可知，围合空间接收到的长波辐射大于开敞空间接收的长波辐射量，且呈规律性增大，同等高度辐射相差 15W/m^2。开敞空间中除 39m 的建筑墙面外，其他高度墙面接收到的长波辐射量数值相同，且高于 39m 的墙面辐射值，整体范围在 275～317W/m^2。围合空间中随着建筑表面高度的降低，接收的长波辐射强度越大，建筑表面高度在 39m 时接收到的长波辐射强度非常接近，整体范围在 290～335W/m^2。

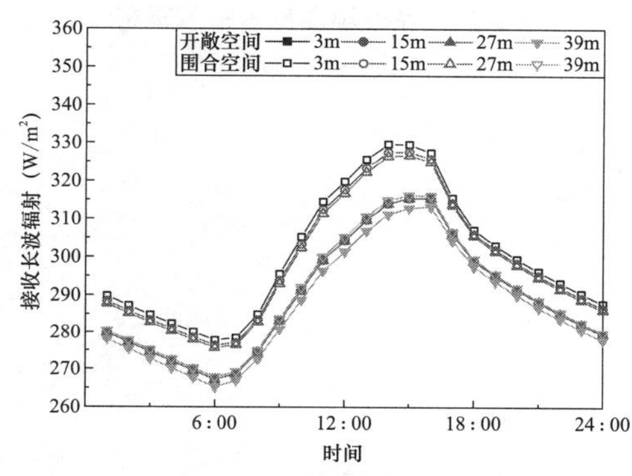

图 6-24　涂料墙面南向表面接收长波辐射

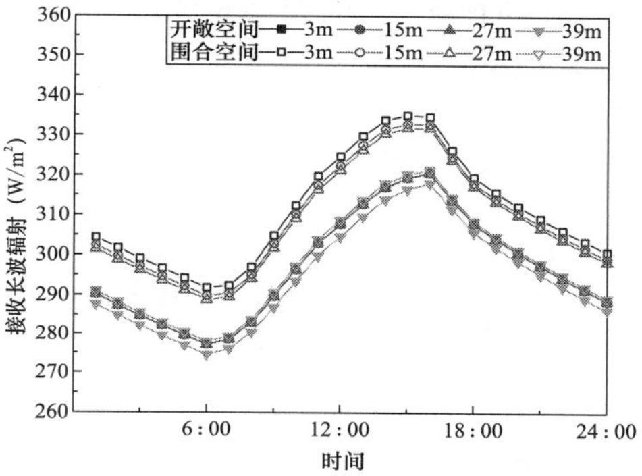

图 6-25　瓷砖墙面南向表面接收长波辐射

图 6-26 是开敞空间和围合空间中石材墙面在不同建筑高度情况下的反射短波辐射强度的变化曲线图。建筑表面高度为 3m、15m 和 27m 的反射短波辐射强度围合空间数值大于开敞空间，39m 建筑表面的反射短波辐射强度的开敞空间大于围合空间，整体变化在 0～500W/m^2 范围内。对于同一位置高度围合空间和开敞空间存在的差异，是周围建筑表面对接收反射辐射量的叠加。建筑高度越低，越贴近下垫面，受到来自周围四个表面反射辐射的影响。图 6-27 是开敞空间和围合空间中涂料墙面在不同建筑高度情况下的反射短波辐射强度的变化曲线图。由图可知，涂料墙面与石材墙面的变化趋势基本相同，相比而言，涂料墙面的辐射数值要小于石材墙面，同等高度开敞空间和围合空间的差值变小，在建筑表面高度达到 27m 时反射的短波辐射强度在两种空间形态下非常接近，整体变化在 0～460W/m^2 范围内变化。

图 6-28 是开敞空间和围合空间中瓷砖墙面南向在不同建筑高度情况下的反射短波辐射强度的变化曲线图。与前两种工况墙面进行对比分析，围合空间中反射短波辐射强度的变化大于开敞空间。建筑表面高度为 39m 时两种类型空间的反射短波辐射量较为接近，建筑表面高度在 15m 和 27m 的开敞空间和围合空间基本重合，但围合方式下高度 15m 的辐射值略高于 27m。瓷砖整体辐射值在 0～530W/m^2 范围内波动，且变化较为集中。

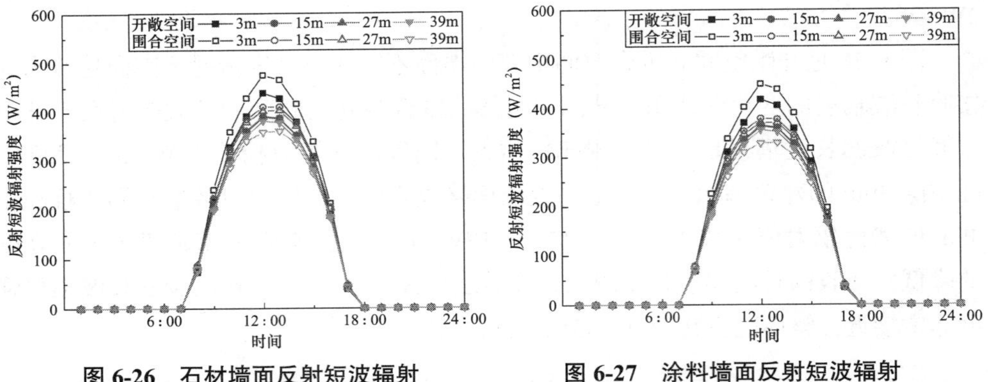

图 6-26 石材墙面反射短波辐射

图 6-27 涂料墙面反射短波辐射

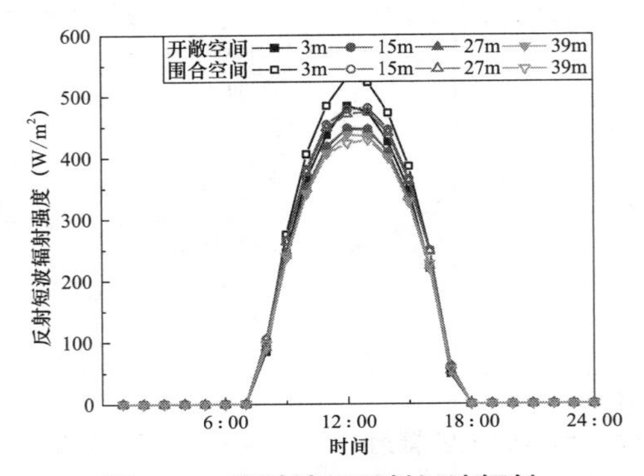

图 6-28 瓷砖墙面反射短波辐射

6.5 建筑表面辐射场的评价方法

6.5.1 评价指标与方法

建筑表面可吸收大量的短波和长波辐射，这些辐射热被墙面吸收后通过围护结构传入室内，也对墙体本身产生热作用，包括对围护结构自身的得热、墙体蓄热等。同时建筑表面也反射长/短波辐射，并且发射长波辐射，会对建筑室外微气候、相邻建筑以及下垫面等周边物体产生辐射热作用。建筑表面辐射热作用不仅作用于建筑、室内/外环境，还会作用于室内/外的人。辐射热是人体与所处热环境换热的最主要方式，因此建筑表面辐射场无论对室内/外的人体，特别是对室内的人体产生重要的辐射热效应。综上所述，建筑表面辐射场具有广泛而重要的热效应，如何评价它成为建筑表面辐射场研究的关键问题，也是有效利用建筑表面辐射场的关键。

建筑外表面可以吸收、反射和发射辐射热，它既是辐射热的作用对象，又能够对建筑、室内外环境和人体产生辐射热作用。作为城市辐射场的重要组成部分，建筑表面辐射场是辐射热的贡献者，本节主要研究表面辐射场所产生的辐射热效应。为了更科学地分析建筑表面辐射场热效应，对其的量化评价是分析的基础和关键。因为评价的是建筑表面辐射场所产生的辐射热效应，所以主要研究对象为建筑表面反射的短波辐射和发射的长波辐射的热作用。

在昼间太阳的短波辐射起主要作用，建筑外表面对外所产生的辐射热作用主要为反射短波辐射的热作用。到了夜间，短波辐射消失，建筑外表面依靠墙体自身热量发射长波辐射对室外环境产生热作用。这两种情况下，室外微气候是墙面辐射的主要热作用对象，因此将其作为建筑表面辐射热效应评价的载体。室外黑球温度表征了环境辐射热作用的强弱程度，而建筑外表面温度表征了墙体的热辐射能力。可以设想，墙体在一定的辐射强度作用下，黑球温度与建筑外表面温度越接近，说明建筑表面的辐射热作用就越强；否则建筑表面的辐射热作用就越弱。据此，建筑表面的辐射热效应评价方法如式（6-5）～式（6-7）所示。

昼间：$$q_d = (I_{RV} + G_r - G_d)/(T_g - T_a)\ (7:00\sim18:00) \tag{6-5}$$

夜间：$$q_e = (G_r - G_d)/(T_g - T_a)\ (18:00\sim\text{次日 }7:00) \tag{6-6}$$

全天：$$q = (11 \times q_d + 13 \times q_e)/24 \tag{6-7}$$

式中：q_d、q_e——建筑表面昼间和夜间的墙体辐射热指数（W/℃）；

q——建筑表面全天墙体辐射热指数（W/℃）；

T_g——黑球温度（℃）；

T_a——建筑表面温度（℃）；

I_{RV}——单位时间单位面积建筑表面反射的短波辐射量（W/m^2）；

G_r——单位时间单位面积建筑表面发射的长波辐射量（W/m^2）；

G_d——单位时间单位面积建筑表面接收到的长波辐射量（W/m^2）。

提出建筑表面对外产生辐射热效应的评价指标“墙体辐射热指数”，即 q。因为长短波辐射作用的时间差异，该指标由昼间分量和夜间分量，然后通过作用时间的加权平均得到全天的墙体辐射热作用指数。昼间时间段为 7:00～18:00，考虑该时段为太阳短波作用时段，其余时段 18:00～次日 7:00 为夜间，该时段内是长波辐射作用期。

6.5.2 热效应评价指标的验证

为了研究墙体辐射热作用指数对建筑外表面辐射热效用评价的有效性，期望通过分析该指标与水平面太阳总辐射量、室外气温的相关性来验证。太阳总辐射量是建筑外表面的主要辐射热源，总辐射越强则表面辐射热作用越强；而空气是建筑外表面主要的辐射热作用对象，气温是空气热状况的代表性表征量，表面辐射热作用的强弱与气温的变化具有趋同效应。若热作用指标与两者的相关性越强，则可认为该指标的有效性越显著。

依据墙体辐射热作用指数的计算公式，需要首先获得相关辐射量、黑球温度及壁面温度等，同时也要获得太阳总辐射及气温值。可以通过实测或者模拟来获得上述参数，但实测数据更加真实、可靠。经分析测试条件较易实现，因此采用测试方式获取上述参数值。

1. 数据获取方式

测试选择在西安某高校的校园内进行。因为夏季的辐射更加强烈，所以测试在夏季开展，于 2021 年 7 月 29 日～8 月 9 日进行了较长时间的连续测试。

建筑外墙面材料的类别决定了建筑外表面的反射率和发射率，这两个参数是影响建筑表面辐射场的关键因素，因此在有效性分析中选择了不同材料的建筑表面进行测试。所选取的墙面材料及辐射特性参数如图 6-29 和表 6-8 所示。

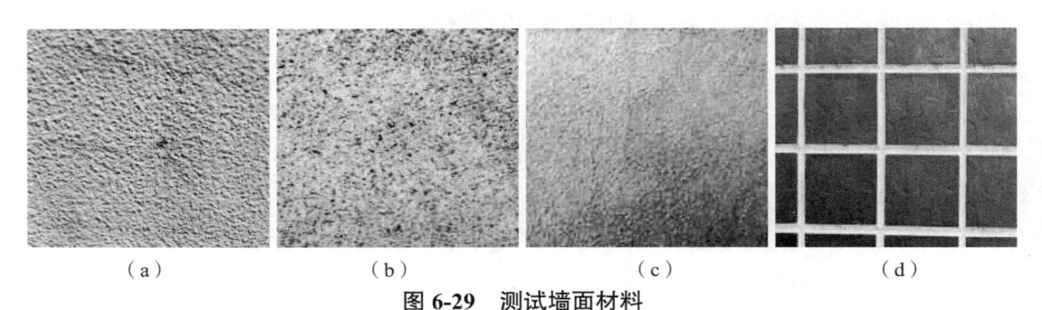

（a）　（b）　（c）　（d）

图 6-29　测试墙面材料

（a）黑色饰面砖；（b）灰色涂料；（c）石灰粉刷；（d）花岗石

测试建筑墙体辐射特性参数　　**表 6-8**

建筑墙体表面材料	粗糙程度	吸收系数	长波辐射发射率	相对位置（m）	颜色
黑色饰面砖墙面	平滑	0.92	0.93	1	黑色
灰色涂料墙面	光滑	0.56	0.85	13	中灰
石灰粉刷墙面	粗糙	0.48	0.95	1	浅灰
花岗石石材墙面	粗糙	0.60	0.45	1	浅黄

具体测试项目与仪器如表 6-9 所示。在测试建筑表面辐射及相关参数时，为减少周围建筑或者树木的影响，测试表面均选取较高楼层表面。为此，专门设计了木制材料的设备外挂架，可将所有设备集中于该外挂架（图 6-30），且易于在建筑高层表面安装。建筑表面附近环境的空气温度和湿度都是使用温度块进行自动采集，仪器外包裹锡纸铝箔以消除太阳辐射对其的影响；建筑的外墙壁面温度采用四通道进行自动采集，所有仪器都是昼夜连续测量 24h，间隔时间是 10min，其测点布置如图 6-30 所示，仪器放置在距地高度 1m 的位置。测试时将其放置于建筑南侧靠墙 30～50cm 范围内，确保其周围无人为热源及遮挡物。

测试建筑墙体辐射特性参数　表 6-9

测量项目	测量间隔	仪器	仪器精度
长波辐射强度	10min	长波辐射仪	0～2000W/m^2
短波辐射强度	10min	EKO 全光谱辐射计	0.5%
温湿度	10min	自记式温湿度计	±3%rF
表面温度	10min	四通道温度计	−200～60℃
辐射热流	10min	辐射热流密度传感器	0～3000W/m^2

（a）

（b）

图 6-30　建筑外表面辐射参数测试外挂架

（a）外挂架地面安装设备状态；（b）外挂架处于外墙表面状态

2. 有效性验证分析

依据实测数据采用非线性相关性分析计算了墙体辐射热指数与水平面总辐射和气温的相关性，黑色饰面砖墙面、灰色涂料墙面、石灰粉刷墙面、花岗石墙面的相关性分析数据如图 6-31 所示。从图 6-31 中发现，总体来看，墙体辐射热作用指数与总辐射量和气温都相关。在总辐射量与墙体辐射热指数的拟合关系中，相关性 R^2 在 0.7～0.93 的范围内，相关性较高；在空气温度与墙体辐射热指数的拟合关系中，相关性 R^2 在 0.5～0.65 的范围内，相关性较低。说明墙体辐射热指数与总辐射量的关系更密切，评价指标受到辐射的影响更强。

通过相关性分析表达总辐射量与气温都与评价指标相关，相比而言，气温的相关性较低。但依据气象学原理，这一相关度已较为显著。气象学原理指出，辐射热是气温的主要热源，但气温的影响因素较多，其相互耦合作用复杂。太阳辐射强度与气温之间不存在显著的量化关系，这点可以通过太阳总辐射计算模型看出，有气象参数温差的辐射模型，但没有单纯的气温相关模型。而太阳总辐射强度与墙体反射、发射的辐射量直接相关，因此其与评价指标的相关性更高，从而证明所提评价指标能够有效评价建筑表面的辐射热效应强度。为墙体对外辐射热作用奠定了量化研究的基础。

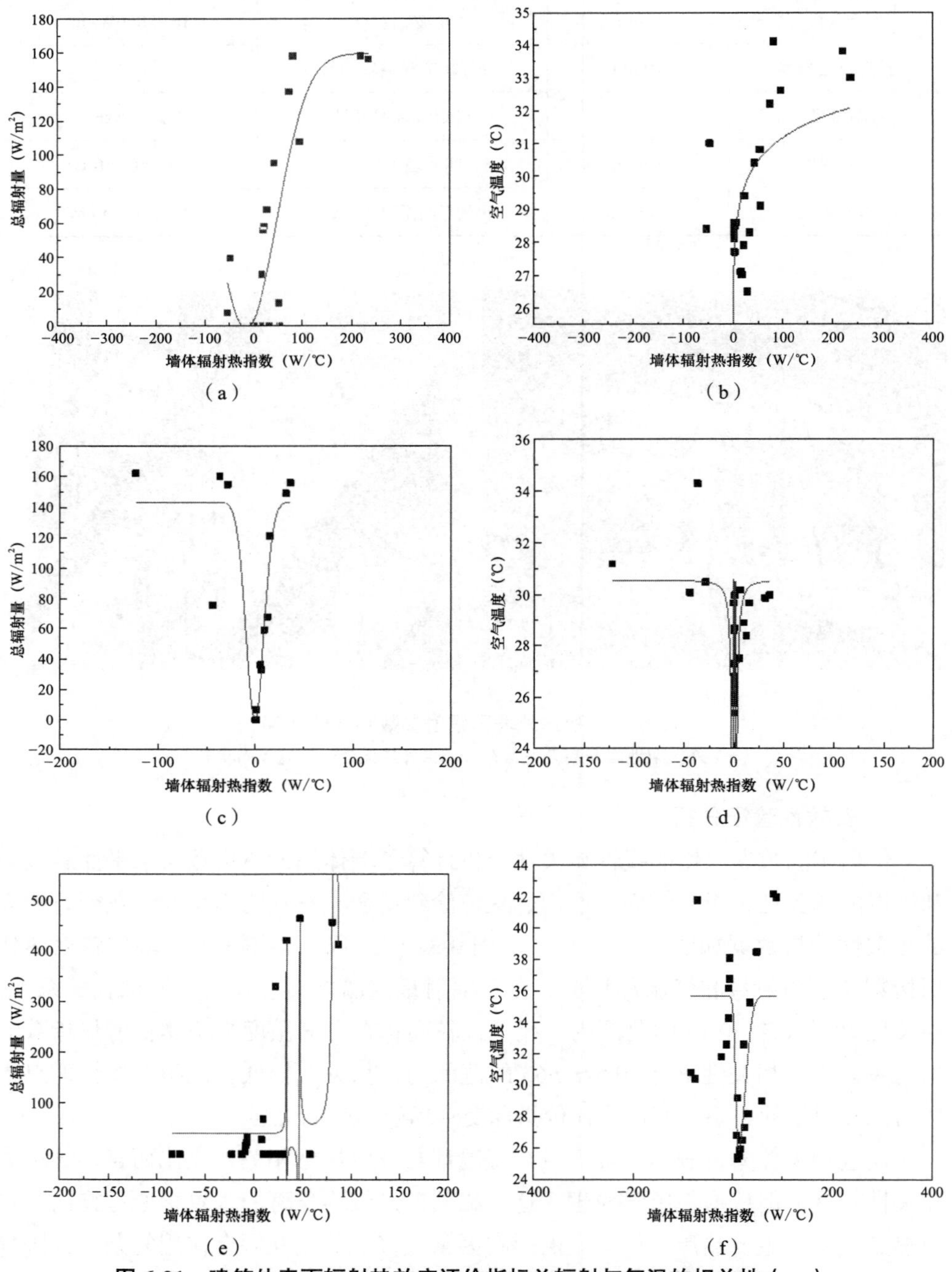

图 6-31 建筑外表面辐射热效应评价指标总辐射与气温的相关性（一）

（a）黑色面砖评价指数与总辐射（R^2，0.74）；（b）黑色面砖评价指数与气温（R^2，0.52）；
（c）灰色涂料评价指数与总辐射（R^2，0.93）；（d）灰色涂料评价指数与气温（R^2，0.64）；
（e）石灰墙评价指数与总辐射（R^2，0.73）；（f）石灰墙评价指数与气温（R^2，0.56）；

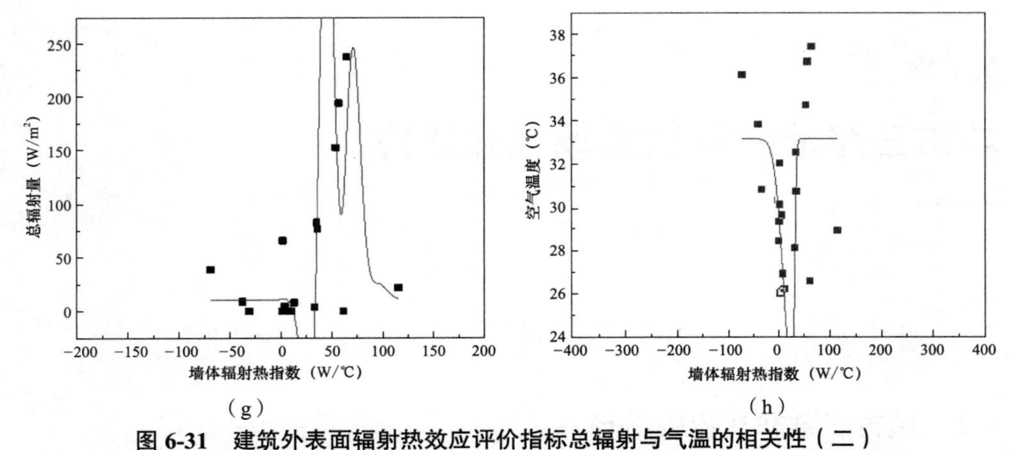

图 6-31 建筑外表面辐射热效应评价指标总辐射与气温的相关性（二）

（g）花岗石评价指数与总辐射（R^2，0.70）；（h）花岗石评价指数与气温（R^2，0.50）

第 7 章

城市三维非对称辐射场及热效应

7.1　城市三维非对称辐射场

城市辐射场是影响城市热环境的关键因素，是造成城市热岛效应的主要成因，是城市建筑、下垫面和天空大气共同辐射热作用的耦合结果。城市辐射场包括建筑表面辐射场、下垫面辐射场和大气辐射场三部分。在高密度的城市中，三者中覆盖面积最大、辐射热影响最大的是建筑表面辐射场。城市建筑和乡村建筑的辐射场的区别在于：城市建筑密度大，高层建筑多，对辐射的遮挡更严重，因此产生的反射辐射就更多，同时城市建筑具有更大范围的辐射吸收面，对相邻周边建筑的影响就更显著。

建筑表面是城市辐射场中非常重要的一部分，其材料性质显著地影响着短波辐射的吸收、反射，以及对长波辐射吸收、反射和发射的能力。建筑表面的辐射特性包含了表面颜色、粗糙度、相对位置、发射率和反射系数等因素，不同材质的辐射特性通过太阳辐射带来不同的热反射和吸放热效应，使得微气候辐射场的辐射热作用更加显著。建筑表面辐射场是指建筑墙体和屋顶饰面层外接收到的长短波辐射，通过外饰面层进入室内；以及外饰面层反射的短波辐射和发射的长波辐射到达室外环境，或其他建筑空间中产生的具有方向性的辐射场。接收到的长短波辐射包括天空发射的长波辐射和短波辐射，以及下垫面或其他表面发射的长波辐射和反射的短波辐射。

城市下垫面既存在太阳辐射的短波直射辐射、散射辐射，大气的长波辐射，还存在下垫面反射的短波辐射、大气逆辐射，与此同时，下垫面发射的长波辐射还会与周围环境通过辐射换热进行热量交换。这些辐射，构成了复杂的城市下垫面辐射场。下垫面的短波辐射热作用主要来自下垫面对太阳短波辐射的反射和吸收，不同下垫面对短波的吸收和反射主要取决于下垫面材质的短波吸收系数和反射系数。下垫面处于外界环境中，不仅吸收太阳辐射和大气长波辐射，同时也向外界发射热量。而太阳辐射的波长主要处于短波波段，不同下垫面吸收的太阳短波辐射量不同，也就造成自身温度升高的程度不同，进而向外界辐射的热量也不同。

硬化的下垫面和密集的建筑群增加了下垫面对太阳辐射热的吸收，进而发射的长波辐射也就更多。短波辐射和长波辐射综合作用于城市辐射场，建筑表面和下垫面的不同辐射特性，通过热反射、蓄热和传热的方式与城市辐射场进行大量的热交换。

城市辐射场是城市化进程中形成的特殊辐射环境，而复杂城市辐射场是在密集建筑群和城市下垫面共同作用下，由太阳直射辐射和散射辐射、天空长波辐射、地面反射辐射、建筑表面反射辐射等多要素形成的复杂化城市辐射场。在城市中，下垫面、建筑表面以及天空从三个维度形成辐射场。而且在三个维度中，因为建筑的量大面广，建筑表面具有最大化的吸收与反射面，天空次之，下垫面最小。但天空主要以长波辐射为主，所以三者辐射强度与方式存在显著差异。此外三者辐射热作用的空间和对象也不同，建筑表面辐射场的高度范围大，从地面到建筑顶部的空间都是辐射热作用范围；下垫面以近地面空间为主；天空大气的辐射热空间范围为城市覆盖层的天空到地面。基于此，将下垫面、建筑表面以及天空组成的辐射强度与方式不对等的复杂辐射场称为城市三维非对称辐射场，其特征如图 7-1、图 7-2 所示。

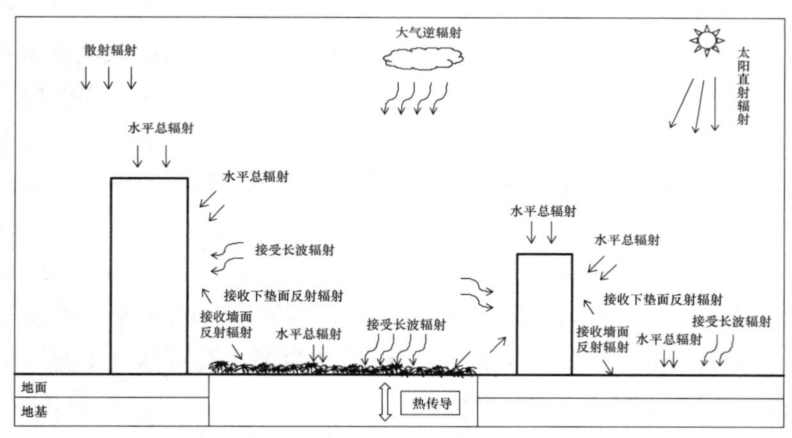

图 7-1　不同表面接收的辐射分布示意图

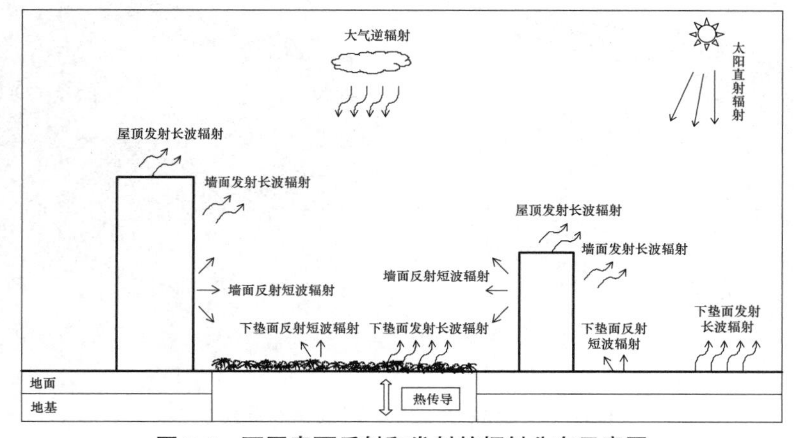

图 7-2　不同表面反射和发射的辐射分布示意图

7.2 城市辐射场对建筑能耗的影响

城市三维非对称辐射场的主要特征是处在下垫面、建筑外表面以及天空所形成的复杂空间中，所以在研究城市辐射场对建筑能耗的影响时，主要研究对象为建筑围合空间辐射场。为了更突出城市辐射场的强度以及它对能耗的影响，本节构造了一个四面围合的空间，所以对城市辐射场强度的分析，就是分析围合空间中的辐射强度。通过挑选不同建筑热工气候分区中的典型城市，根据实际城市的气象参数结合第 4 章长、短波辐射强度计算模型，模拟计算不同城市、不同围合空间内的不同朝向立面上的辐射场强度，分析不同城市中因建筑空间围合所造成建筑能耗量的变化情况。

7.2.1 城市辐射场强度计算

1. 模拟分析对象

在我国的不同建筑热工分区中，寒冷气候区应满足冬季保温要求，夏热冬暖地区必须满足夏季防热要求。这两个热工分区的城市既有明显地形和纬度上的差异，又有一定的供暖能耗和空调能耗上的差异，在分析围合空间辐射场分布规律和能耗量变化时需综合考虑，而且为了控制变量模拟时还要统一考虑建筑的间距，因此以寒冷气候区和夏热冬暖气候区为主要地区，每个建热工分区选择 2 个城市作为研究对象。

模拟用一种常见的单体建筑形式，开敞空间的尺寸为 60m×40m×24m，如图 7-3（a）所示。同时在原单体建筑的东侧、西侧和南侧各加一栋建筑，南侧建筑的尺寸也为 60m×40m×24m，东西两侧的两栋建筑对称且相同，尺寸均为 40m×20m×24m，如图 7-3（b）所示。

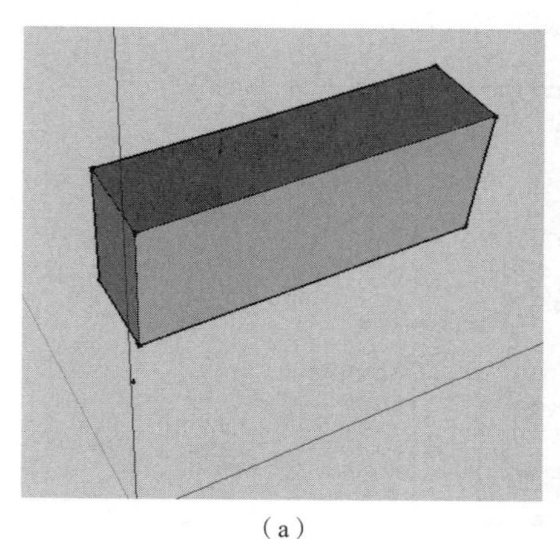

（a）

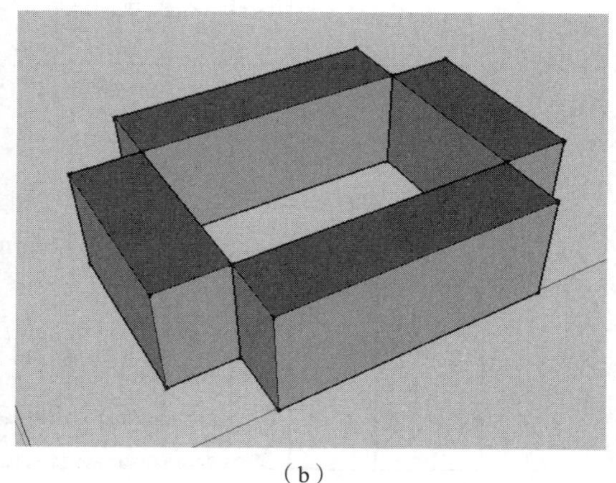

（b）

图 7-3 模拟所用到的两种建筑布局示意

（a）开敞空间；（b）围合空间

寒冷地区选取北京和西安两个城市，夏热冬暖地区选取福州和广州两个城市为研究对象，各自的地理位置如表 7-1 所示。

同时，因大暑日和大寒日往往是我国大部分地区最热和最冷的时期，因此在模拟计算时的日期分别选取 7 月 21 日和 1 月 21 日。由于北京的纬度最高，建筑间距系数采用北京的标准 1.6，围合而成的空间模型为 $L=60$，$D=40$，$H=24$，单位 m。模拟计算用的建筑为均质墙体，建筑围护材料均设为钢筋混凝土，相关的参数如表 7-2 所示。

各个城市的地理位置以及相关参数设置　　表 7-1

热工分区	城市	经纬度	夏季室内计算温度（℃）	冬季室内计算温度（℃）
寒冷地区	北京	N39.80° E116.47°	26	18
	西安	N34.30° E108.93°		
夏热冬暖地区	福州	N26.08° E119.28°		
	广州	N23.17° E113.33°		

模拟用的围护结构物理设置参数　　表 7-2

类别	单位	数量
墙体厚度 d	mm	370
材料导热系数 λ	W/（m・K）	1.74
材料密度 ρ_0	kg/m^3	2500
材料比热容 c	J/（kg・K）	920
各表面太阳辐射吸收系数 ρ_s	—	0.8
各表面长波辐射发射系数 ε	—	0.9
内表面换热系数 h_i	W/（m・K）	8.7
外表面换热系数 h_e	W/（m・K）	夏季 19.0
		冬季 23.0

2. 计算模型

本书第 4 章已详细地介绍了长、短波辐射强度的计算公式，相对来说在已知时间、围合空间尺度以及太阳辐射吸收系数的前提下，短波辐射强度可以直接计算得到，然而要得到长波辐射强度就必须先得到围合空间各表面的温度值，这就不得不涉及围护结构的非稳态传热，因此还需要结合以下相关公式，来组成整个可用于分析综合辐射场强度的计算模型。

1）综合辐射换热量

建筑围合空间内短波和长波的辐射场计算在第 4 章已分别做了详细介绍。建筑外表面在长、短波辐射的综合作用下，仍以热的形式作用在建筑围护结构的外表面，从而形成外扰。

单从辐射传热的角度来分析，建筑任意朝向外表面上的综合辐射换热可用以下平衡方程表示：

$$Q_r = I_G \cdot \rho_s + (\bar{G}_l - E_b) \cdot \varepsilon \tag{7-1}$$

式中：Q_r——围护结构外表面的综合辐射换热量（W/m^2）；

I_G——围护结构表面上的太阳总辐射强度值（W/m^2）；

ρ_s——围护结构外表面对太阳辐射热的吸收系数；

$\bar{G}_l$——某一朝向表面上的长波平均投射辐射强度（W/m^2）；

E_b——围护结构表面的黑体辐射力（W/m^2）；

ε——外墙表面长波辐射率。

对于建筑外墙表面上的太阳总辐射强度 I_G 和长波的平均投射辐射强度 $\bar{G}_l$，除了共同取决于空间围合程度和各表面的反射性质外，前者主要受太阳位置的影响，而后者则更受周围环境中各表面温度的影响。太阳的位置可根据第 4 章提到的相关公式计算得到，然而环境中各表面温度值却受多个因素的影响而不易获得。

在传统的计算中，通常把建筑的周围环境当作开敞空间来计算，也就是说相对于建筑外墙表面的周围环境实际上只有天空和地面，目前大多数用于节能计算的标准气象参数均可获得这两个参数的逐时数据。然而，对于城市中的围合建筑空间，对象建筑的周围微环境不仅仅是天空和地面，还有其他建筑的各个外表面，这些表面温度与对象表面温度一样，共同受室外的太阳辐射、长波辐射、空气温度、风速等因素的影响且随时间的变化而变化。

2）室外综合温度

在式（7-1）中，由于空间的开敞和围合必然会带来短波辐射强度的变化，那么在作用建筑围护结构表面后，则必然带来室外综合温度的变化。通常用到室外综合温度的计算公式为：

$$t_{sa} = t_e + \rho_s I / \alpha_e - t_{lr} \tag{7-2}$$

式中：t_{sa}——室外综合温度（℃）；

t_e——室外气温（℃）；

I——太阳辐射强度（W/m^2）；

α_e——外表面换热系数［W/（m·K）］；

t_{lr}——外表面有效长波辐射温度（℃）。

在粗略计算时通常将上式最后一个变量取作定值 t_{lr}，即对于屋面取 3.5℃，对于外墙取 1.8℃；若直接不考虑长波辐射换热的影响，可以直接忽略掉了上式的最后一个变量 t_{lr}，即

$$t_{sa} = t_e + \rho_s I/\alpha_e \tag{7-3}$$

前者适用于相对开敞的室外空间，通过常年气象观测数据，获得了室外空气和地面温度的变化状况后，再根据建筑室外表面的温度波动数据则可估算出 t_{lr}，后者则认为室外环境的各表面温度与研究对象的表面温度相差不大，但却忽略了长波辐射换热的影响。相比之下，用前者的估算方法相对接近实际情况，后者则更适用于工程上的一般简化计算。

然而，在实际的城市建筑群中，由于建筑彼此的围合可能导致建筑周围其他各个建筑表面的温度在同一时刻各不相同，长波辐射换热就变得更加复杂，但这两种方法都是相对片面的，均未有效考虑到室外长波辐射场变化所带来的影响。因此，为了相对精确地计算室外综合温度，需要将式（7-2）优化，如以下两个公式：

白天：
$$t_{sa} = t_e + Q_r/\alpha_e \tag{7-4}$$

夜间：
$$t_{sa} = t_e + (\bar{G}_l - E_b) \cdot \varepsilon/\alpha_e \tag{7-5}$$

式中：Q_r——围护结构外表面的综合辐射换热量（W/m^2）。

3）一维非稳态导热

热量传递有三种基本形式，即导热、对流和辐射。在实际的传热过程中，都可以看作是这三种方式的不同组合。那么，围护结构外表面一方面与室外环境进行辐射换热，另一方面与室外空气发生热对流，同时还要与室内表面发生热传导，且室内表面将继续与室内空气发生热对流。

在工程计算上，若把一整栋建筑当作研究对象时，建筑墙壁可视为均质半无限大，并假定在同一时刻建筑表面的温度相对均匀，那么围护结构导热的过程可以看作是一维非稳态的导热过程。把辐射换热量等效成室外的综合温度值后，如果已知室外空气温度的逐时值，在供暖房间和空调房间中时，室内的空气温度是可以当作恒定的，同时室内外表面与空气之间的换热系数也可以看作是不变的，围护结构导热过程则符合第三类边界条件。

结合传热学相关知识，用显式的差分格式可写出一维非稳态导热过程的节点离散方程，为：

$$t_i^{k+1} = Fo(t_{i-1}^k + t_{i+1}^k) + (1-2Fo)\, t_i^k \tag{7-6}$$

式中：k——时间节点；

i——墙壁的空间节点；

t_i^k——在 $k\Delta\tau$ 时刻、墙壁 i 处的温度值（℃）；

Fo——傅里叶准则，无量纲。

为了使上式计算结果收敛，要求该值不大于0.5，即

$$Fo = \frac{a\Delta\tau}{\Delta x^2} \leqslant 0.5 \tag{7-7}$$

式中：a——导温系数（m^2/s）；

$\Delta\tau$——划分的时间间隔（s）；

Δx——划分的墙壁空间间隔（m）。

那么边界节点的离散方程又可以用显式的差分格式表示为：

$$t_1^{k+1}=2Fo(t_2^k+Bit_f^k)+(1-2BiFo-2Fo)\,t_1^k \tag{7-8}$$

同样为了使上式的计算结果相对稳定，上式 t_i^k 的系数也必须不小于零，亦即

$$Fo\leqslant\frac{1}{2Bi+2} \tag{7-9}$$

式中：Bi——毕渥准则，无量纲。

$$Bi=\frac{\alpha\Delta x}{\lambda} \tag{7-10}$$

式中：λ——墙体材料的导热系数［W/（m·K）］。

求出各节点的温度值后，那么在某一时刻由建筑围护结构表面流向室内外空气的热流密度可表示为：

$$q_i^k=\alpha_i\,(t_{wi}^k-t_i^k) \tag{7-11}$$

式中：q_i^k——在 k 时刻，由建筑室内表面流向室内空气的热流密度（W/m^2）；

a_i——室内表面换热系数［W/（m·K）］；

t_{wi}^k——在 $k\Delta\tau$ 时刻的室内表面温度值（℃）；

t_i^k——在 $k\Delta\tau$ 时刻的室内空气温度值（℃）。

那么，在整个运行周期，由建筑围护结构表面流向室内外空气的总热量可表示为：

$$Q_i=\sum_k^n q_i^k\Delta\tau \tag{7-12}$$

式中：Q_i——在整个运行周期内，由围护结构内表面流向室内空气的总热量（J/m^2）；

n——划分的时间段总个数，即

$$n=\frac{24\cdot Z\cdot 3600}{\Delta\tau} \tag{7-13}$$

式中：Z——运行周期（天）。

同理可得，在整个运行周期内，由围护结构内表面与室外空气的总换热量为

$$Q_e=\sum_k^n q_e^k\Delta\tau \tag{7-14}$$

综上所述，通过计算得到围护结构的净辐射换热量、室外综合温度，再结合一维非稳态导热的计算方式可相对有效地得到室内外表面的逐时温度值，为分析长波辐射场强度提供方便，最终可得到围合空间由于综合辐射场强度的变化，会产生热效应。

3. 运算过程

上一节相关公式弥补了长波辐射计算模型中所缺少的壁面温度参数，同时完善了建筑围护结构外表面与室外环境进行辐射换热的计算模型。那么，在分析各个城市不同围合空间辐射场分布规律以及其造成热效应的状况时，则需要通过以下步骤来实现。

1）将时间参数、空间参数、地理参数和热物参数代入短波辐射模型（简称SWRM）中，从而得到开敞空间和围合空间内各个建筑表面的短波辐射场强度；

2）结合室外综合温度计算式（不考虑长波辐射换热），即式（7-3），得到模拟周期内的室外综合温度，即建筑表面外边界的综合等效空气温度值；

3）将上一步结果作为边界条件，通过一维非稳态传热模型计算，得到模拟周期围合空间内的建筑外表面温度波动值；

4）运用长波辐射强度模型（简称LWRM），得到模拟周期内建筑外表面不同时刻的长波辐射场强度；

5）再次结合室外综合温度计算式（考虑长波辐射换热），即式（7-4）和式（7-5），得到模拟周期内的室外综合温度，即建筑表面外边界的综合等效空气温度值；

6）将上一步结果作为边界条件，再次通过一维非稳态传热模型计算，得到模拟周期围合空间内建筑外表面温度的波动值；

7）结合式（7-12），计算得到不同建筑热工分区、不同城市以及不同围合程度下的综合辐射场强度分布规律和所产生的热效应。

在理想条件下，由于空间的围合使得短波辐射场强度仅在围合空间内的各个表面上产生变化，围合空间外的其他各个表面不存在遮挡现象，因此短波辐射场强度不变。同时在进行一维非稳态传热模型计算中，仅把围合空间内受围合影响的建筑外墙作为研究对象，得到的热流量变化也仅是这一面墙上的热流量变化，其他不受围合影响的建筑表面热流量可以理解为不变化。

具体的实现过程，如图7-4所示。

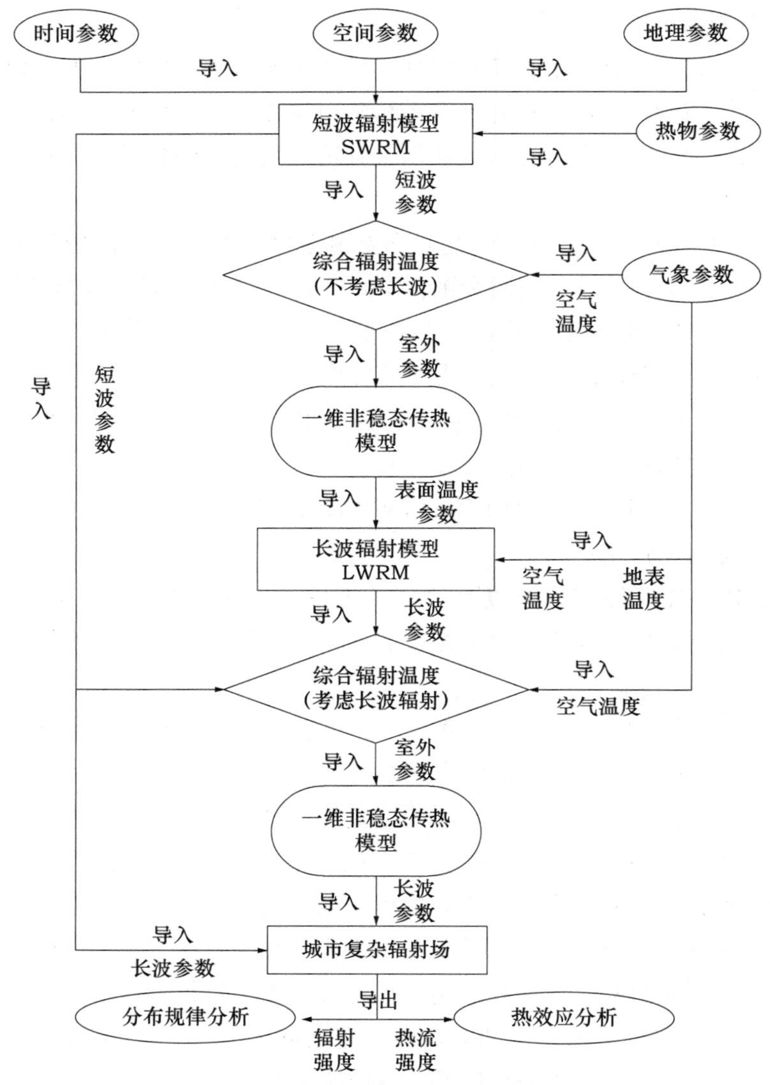

图 7-4 围合空间辐射场强度分析路线

7.2.2 围合空间辐射场对建筑能耗的影响

将短波辐射模型、长波辐射模型以及一维非稳态导热模型编入 Matlab 软件，然后分别将时间参数、空间参数、热物性参数以及各个城市的地理参数代入，在模拟运行周期内均按全晴天考虑，大气透过率均设为 0.6。按照图 7-4 的流程在软件中运算，其中在角系数计算过程中将建筑表面的微元长度 w 和 h 均取 1m，在一维非稳态导热运算时，将墙壁沿厚度方向等分为 12 个空间节点，模拟时间间隔 $\Delta\tau$ 为 3s。通过运算，可分别得到在各个城市中因建筑空间的围合所造成的短波辐射场、长波辐射场以及综合辐射场强度随时间的变化曲线。

1. 短波辐射

冬季4个城市开敞空间与围合空间各朝向立面短波辐射强度的差异如图7-5所示。从空间类型分析，4个城市在相同时间段内的围合辐射场强度均低于开敞空间，且上午和下午的差异相对较小，中午的差异较大，主要原因是水平面上的太阳辐射在中午最大，而围合空间内由于建筑表面间的相互遮挡，使得各朝向立面的直射辐射较开敞空间低，且天空视野因子也较开敞空间小，围合空间内天空散射的辐射强度也较开敞空间低。

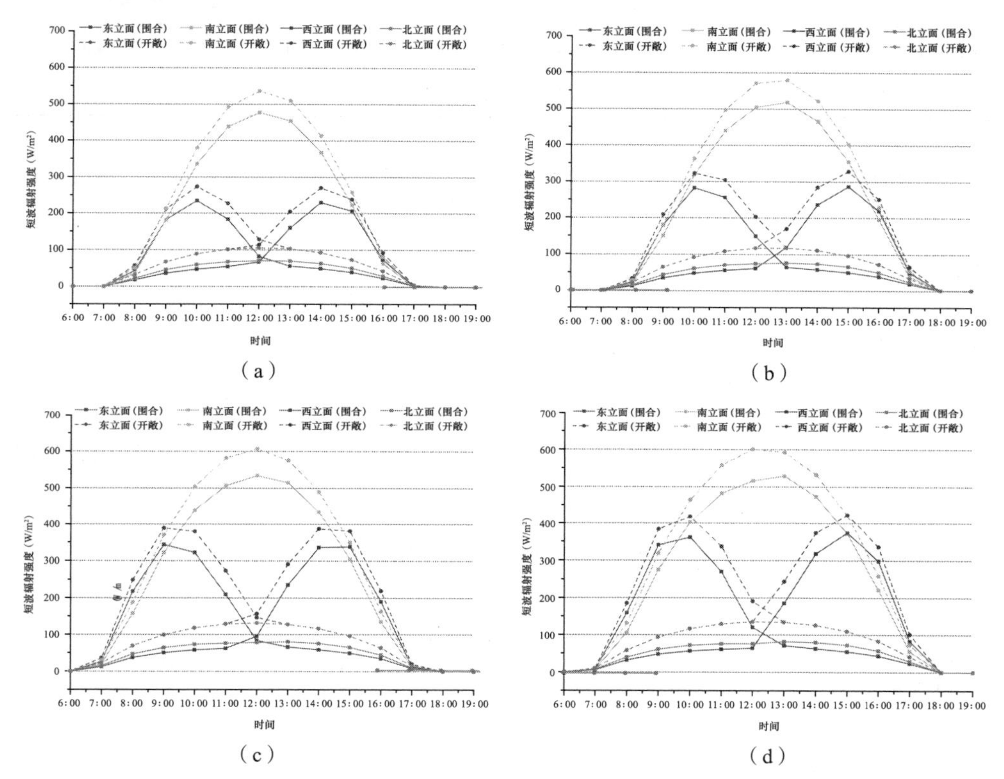

图7-5　冬季4个城市开敞空间与围合空间各朝向立面短波辐射强度差异

（a）北京；（b）西安；（c）福州；（d）广州

从辐射强度分析，无论开敞还是围合空间，夏热冬冷地区的短波辐射强度均高于寒冷地区，主要原因则在于纬度和地形的差异。针对围合空间内各朝向立面上短波辐射强度的平均值进行统计，结果如表7-3所示。由表可知，随着城市纬度的降低，围合空间内各朝向立面上的短波辐射差异值逐渐增加，其中，北立面的差异值相对来说最小，南立面的差异最大。

夏季4个城市开敞空间与围合空间各朝向立面短波辐射强度差异如图7-6所示。与冬季规律相同的是，4个城市在相同时间段内的围合辐射场强度仍然均低于开敞空间，且在日出与日落时刻的差异较小，接近中午时刻的差异较大；与冬季规律不同的是，东向和西向立面的短波辐射场强度要比南向和北向立面更强，主要原因在于夏季太阳高度角较高，导致南向的太阳辐射强度相对较弱。

冬季 4 个城市各朝向立面上的短波辐射强度全天平均值（W/m^2） 表 7-3

城市	东墙			南墙			西墙			北墙		
	围合	开敞	差值	围合	开敞	差值	围合	开敞	差值	围合	开敞	差值
北京	37.4	50.6	13.2	107.6	122.5	14.9	37.4	50.7	13.3	20.2	29.7	9.5
西安	46.6	62.4	15.8	125.2	142.6	17.4	46.7	62.4	15.7	23.0	34.6	11.6
福州	59.1	78.8	19.7	140.8	161.4	20.6	59.5	78.8	19.3	26.2	41.0	14.8
广州	63.1	84.1	21.0	143.3	165.1	21.8	63.6	84.1	20.5	27.1	43.2	16.1

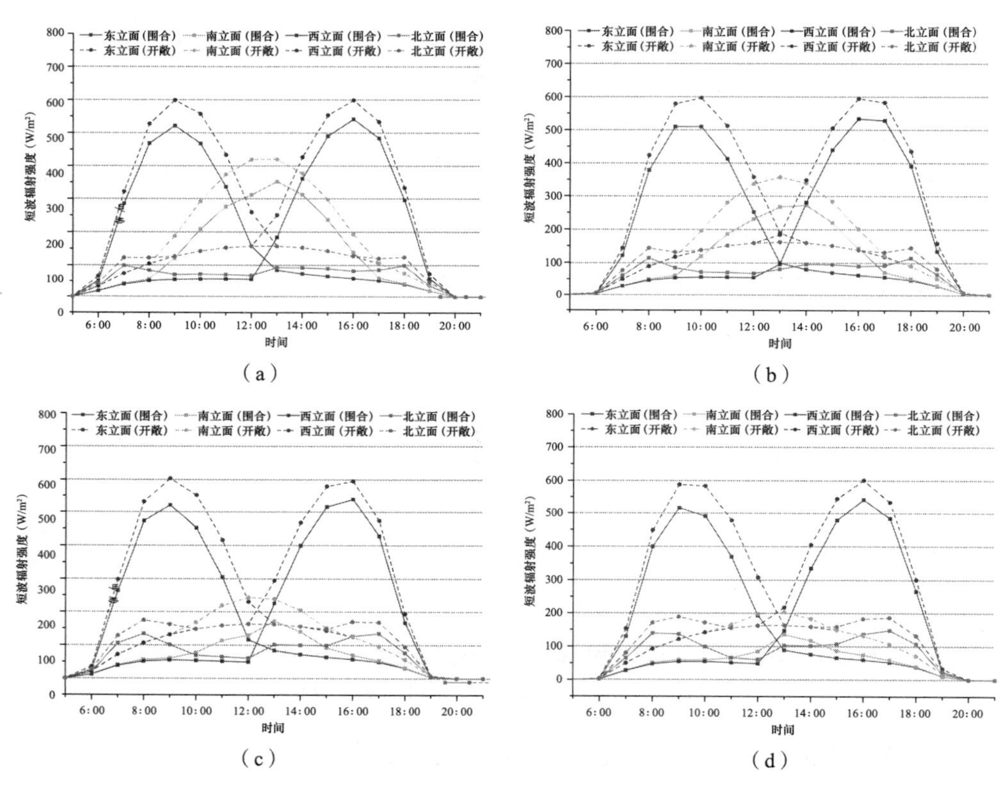

图 7-6 夏季 4 个城市开敞空间与围合空间各朝向立面短波辐射强度差异

（a）北京；（b）西安；（c）福州；（d）广州

将夏季 4 个城市开敞空间和围合空间内各朝向立面短波辐射强度的全天平均值进行统计后，结果如表 7-4 所示。由表可知：

1）与冬季规律相同的是，东墙和西墙仍然是差值最大的两个立面，南墙次之，北墙最小；

2）通过不同空间布局的短波辐射强度差值分析发现，所有城市的夏季短波辐射强度差值均比冬季多；

3）夏季两类空间布局的辐射场强度差值随城市纬度变化不如冬季的明显，且夏季在广州的辐射强度差值均比其他城市略低。

夏季 4 个城市各朝向立面短波辐射强度全天平均值（W/m^2）　表 7-4

城市	东墙			南墙			西墙			北墙		
	围合	开敞	差值	围合	开敞	差值	围合	开敞	差值	围合	开敞	差值
北京	111.9	148.4	36.5	91.7	124.7	33.0	114.6	148.5	33.9	45.0	72.8	27.8
西安	109.7	146.6	36.9	72.2	105.0	32.8	112.6	146.6	34.0	46.0	73.9	27.9
福州	105.1	142.3	37.2	44.1	76.8	32.7	108.1	142.3	34.2	50.1	77.9	27.8
广州	104.1	140.3	36.2	36.8	68.4	31.6	107.0	140.3	33.3	54.1	81.0	26.9

综上所述，围合空间中各个建筑表面间存在对太阳辐射的相互遮挡现象，无论夏季还是冬季，全天各朝向的短波辐射强度均小于开敞空间，且两种空间类型的短波辐射场强度都存在差异，且在不同城市中均呈现出冬季低夏季高的特点，其中夏季差异是冬季的 2～3 倍；对比两类热工分区的辐射场差值变化可知，在冬季，辐射场差异随纬度的变化比较明显，夏热冬暖地区围合空间短波辐射遮挡量要比寒冷地区高出 $5W/m^2$ 左右；而在夏季，在两类空间中，同一朝向短波辐射场强度的差异随纬度的变化并不明显，且均为 $35W/m^2$ 左右。

其中，无论围合空间还是开敞空间，在冬季各朝向的短波辐射强度均随纬度的降低而增加，彼此之间的差值也随纬度有较明显的增加；然而在夏季，仅北向立面的短波辐射强度随纬度的降低而逐渐增加，东、南和西向立面的短波辐射强度却随纬度的降低而降低，两类空间的差值随纬度也不再有明显变化，广州纬度最低，但却是差值最小城市。

2. 长波辐射

了解各个城市在两类建筑空间内短波辐射场强度的差异之后，则需要分析其对建筑围护结构的热作用具体而言，短波辐射作用在建筑表面后，将会直接导致建筑表面吸热，继而出现升温现象。而两类空间布局所产生的短波辐射差异则会导致建筑外墙表面温度波动的差异，因此将再影响着围合空间内各个朝向的长波辐射场强度。

接下来，将各个城市短波辐射强度的计算结果代入 Matlab 计算建筑表面温度的运算程序中，其中开敞空间仅存在天空和地面的长波辐射强度，围合空间则还要考虑周围各个建筑表面的长波辐射强度。将计算得到的长波投射辐射强度值的结果绘制成图表分析如下。

冬季 4 个城市在开敞空间与围合空间各朝向立面长波投射辐射强度差异如图 7-7 所示。按空间类型分析，4 个城市在相同时间段内的围合辐射场强度均高于开敞空间，主要原因为围合空间中各个表面温度在大部分时段均高于空气温度和地表温度，各表面除了接收空气和地面的长波辐射外，还要接收来自其他各个建筑表面的长波辐射。

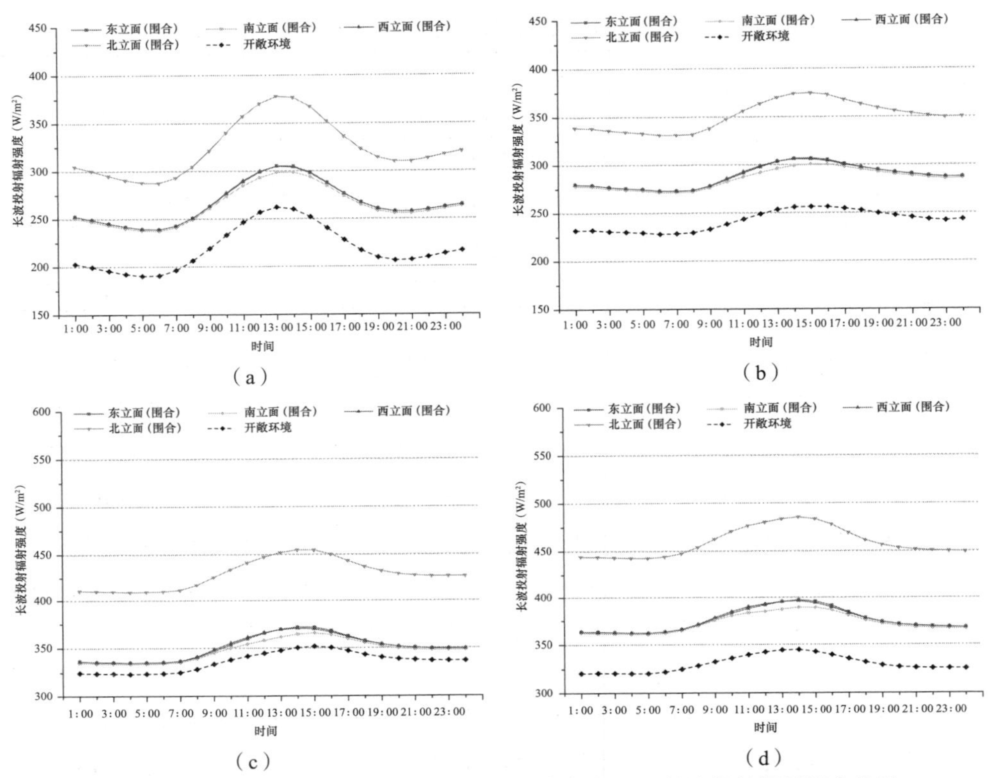

图 7-7 冬季 4 个城市开敞空间与围合空间各朝向立面长波投射辐射强度差异

（a）北京；（b）西安；（c）福州；（d）广州

按各朝向表面分析，围合空间内北向的长波辐射强度明显高于其他各个表面，东、西和南向的三个表面的长波辐射强度几乎无太大差别。主要原因在于东、西和南向的建筑立面是受太阳辐射照射的表面，根据围合空间内短波辐射强度规律，这三个表面全天接收的太阳辐射强度远高于北向，因此有很明显的升温现象，然后再以长波辐射的形式作用在北向立面，从而导致北向立面上的长波投射辐射强度最高。

按地理位置分析，由于纬度越低，太阳辐射强度越高，围合空间内各表面温度升温则越明显，从而长波辐射强度也呈现从北到南逐渐升高的趋势。

将冬季 4 个城市开敞空间和围合空间内各个朝向立面上的长波投射辐射强度的全天平均值统计后如表 7-5 所示。由于在开敞空间内，对象建筑外表面仅与天空和地面构成辐射换热系统，确定了地面和天空的辐射温度后，那么开敞环境中各个朝向建筑外表面上的投射辐射强度均相同，因此单独在表格中列出。

冬季 4 个城市各朝向立面上的长波投射辐射强度全天平均值（W/m²）　表 7-5

城市	开敞环境	东墙		南墙		西墙		北墙	
		围合	差值	围合	差值	围合	差值	围合	差值
北京	218.7	266.3	47.6	263.5	44.8	266.3	47.6	323.8	105.1
西安	241.8	288.2	46.4	285.3	43.5	288.2	46.4	350.8	109.0
福州	306.5	350.8	44.3	347.9	41.4	350.8	44.3	429.1	122.6
广州	330.2	375.5	45.3	372.6	42.4	375.5	45.3	459.3	129.1

从长波投射辐射差值上看，北墙差值是其他朝向墙面差值的 2 倍，东西朝向呈现出对称的趋势，差值相同，南向差值相对最低；从地理位置上分析，北墙随纬度变化的趋势比较明显，即夏热冬暖地区比寒冷地区的城市多出 20W/m² 左右，其他朝向的差值随纬度变化不大。

夏季 4 个城市在开敞空间与围合空间各朝向立面长波投射辐射强度差异如图 7-8 所示。与冬季规律相同的是，4 个城市在相同时间段内的围合辐射场强度均高于开敞空间，北向的长波辐射强度仍然明显高于其他各个表面，东、西和南向的三个表面的长波辐射强度几乎无太大差别，投射辐射强度随纬度的变化趋势并不明显。

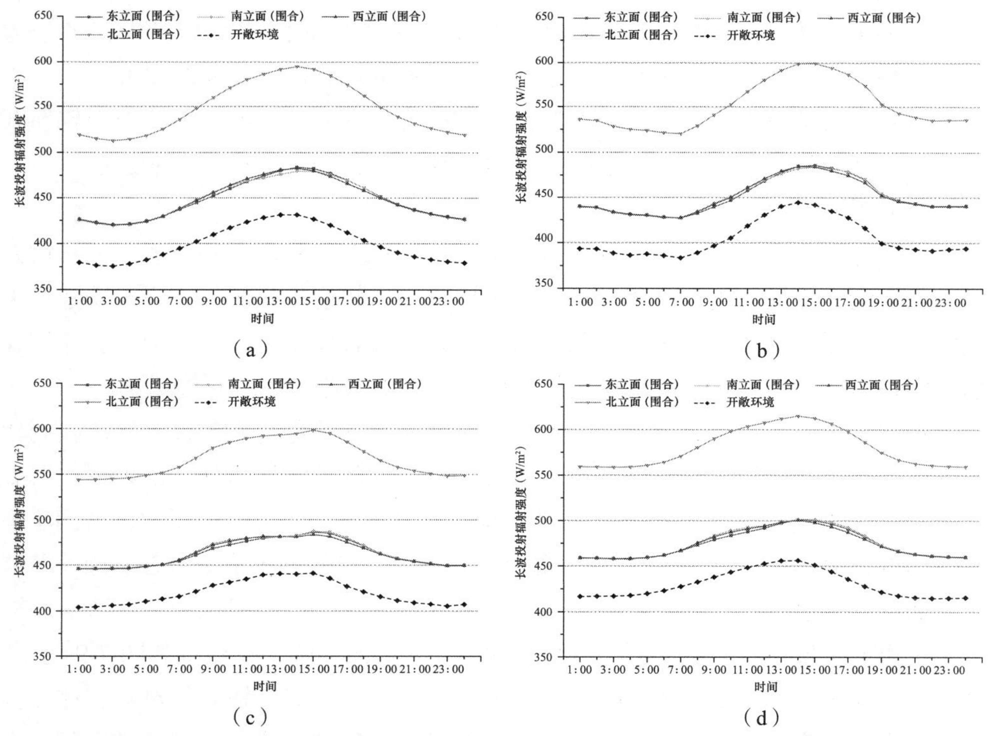

图 7-8　夏季 4 个城市开敞空间与围合空间各朝向立面长波投射辐射强度差异

（a）北京；（b）西安；（c）福州；（d）广州

将夏季4个城市开敞空间和围合空间内各个朝向立面上的长波投射辐射强度的全天平均值统计后如表7-6所示。由于夏季各表面较冬季高，因此无论围合还是开敞，夏季各朝向表面的长波辐射强度均显著高于冬季。从长波投射辐射差值上看，北墙差值仍然是所有朝向墙面最高的，东西朝向呈现出对称的趋势，差值相同，南向差值相对最低；然而，从地理位置上分析，北墙辐射差值随纬度的变化不再明显，其他朝向上的差值随纬度呈现减小的趋势，但并不明显。

夏季4个城市各朝向立面上的长波投射辐射强度全天平均值（W/m^2） 表7-6

城市	开敞环境	东墙		南墙		西墙		北墙	
		围合	差值	围合	差值	围合	差值	围合	差值
北京	399.8	448.2	48.4	447.6	47.8	448.1	48.4	548.8	149.0
西安	405.4	450.8	45.4	450.8	45.4	450.8	45.4	551.9	146.5
福州	419.9	462.9	43.0	463.6	43.7	462.8	43.0	567.3	147.4
广州	430.2	474.6	44.4	475.6	45.4	474.6	44.4	580.3	150.1

综上所述，围合空间中的长波投射辐射强度与短波辐射呈现出截然不同的规律。由于在围合空间中，相互围合的各个建筑表面均发射长波辐射，导致各朝向表面的长波投射辐射强度均高于开敞空间，且高出的差值在冬季和夏季并无显著特征。相对来说，北墙长波投射辐射强度受围合的影响最大，冬季差110～120W/m^2，夏季差150W/m^2左右，是其他朝向墙面差值的2～3倍。

另外，无论冬季还是夏季，开敞空间和围合空间内各朝向的长波投射辐射强度均随纬度的降低而升高，但彼此之间的差值随纬度的降低无明显的变化。

3. 净辐射得热

上面分别论述了短波辐射和长波辐射在不同城市、不同空间类型中的强度差异，然而无论短波辐射还是长波辐射，最终都会以辐射换热的形式来改变建筑表面的温度。因此，建筑外表面在长、短波辐射的综合作用下，以热的形式作用在建筑围护结构表面，从而形成建筑的外扰因素，影响建筑室内的热环境。

根据式（7-1），对于建筑外墙表面上的短波辐射强度I_G和长波的平均投射辐射强度，除了共同取决于空间的围合程度和各表面的反射性质外，前者还主要受太阳位置的影响，而后者则更受周围环境中各表面温度的影响。因此，得到了围合空间内长短辐射强度规律后，再通过式（7-1）可以得到各个城市在不同季节建筑立面的净辐射得热量。

冬季4个城市在开敞空间与围合空间各朝向立面净辐射得热量如图7-9所示。从空间类型上分析，4个城市围合空间内各个朝向表面的净辐射得热量整体比开敞空间多。在夜间，围合空间各朝向表面的净辐射得热量明显大于开敞空间，在白天，两类围合空间东、西和南向表面的净辐射得热量相对接近，两类曲线重合较多，仅在中午时刻开敞空间南向表面的净辐射得热量略大于围合空间，围合空间北向表面的净辐射得热量则全天明显大于开敞空间。

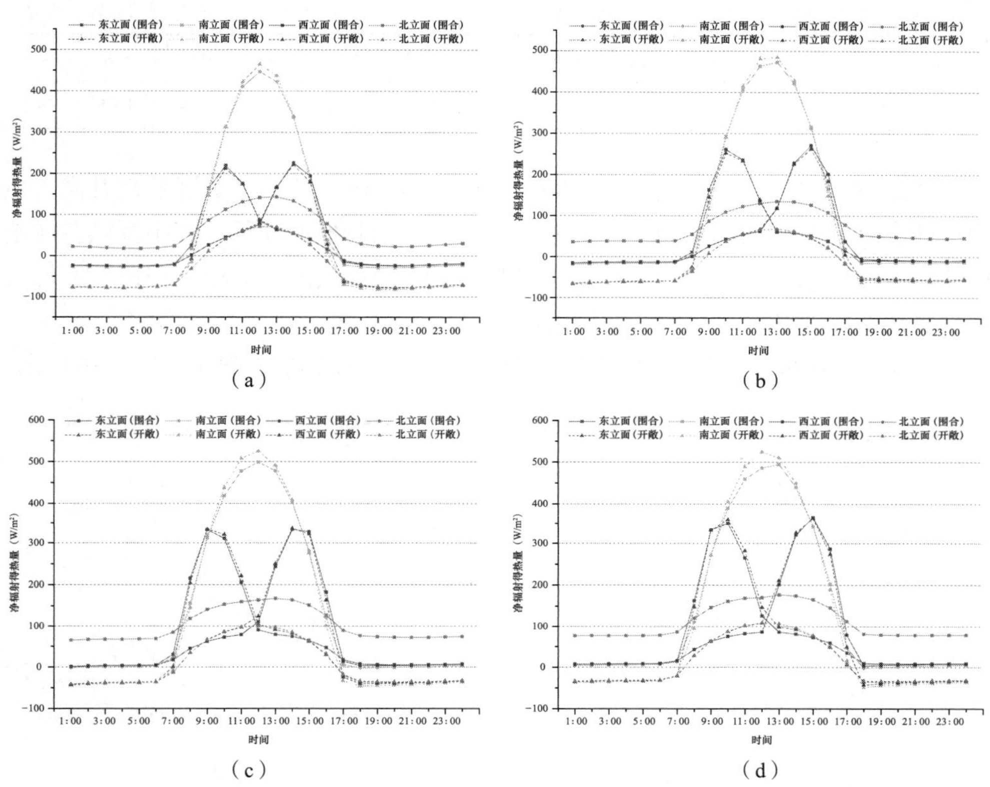

图 7-9　冬季 4 个城市开敞空间与围合空间各朝向立面净辐射得热量差异

（a）北京；（b）西安；（c）福州；（d）广州

将冬季 4 个城市开敞空间和围合空间内各朝向立面净辐射得热量的全天平均值统计后如表 7-7 所示。由表中数据可知，围合后的净辐射得热量均明显高于开敞空间，东、南和西向立面的净辐射得热量差值相对接近，而北向立面的净辐射得热量差值最高。其中，北京的开敞空间除南立面外，其他各个朝向的立面的净辐射得热量全天平均值为负值，说明开敞空间的这三个立面通过长波辐射的方式散热比较明显，白天通过短波辐射吸热并不能弥补长波辐射的散热。同理，西安的开敞空间北立面也是这一原因所致。

冬季 4 个城市各朝向立面的净辐射得热量全天平均值（W/m²）　　表 7-7

城市	东墙			南墙			西墙			北墙		
	围合	开敞	差值	围合	开敞	差值	围合	开敞	差值	围合	开敞	差值
北京	21.7	−14.8	36.5	81.5	47.8	33.7	21.7	−14.8	36.5	56.6	−33.5	90.1
西安	36.8	4.6	32.2	103.7	74.0	29.7	36.8	4.6	32.2	70.1	−20.1	90.2

续表

城市	东墙			南墙			西墙			北墙		
	围合	开敞	差值	围合	开敞	差值	围合	开敞	差值	围合	开敞	差值
福州	63.8	39.7	24.1	132.6	109.8	22.8	64.1	39.6	24.5	101.7	6.8	94.9
广州	70.9	47.5	23.4	137.9	115.7	22.2	71.3	47.4	23.9	110.3	12.1	98.2

从地理位置分析，各朝向立面的净辐射得热量随城市纬度的降低而升高，然而，两类空间东、南和西向立面的差值则随纬度的降低而降低，其中夏热冬暖地区比寒冷地区的城市低 10W/m^2 左右。北向净辐射得热量差值随纬度降低而升高，其中夏热冬暖地区比寒冷地区的城市低 5～8W/m^2。

夏季4个城市在开敞空间与围合空间各朝向立面净辐射得热量如图7-10所示。

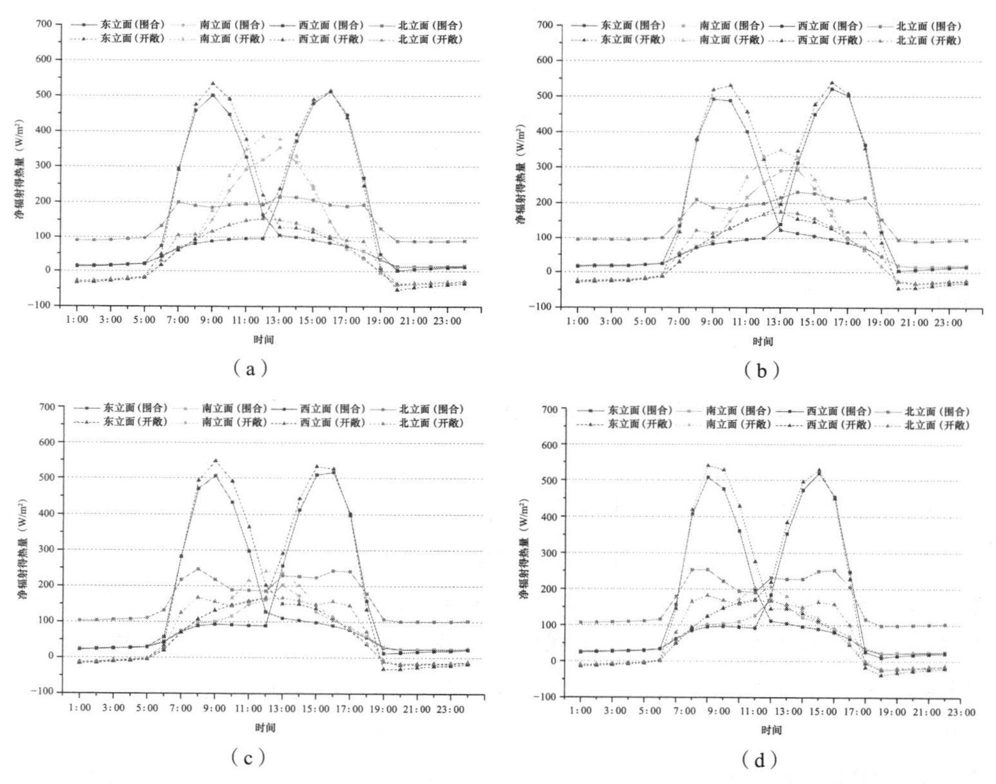

图 7-10　夏季 4 个城市开敞空间与围合空间各朝向立面净辐射得热量差异

（a）北京；（b）西安；（c）福州；（d）广州

同冬季规律相同，4 个城市围合空间内各个朝向表面的净辐射得热量整体比开敞空间多。在夜间，围合空间各朝向表面的净辐射得热量明显大于开敞空间，在白天，两类围合空间东、西和南向表面的净辐射得热量相对接近，两类曲线重合较多。围合空间北向表面的净辐射得热量全天仍明显大于开敞空间，另外由于夏季东、西墙面的太阳辐射强度变得较大，因此开敞空间东、西和南向表面的净辐射得热量均在中午时刻出现略大于围合空间的现象，其他时段则均低于围合空间。

夏季 4 个城市开敞空间和围合空间内各个朝向立面净辐射得热量的全天平均值统计后如表 7-8 所示。由表可知，围合后的净辐射得热量同冬季规律一样，均明显高于开敞空间，而且北向立面的净辐射得热量差值仍是所有朝向立面中最高的，在 94W/m^2 左右，东、南和西三个朝向立面的净辐射得热量差值相对接近。

夏季 4 个城市各朝向立面的净辐射得热量全天平均值（W/m^2）　表 7-8

城市	东墙			南墙			西墙			北墙		
	围合	开敞	差值	围合	开敞	差值	围合	开敞	差值	围合	开敞	差值
北京	123.1	112.8	10.3	105.7	93.1	12.6	125.2	112.1	13.1	146.6	50.9	95.7
西安	124.6	118.3	6.3	93.1	84.5	8.6	126.8	117.6	9.2	151.1	58.7	92.4
福州	124.7	122.1	2.6	74.3	69.4	4.9	127.1	121.6	5.5	160.9	69.3	91.6
广州	123.9	119.0	4.9	68.5	61.4	7.1	126.3	118.4	7.9	164.9	70.4	94.5

从地理位置分析，各朝向立面的净辐射得热量并不随城市纬度的降低产生变化，且同一空间类型、同一朝向立面的净辐射得热量在各个城市并无明显差别。除福州外的 3 个城市中，两类空间各个朝向的净辐射得热量差值则随纬度的降低而降低，其中夏热冬暖地区东、西和南立面的净辐射得热量均不高于 8W/m^2。

综上所述，在冬季围合空间内各朝向立面的辐射净得热量明显大于开敞空间，且东、西和南三个朝向的差值相当，均在 20～40W/m^2 之间，在夏季两类空间内三个朝向立面的辐射净得热量差别则并不明显；无论冬季还是夏季，也无论纬度高低，两类空间北向立面的辐射净得热量差值最高，且均在 94W/m^2 左右。

从不同的热工分区来看，寒冷地区的两个城市因围合所增加的辐射净得热值均相对高于夏热冬暖地区，冬季则比夏季更明显。因此寒冷地区的围合布局模式更有利于降低长波辐射散热，从冬季保温的角度讲，这一点是比较有利的。

4. 建筑能耗量

上一小节论述了室外建筑空间因围合后，各朝向立面的净辐射得热量的变化规律，且结果证明围合空间内各朝向的净辐射得热量均比开敞空间内的高。那么高出的部分作为建筑外立面吸收的辐射热流，一部分将通过墙壁向室内传导，另一部分将与室外立体产生对流而传递给室外空气。那么流入室内的热量将会直接影响建筑的能耗，在冬季这部分热流是有利的，而在夏季则会增加空调能耗。接下来将主要探讨因空间围合最终所造成的建筑能耗的变化。

冬季 4 个城市开敞空间与围合空间内为了维持供暖温度，通过各朝向墙面的单位面积耗热量如图 7-11 所示。开敞空间各朝向墙面的单位面积耗热量全天均大于围合空间耗热量。且各朝向墙面的单位面积耗热量随纬度的降低而降低，在广州围合空间内的各朝向墙面的耗热量甚至出现负值，说明这些时间段的室内表面温度是要大于室内计算温度的，实际情况则无需供暖。

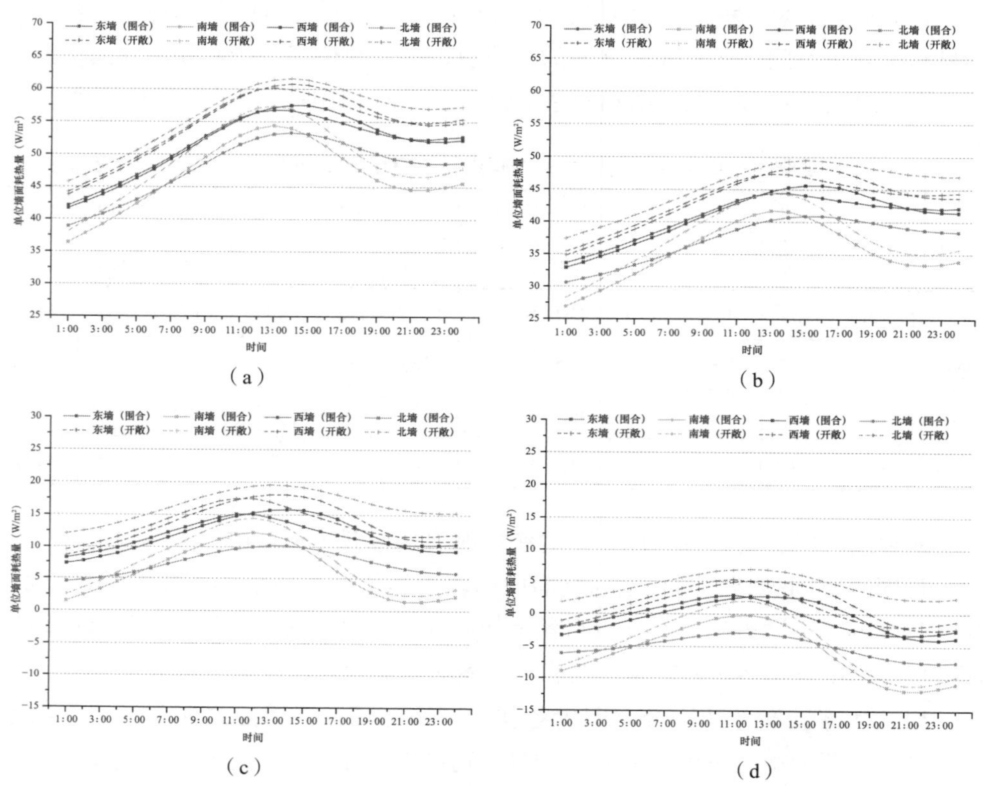

图 7-11　冬季 4 个城市开敞空间与围合空间各朝向墙面单位面积耗热量

（a）北京；（b）西安；（c）福州；（d）广州

冬季 4 个城市开敞空间和围合空间内各朝向墙面的单位面积耗热量的全天平均值统计后如表 7-9 所示。由表可知，围合后各朝向墙面的单位面积耗热量在全天平均值均低于开敞空间，北立面的耗热量差值是所有朝向立面中最高的，在 9W/m^2 左右，东、南和西三个朝向立面的耗热量差值相对接近，在 2～3W/m^2 之间。

冬季 4 个城市各朝向墙面的单位面积耗热量全天平均值（W/m^2）　表 7-9

城市	东墙			南墙			西墙			北墙		
	围合	开敞	差值	围合	开敞	差值	围合	开敞	差值	围合	开敞	差值
北京	51.7	54.5	−2.8	46.8	49.2	−2.4	51.7	54.5	−2.8	48.1	56.1	−8.0
西安	40.9	43.4	−2.5	35.5	37.6	−2.1	40.9	43.5	−2.6	37.3	45.5	−8.2

续表

城市	东墙			南墙			西墙			北墙		
	围合	开敞	差值	围合	开敞	差值	围合	开敞	差值	围合	开敞	差值
福州	11.8	13.6	−1.8	6.2	7.7	−1.5	11.9	13.8	−1.9	7.5	16.5	−9.0
广州	−0.5	1.3	−1.8	−5.9	−4.4	−1.5	−0.4	1.4	−1.8	−5.1	4.3	−9.4

从地理位置分析，北朝向墙面的单位面积耗热量随城市纬度的降低而升高，东、南和西三个朝向立面的耗热量，则随城市纬度的降低而降低。

夏季 4 个城市开敞空间与围合空间内为了维持制冷温度，通过各朝向墙面的单位面积能耗量如图 7-12 所示。开敞空间各朝向墙面的单位面积能耗量全天均小于围合空间能耗量。且各朝向墙面的单位面积能耗量随纬度的降低而小幅度提升，所有朝向的立面中，北向受围合的影响最大，开敞空间中是所有立面能耗量最低的，而在围合空间中，北立面却是所有立面能耗量最高的。

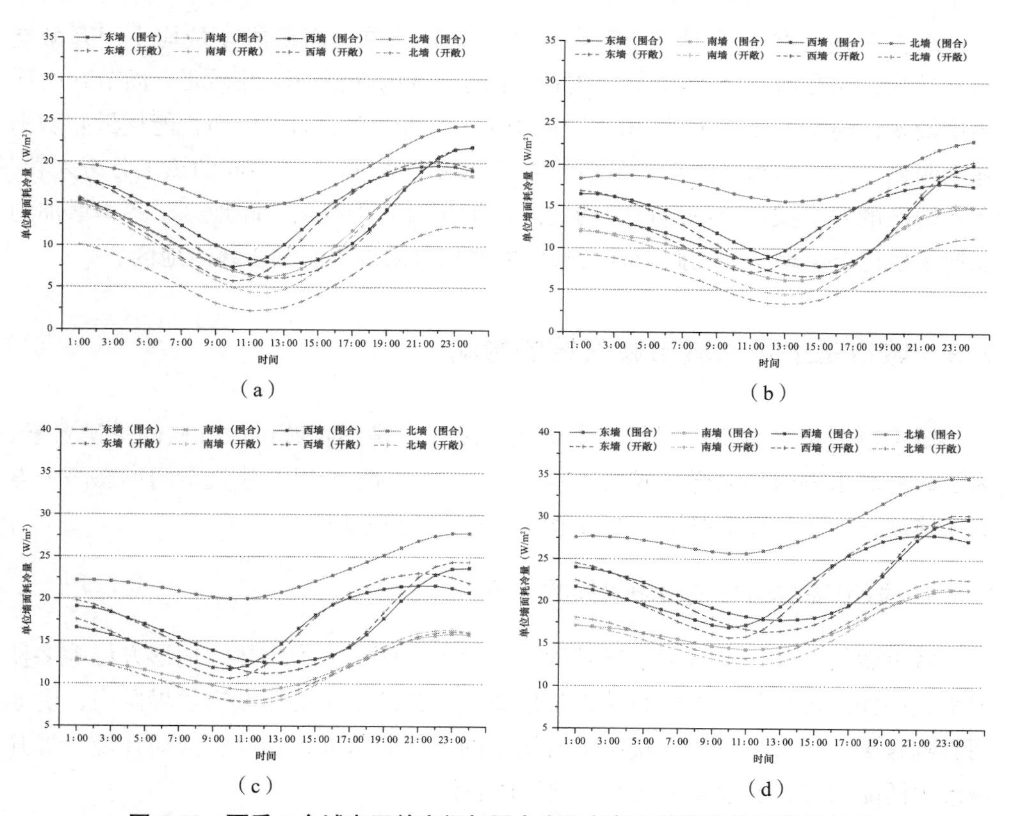

图 7-12　夏季 4 个城市开敞空间与围合空间各朝向墙面单位面积能耗量

(a) 北京；(b) 西安；(c) 福州；(d) 广州

夏季 4 个城市开敞空间和围合空间内各朝向墙面的单位面积能耗量的全天平均值统计后如表 7-10 所示。由表可知，围合后各朝向墙面的单位面积能耗量在全天平均值基本略高于开敞空间，北立面的能耗量差值是所有朝向立面中最多的，在 11W/m² 左右，东、南和西三个朝向立面的能耗量差值相对接近，不超过 1W/m²。

夏季 4 个城市各朝向墙面的单位面积能耗量全天平均值（W/m²） 表 7-10

城市	东墙			南墙			西墙			北墙		
	围合	开敞	差值	围合	开敞	差值	围合	开敞	差值	围合	开敞	差值
北京	13.8	13.2	0.6	12.0	11.1	0.9	13.5	12.7	0.8	18.5	6.9	11.6
西安	13.2	13.0	0.2	10.2	9.5	0.7	13.0	12.5	0.5	18.3	7.0	11.3
福州	16.9	17.0	−0.1	12.0	11.6	0.4	16.7	16.5	0.2	22.9	11.6	11.3
广州	22.2	22.1	0.1	17.0	16.3	0.7	22.1	21.7	0.4	28.9	17.2	11.7

从地理位置分析，各个朝向立面的能耗量随城市纬度的降低而无明显的变化。

综上所述，在冬季围合空间内各朝向立面的单位面积能耗量均小于开敞空间，且东、西和南三个朝向节约的能耗量随纬度的降低而降低，北立面节约的耗热量最多，约 9W/m²；在夏季两类空间内三个朝向立面的单位面积能耗量差别则并不明显，北立面却是能耗量最多的立面，约 11W/m²。从不同的热工分区来看，寒冷地区的两个城市因围合所节约的能耗量相对高于夏热冬暖地区，冬季增加的能耗量也比夏季略高，因此围合式布局模式相对来说更有利于寒冷地区。

7.3 城市辐射场对城市微气候的影响

城市辐射场是城市微气候的主要热源之一，是影响城市微气候的关键要素。为了研究城市辐射场对微气候的影响，从下垫面的改变以及建筑空间形态两个方面，体现三维非对称辐射场对城市微气候的综合热效应。

7.3.1 城市辐射场与城市微气候的关系

城市微气候是在区域大气候基础上，由下垫面、人为排热、地形方位等多种因素共同作用形成的局部的特殊性气候类型。其范围主要在城市边界层内，受地面影响显著。城市微气候直接决定着城市的微气候状况，在改善人居环境、提升城市生活品质等方面起着重要而关键的核心作用。

太阳辐射是地球最主要的热源，是气候形成的最主要因素，在城市气候中同样如此。气象参数可分为两类：太阳辐射和气温、相对湿度等。下垫面是城市气候形成的关键人为要素，也是太阳辐射作用于城市的重要载体。不同的下垫面对辐射具有不同的反射、吸收特性，对微气候产生重要的影响。此外，下垫面其他因素例如导热能力和蓄热能力等也会改变城市辐射场，主要是改变空间中长波辐射的分布。下垫面作为城市中最重要的部分受到建筑物遮挡，影响到下垫面长短波辐射的传播，这是目前城市建筑群中影响城市下垫面辐射场的一个关键内容。城市中的下垫面和建筑物是城市辐射场与室外热环境联系的桥梁。导热、对流与辐射是热传递的三种方式，辐射传热在空间中传播可以不依靠介质，当遇到障碍物时就会在建筑表面发生吸收、投射和反射，被反射的部分继续在空间中传播。其中短波辐射被下垫面和建筑表面吸收使其表面升温，这些表面与空气之间进行换热进而影响下垫面附近的微气候。

随着城市化进程的加快，城市中的高密度与高容积率使得建筑间距越来越小，建筑的围合空间越来越大，从而影响着辐射在城市空间中的分布。下垫面、建筑布局已成为影响城市中辐射场的关键要素，它们是影响城市微气候的重要因素。城市微气候在城市辐射场的综合作用下使得下垫面和建筑围护结构周围热环境发生改变。其主要是先作用于下垫面和围护结构外表面使其表面升温，然后通过与周围空气发生对流等热交换过程，使周围空气温湿度发生改变影响室外热环境。因此，下垫面对城市微气候的作用是一个间接的过程，这就需要认真研究这些间接过程对城市微气候的影响。

7.3.2　下垫面热物性对城市微气候的影响

前文中的研究表明，材料的不同会导致下垫面辐射场产生显著不同。对于下垫面辐射热作用，材料的热物性参数会对下垫面辐射热作用产生重要影响，进而对近地表微气候产生差异性影响。为分析热物性参数差异性地对微气候的影响规律，采用动态模拟方法来进行研究。使用ENVI-met软件，主要采用控制变量法模拟上述4种下垫面的反射率、长波发射率、体积比热容和导热系数这4类热物性参数对微气候的影响规律。通过变化不同下垫面的热物性参数进行模拟以获得环境参数，然后计算不同热物性参数下的下垫面的辐射热指标，通过建立热物性参数、评价指标、微气候参数三者间的关联来分析下垫面辐射场对微气候的影响规律。在模拟之前采用测试数据对模拟软件进行了模拟结果有效性验证，ENVI-met模拟结果较为有效。模拟地点为西安市，模拟时间设置为7月16日，与现场测试日期相同。

模拟输出结果包括下垫面地表温度（℃）、下垫面上方空气温度（℃）、下垫面上方空气相对湿度、下垫面反射的短波辐射强度（W/m^2）、下垫面接收到的大气逆辐射强度（W/m^2）、下垫面向上的长波辐射强度（W/m^2）。表7-11为4种不同下垫面热物性参数设置，表中除了分析的4项参数，还列出了各材料的密度，以体现其差异。

下垫面材料热物性参数　　表 7-11

热物性参数下垫面类型	密度（kg/m³）	比热容［J/（kg·℃）］	导热系数［W/（m·K）］	短波反射率	长波发射率
草地	1600	1010	0.76	—	—
混凝土	2500	920	1.74	0.26	0.85
铺面砖	1800	800	1.85	0.2	0.90
沥青	2100	1680	1.85	0.1	0.95

1）短波反射率

在模拟下垫面不同反射率的过程中主要针对混凝土、铺面砖、沥青 3 种下垫面进行模拟，下垫面材料反射率分别设置为 0.2、0.4、0.6、0.8、1.0，其他参数设置如表 7-11 所示。通过模拟并计算不同反射率的下垫面的辐射热指标如表 7-12 所示。

不同反射率下垫面的辐射热指标　　表 7-12

下垫面反射率		0.2	0.4	0.6	0.8	1.0
下垫面辐射热指标（W/℃）	混凝土	54.56	46.08	41.04	28.76	23.56
	铺面砖	11.97	18.96	53.68	28.89	22.54
	沥青	92.59	41.08	26.32	21.73	19.39

从表 7-12 可以看出，不同反射率对不同下垫面的作用不同，随着下垫面反射率的增加，混凝土下垫面的辐射热指标呈现减小的趋势，混凝土下垫面的反射率为 0.2 时，下垫面的辐射热指标最大，为 54.56W/℃；随着下垫面反射率的增大，铺面砖下垫面辐射热指标呈现先增大后减小的趋势，铺面砖下垫面反射率为 0.6 时，下垫面辐射热指标最大，为 53.68W/℃；随着下垫面反射率的增大，沥青下垫面辐射热指标呈现减小的趋势，沥青下垫面反射率为 0.2 时，下垫面辐射热指标最大，为 92.59W/℃。

图 7-13 为不同下垫面多种反射率情况下逐时下垫面辐射热指标变化趋势图，从图 7-13 中可以看出，白天下垫面辐射热指标变化趋势大，晚上趋势平缓，这主要是由白天太阳短波辐射变化所引起。在 3 种下垫面中，随着下垫面反射率的增加，混凝土和沥青下垫面逐时辐射热指标具有一致的变化趋势，其反射率越小，辐射热指标越大。

不同反射率会引起下垫面的辐射热指标发生变化，进而影响下垫面上方的空气温度、湿度的变化。图 7-14 为不同反射率下，下垫面上方空气温度、湿度逐时变化的趋势图，从图 7-14 中可以看出，下垫面的空气温度呈现先增加后减小的趋势，而空气湿度则呈现相反的趋势。随着反射率的增大，下垫面的空气温度增加，空气相对湿度减小。

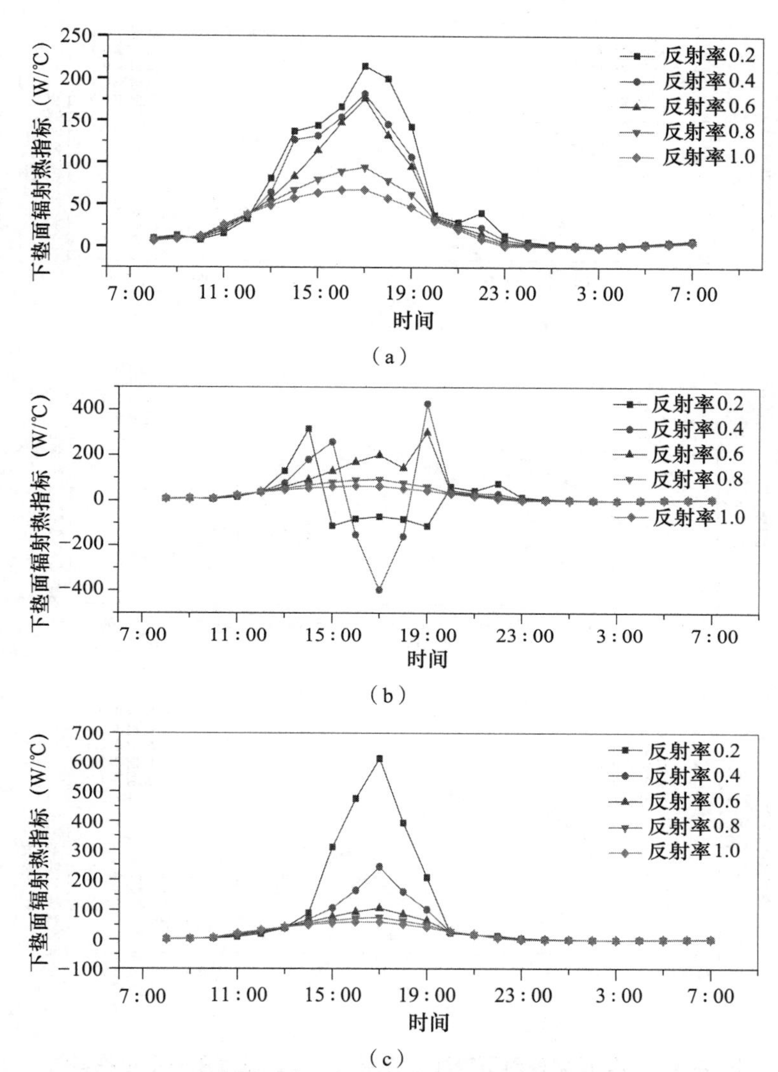

图 7-13 不同下垫面多种反射率时下垫面辐射热指标变化趋势图

（a）混凝土下垫面；（b）铺面砖下垫面；（c）沥青下垫面

2）长波发射率

在模拟下垫面不同发射率的过程中主要针对混凝土、铺面砖、沥青 3 种下垫面进行模拟，下垫面材料发射率分别设置为 0.2、0.4、0.6、0.8、1.0，其他参数设置如表 7-12 所示。通过模拟并计算不同发射率，可得到下垫面的辐射热指标如表 7-13 所示。

从表 7-13 中可以看出，不同发射率的下垫面的辐射热指标不同。当下垫面材料发射率为 0.6 时，混凝土和沥青下垫面的辐射热指标最大，分别为 −7.33W/℃和 −3.81W/℃；下垫面发射率为 0.8 时，铺面砖下垫面的辐射热作用强度最大，为 −6.36W/℃。

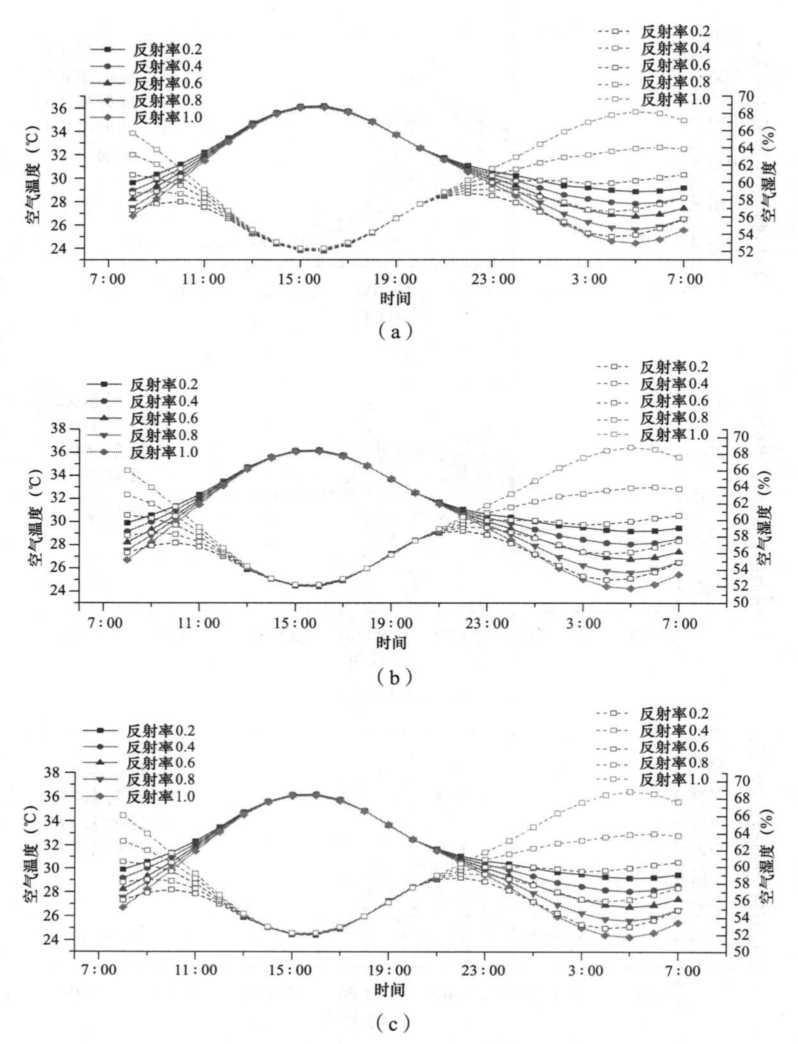

图 7-14 不同反射率时下垫面上方空气温度、湿度逐时变化趋势图

（a）混凝土下垫面；（b）铺面砖下垫面；（c）沥青下垫面

不同下垫面发射率的辐射热指标 **表 7-13**

下垫面发射率		0.2	0.4	0.6	0.8	1.0
下垫面辐射热指标（W/℃）	混凝土	−28.29	−45.69	−7.33	−12.50	−36.89
	铺面砖	−27.75	−40.47	−33.54	−6.36	−16.04
	沥青	−36.15	−18.17	−3.81	−12.16	−15.28

图 7-15 和图 7-16 分别为不同发射率下不同下垫面的逐时辐射热指标、空气温度、湿度的变化趋势图，从图中可以看出不同发射率下不同下垫面的辐射热指标不同，白天辐射热指标变化趋势大于夜间辐射热指标的变化趋势，同一种下垫面其下垫面发射率不同，辐射热指标不同。从图 7-16 可以看出，不同发射率下不

同下垫面上方的空气温度、湿度不同，下午 15：00 左右下垫面的空气温度达到最大值、空气湿度达到最小值。3 种下垫面中，下垫面发射率为 0.2 时，下垫面空气温度最高，空气湿度最小；下垫面发射率为 1.0 时，空气温度最小，空气相对湿度最大。

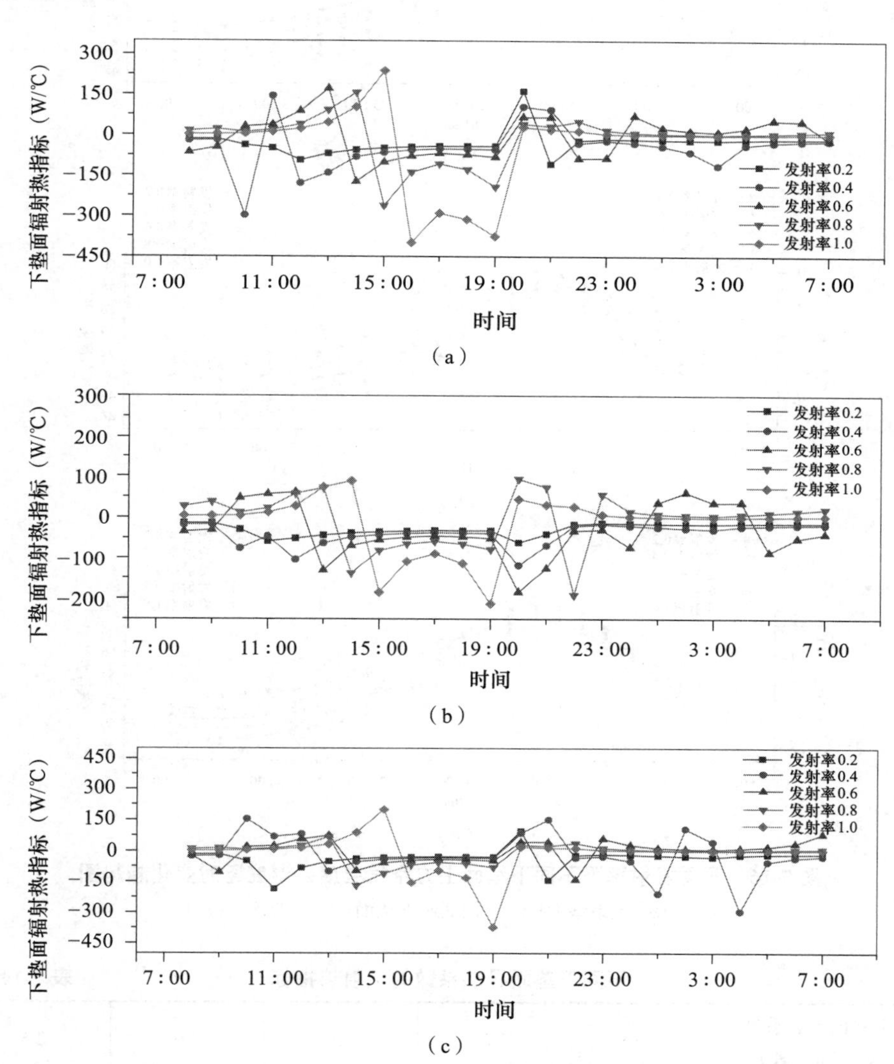

图 7-15 不同发射率下不同下垫面逐时辐射热指标变化趋势图

（a）混凝土下垫面；（b）铺面砖下垫面；（c）沥青下垫面

3）导热系数

在模拟下垫面不同导热系数的过程中主要针对草地、混凝土、铺面砖、沥青 4 种下垫面进行模拟，下垫面材料导热系数设置为 0.5、1.0、1.5、2.0、2.5，其他参数设置如表 7-11 所示。通过模拟并计算不同反射率的下垫面的辐射热指标如表 7-14 所示。

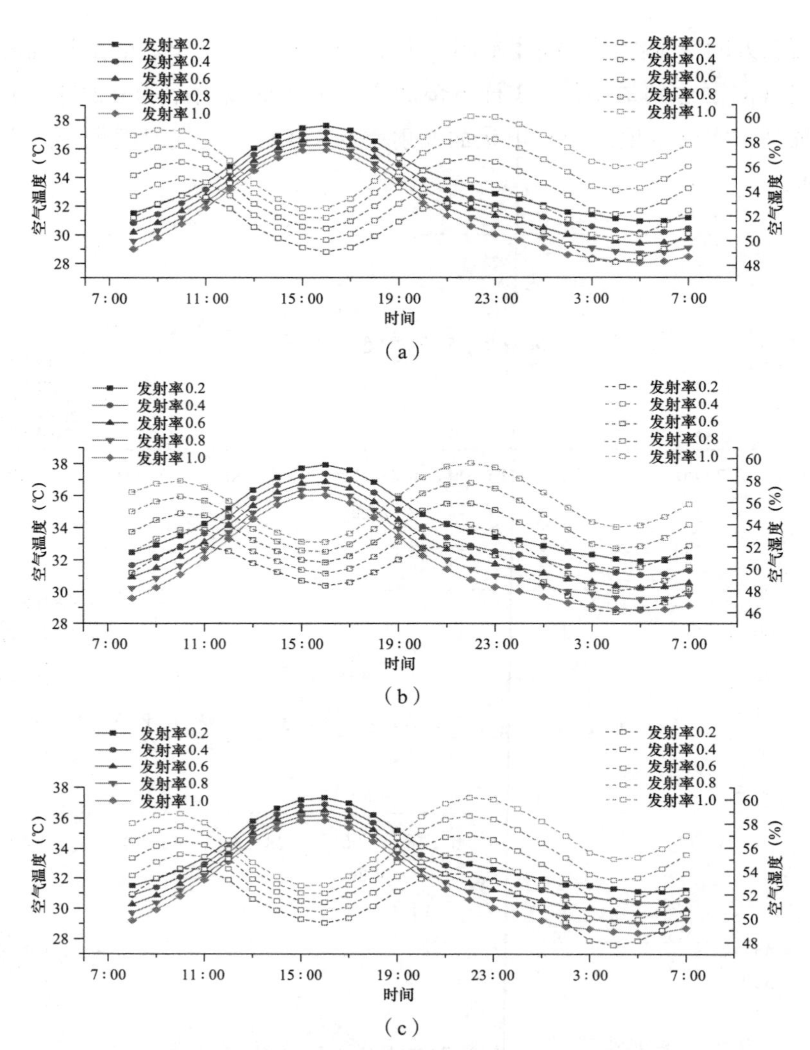

(a)

(b)

(c)

图 7-16　不同发射率下不同下垫面上方空气温度、湿度逐时变化趋势图

(a) 混凝土下垫面；(b) 铺面砖下垫面；(c) 沥青下垫面

不同下垫面导热系数的辐射热指标　　表 7-14

下垫面导热系数 [W/(m·K)]		0.5	1.0	1.5	2.0	2.5
下垫面辐射热指标（W/℃）	草地	−54.72	−67.11	−89.59	92.85	46.44
	混凝土	−18.03	28.14	−16.23	−31.48	−49.96
	铺面砖	19.29	−3.35	−8.70	−12.04	−14.77
	沥青	0.37	−135.17	−9.43	−43.74	−1.94

表 7-14 为不同下垫面导热系数辐射热指标的变化趋势，从表中可以看出，随着下垫面导热系数的增加，下垫面的辐射热指标呈现不同的变化趋势。在 4

种下垫面中，导热系数对沥青、草地的影响最大，其次是混凝土、铺面砖。在4种下垫面中，当下垫面导热系数为1.0时，沥青下垫面的辐射热指标最小，为−135.17W/℃；混凝土下垫面的辐射作用强度最大，为28.14W/℃。当下垫面的导热系数为2.0时，草地下垫面的辐射热指标最大，为92.85W/℃；当下垫面的导热系数为2.5时，混凝土下垫面的辐射热指标最小，为−49.96W/℃。

图7-17和图7-18分别为不同导热系数下，不同下垫面的逐时辐射热指标、空气温度、湿度的变化趋势，从图中可以看出不同导热系数下不同下垫面的辐射热指标不同。具体而言，白天辐射热指标变化趋势大于夜间辐射热指标的变化趋势，同一种下垫面，其导热系数不同，辐射热指标不同。可以看出，不同导热系数下不同下垫面上方的空气温度、湿度不同，下午15：00左右下垫面的空气温度达到最大值、空气湿度达到最小值。当下垫面导热系数增大时，白天空气温度变化差异小，夜间空气温度变化差异大。当导热系数为0.5时，下垫面空气温度最大，空气湿度最小；导热系数为2.5时，下垫面空气温度最小，空气湿度最大。

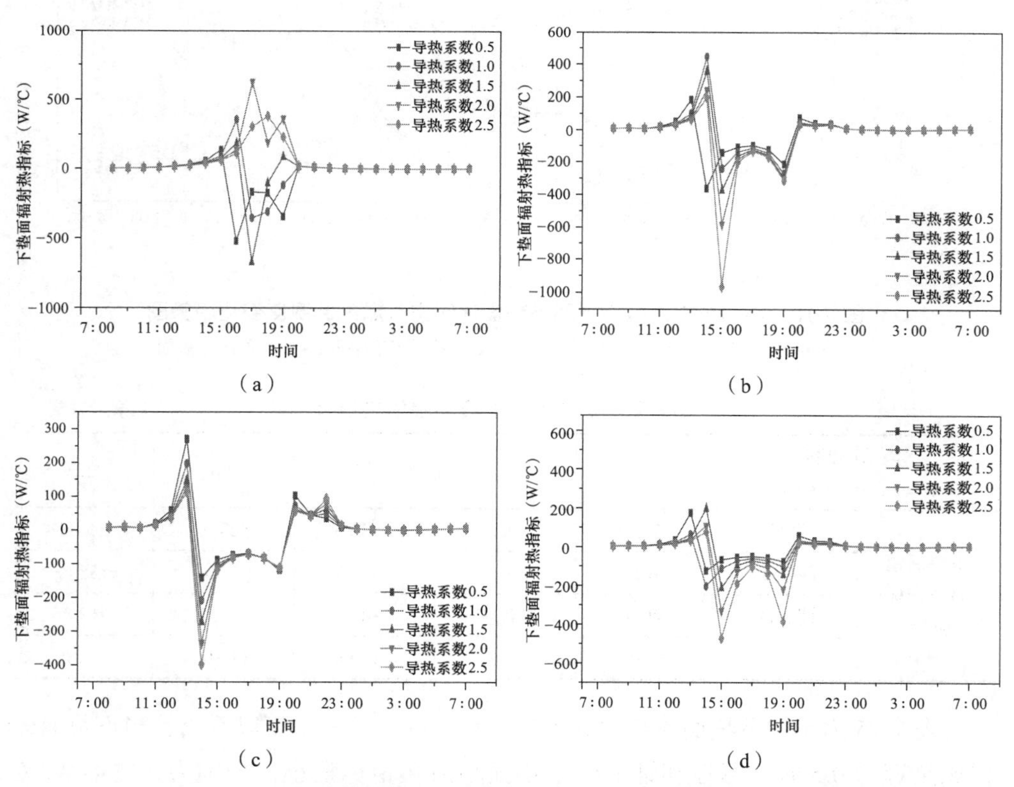

图7-17　不同导热系数下不同下垫面逐时辐射热指标变化趋势图

（a）草地下垫面；（b）混凝土下垫面；（c）铺面砖下垫面；（d）沥青下垫面

4）体积热容

在模拟下垫面不同体积比热容的过程中主要针对草地、混凝土、铺面砖、沥青 4 种下垫面进行模拟，下垫面材料体积比热容为 0.5、1.0、1.5、2.0、2.5，其他参数设置如表 7-11 所示。通过模拟并计算不同体积比热容下的下垫面辐射热指标如表 7-15 所示。

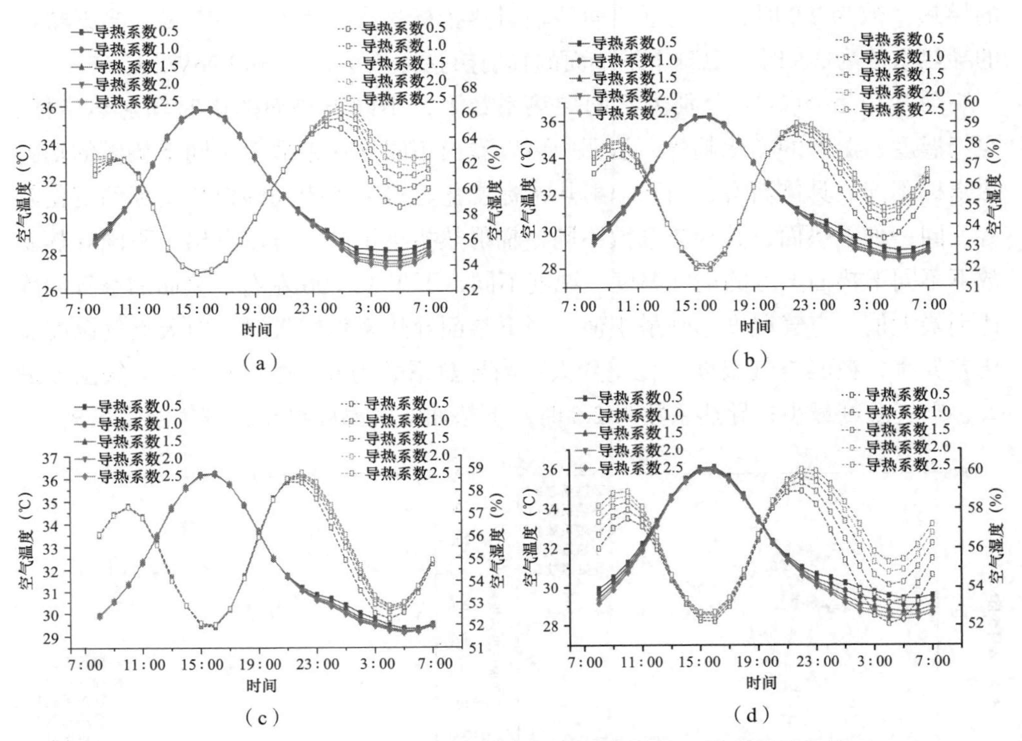

图 7-18　不同导热系数下不同下垫面逐时空气温度、湿度变化趋势图

（a）草地下垫面；（b）混凝土下垫面；（c）铺面砖下垫面；（d）沥青下垫面

不同下垫面体积比热容的辐射热指标　　**表 7-15**

体积比热容 [J/（m^3·K）×10^6]		0.5	1.0	1.5	2.0	2.5
下垫面辐射热指标（W/℃）	草地	−57.41	−8.13	−13.23	−28.03	15.08
	混凝土	36.11	20.84	−32.67	4.56	−38.68
	铺面砖	−49.92	17.93	−14.92	24.67	−19.86
	沥青	−6.91	1.33	−13.96	−15.00	−3.65

表 7-15 为不同下垫面体积比热容辐射热指标，从表中可以看出，当下垫面体积比热容为 0.5 时，草地和铺面砖下垫面辐射热指标最小，分别为 −57.41W/℃和 −49.92W/℃；当下垫面体积比热容为 2.5 时，混凝土下垫面辐射热指标最小，为 −38.68W/℃。

图 7-19 为不同下垫面体积比热容逐时辐射热指标变化趋势图，图 7-20 为不同下垫面体积比热容空气温度、空气湿度变化趋势图。从图中可以看出不同体积

比热容下不同下垫面的辐射热指标不同，且所对应的空气温度、空气湿度也不同。白天下垫面的辐射热指标、空气温度、湿度变化趋势大，夜晚变化趋势平缓。15:00左右，4种下垫面的空气温度达到最大值，空气湿度达到最小值，而不同下垫面辐射热指标达到峰值的时间不同。当下垫面体积比热容增大时，白天空气温度变化差异小，夜间空气温度变化差异大。当体积比热容为0.5时，下垫面空气温度最大，空气湿度最小；体积比热容为2.5时，下垫面空气温度最小，空气湿度最大。

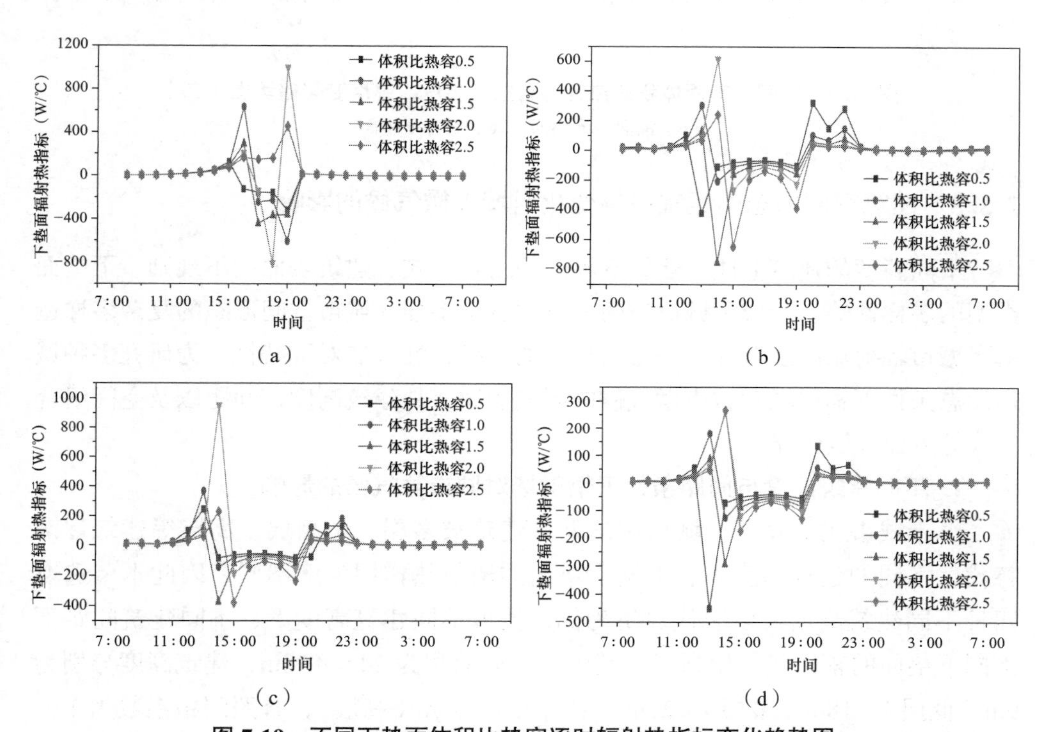

图 7-19　不同下垫面体积比热容逐时辐射热指标变化趋势图

（a）草地下垫面；（b）混凝土下垫面；（c）铺面砖下垫面；（d）沥青下垫面

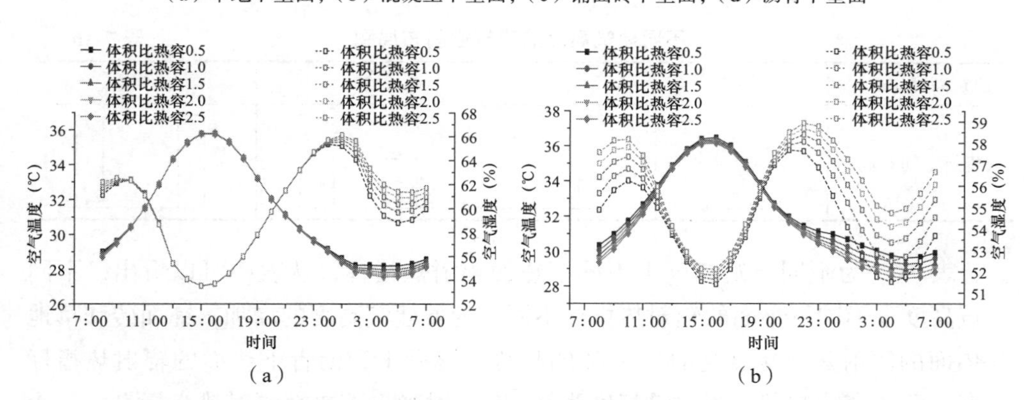

图 7-20　不同下垫面体积比热容逐时空气温度、湿度变化趋势图（一）

（a）草地下垫面；（b）混凝土下垫面

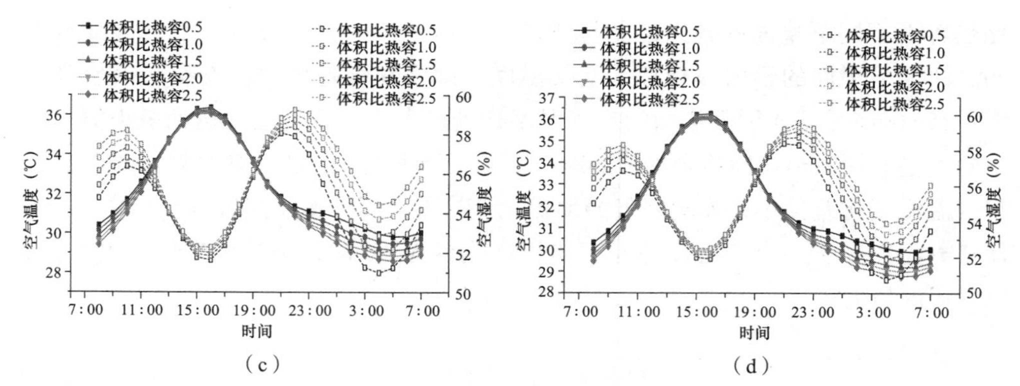

（c）　　　　　　　　　　　（d）

图 7-20　不同下垫面体积比热容逐时空气温度、湿度变化趋势图（二）

（c）铺面砖下垫面；（d）沥青下垫面

7.3.3　建筑空间形态引起辐射场变化对城市微气候的影响

不同高度的建筑群体、建筑群不同的组合方式、建筑表面的不规则、下垫面类型的多样性等，造成了城市空间形态的复杂多样。城市空间形态的复杂多样造就了城市辐射场的复杂性，呈现为典型的三维特性、非对称特性。为研究多种城市形态条件下辐射场对城市微气候的影响规律，从建筑高度、间距以及空间组合方式等方面开展研究。

1. 不同建筑高度与间距条件下辐射场对城市微气候的影响

由于城市化的发展，城市中的低层建筑被多层、中高层、高层等建筑逐渐替代，不同的建筑高度下、不同下垫面的辐射热作用强度不同，因此本节选取四种不同建筑高度，以居住建筑为例，模拟不同建筑高度下、不同建筑间距下不同下垫面的辐射热作用强度。其中建筑底面积为 24m×18m，建筑高度分别为 9m（低层）、18m（多层）、27m（中高层）、54m（高层），日照间距系数为 1.0。表 7-16 为不同建筑高度的建筑空间布局图。

不同建筑高度的建筑空间布局图　　表 7-16

建筑高度（m）	9	18	27	54
建筑空间布局				

表 7-17 为不同建筑高度下不同下垫面辐射热指标，从表中可以看出，不同建筑高度下不同下垫面的辐射热指标不同。随着建筑高度的增加，铺面砖和草地下垫面的辐射热指标变化具有一致的趋势，混凝土和沥青下垫面的辐射热指标具有一致的变化趋势。当建筑高度为 9m 时，混凝土下垫面辐射热指标最大，为 50.49W/℃；当建筑高度为 18m 时，沥青下垫面辐射热指标最小，为 −38.71W/℃；

铺面砖下垫面辐射热指标最大，为 57.52W/℃。当建筑高度为 54m 时，混凝土和铺面砖下垫面的辐射热指标最小，分别为 16.06W/℃和 −2.20W/℃。

不同建筑高度下不同下垫面的辐射热指标　　表 7-17

建筑高度（m）		9	18	27	54
下垫面辐射热指标（W/℃）	草地	6.02	18.53	16.14	24.28
	混凝土	50.49	16.96	16.34	16.06
	铺面砖	37.24	57.52	−0.95	−2.20
	沥青	−0.34	−38.71	26.25	18.27

图 7-21 为不同建筑高度下不同下垫面逐时辐射热指标变化趋势图，图 7-22 为不同建筑高度下不同下垫面上方的空气温度、空气湿度变化趋势图。从图中可以看出不同建筑高度下不同下垫面的辐射热指标不同，且所对应的空气温度、空气湿度也不同。白天下垫面的辐射热指标、空气温度、湿度变化趋势大，夜晚变化趋势平缓。15 : 00 左右，4 种下垫面的空气温度达到最大值，空气湿度达到最小值。而不同下垫面辐射热指标达到峰值的时间不同，草地下垫面的辐射热指标在 18 : 00 左右达到峰值状态，混凝土下垫面的辐射热指标在 19 : 00 左右达到峰值，铺面砖下垫面则在 15 : 00 左右达到峰值，沥青下垫面在 17 : 00 左右达到峰值。

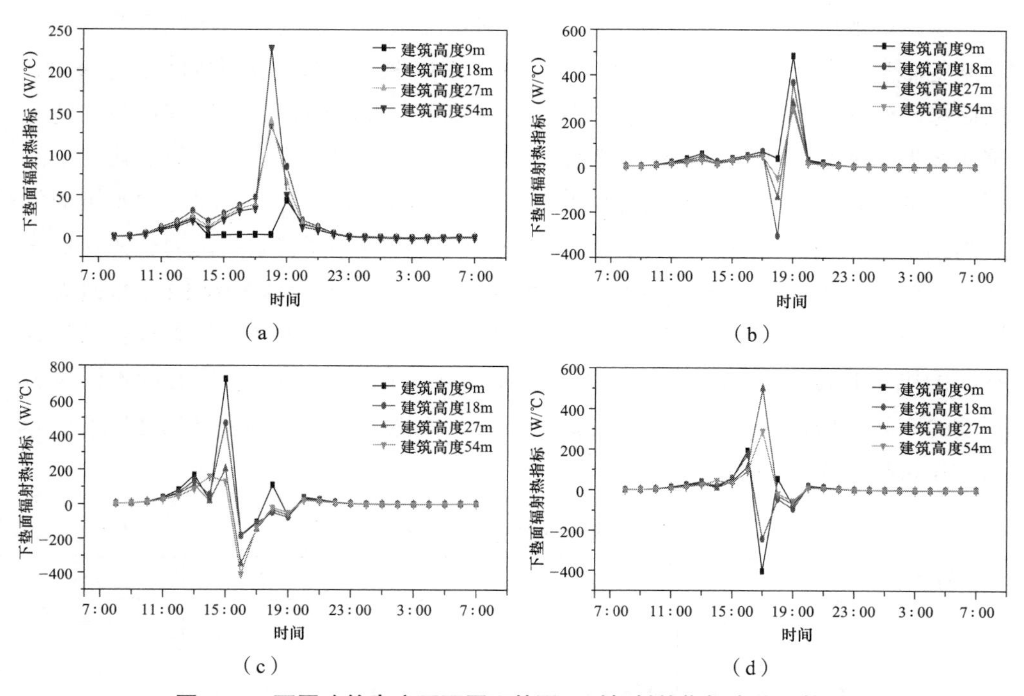

图 7-21　不同建筑高度下不同下垫面逐时辐射热指标变化趋势图

（a）草地下垫面；（b）混凝土下垫面；（c）铺面砖下垫面；（d）沥青下垫面

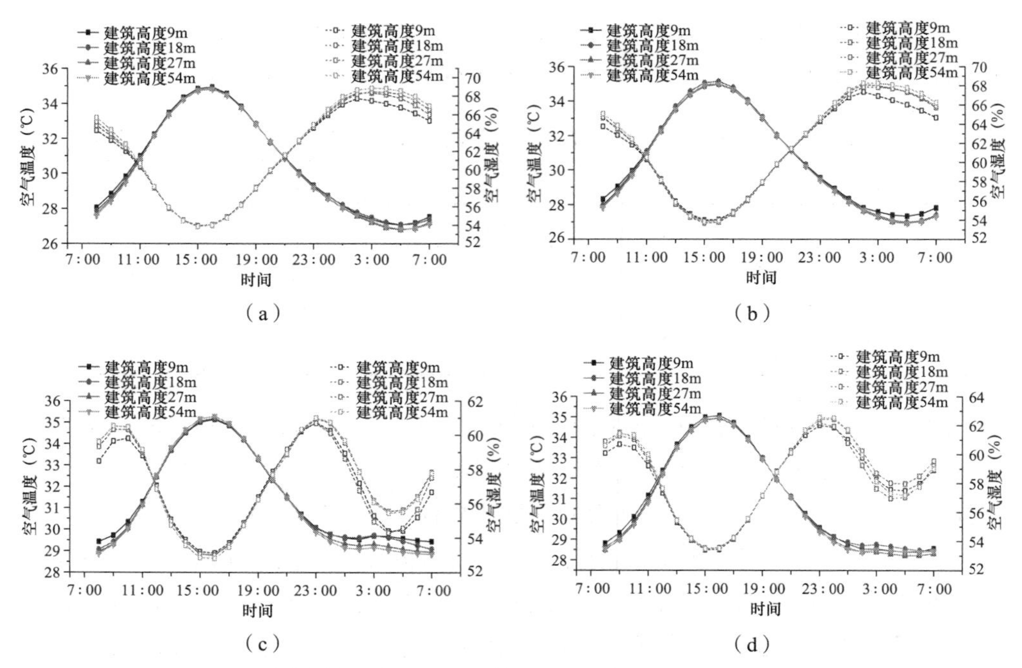

图 7-22 不同建筑高度下不同下垫面逐时空气温度、湿度变化趋势图

（a）草地下垫面；（b）混凝土下垫面；（c）铺面砖下垫面；（d）沥青下垫面

2. 不同建筑围合形式下辐射场对城市微气候的影响

建筑群的围合度是影响城市下垫面辐射场的重要因素之一，不同围合度产生不同的辐射遮挡、反射效应，会对下垫面辐射的吸收、反射和发射均产生影响，进而影响辐射场对近地面微气候的热效应。建筑空间的围合度一般都用来描述建筑实体形态的封闭程度，不同学者提出了不同围合度的计算方法，对于建筑空间围合度的考量有水平方向的也有高度方向，这里的空间围合度主要考虑水平面的空间围合度，用街区建筑外立面周长总和与街区建筑界面控制线总周长的比值来表述。围合系数越大，其空间的围合程度越高。由于建筑围护结构表面白天吸收、反射太阳短波辐射，夜间会释放大量的辐射热，城市下垫面辐射场会被建筑空间的围合程度所影响。因此本节利用模拟软件 ENVI-met，模拟五种不同围合程度的空间对城市下垫面辐射场的影响。表 7-18 为不同空间围合度的建筑空间布局。建筑高度为 15m。

不同围合度的建筑空间布局 **表 7-18**

空间围合度	1	0.75	0.5	0.25	0
建筑空间布局					

根据不同围合空间中下垫面上方热环境的模拟结果，表 7-19 为不同建筑空间围合度情况下 4 种下垫面辐射热指标的逐时平均值，图 7-23 为不同建筑空间围合度下不同下垫面辐射热指标变化趋势图。

不同建筑空间围合度下不同下垫面辐射热指标　　表 7-19

空间围合度		1	0.75	0.5	0.25	0
下垫面辐射热指标（W/℃）	草地	16.20	28.70	15.51	21.92	35.06
	混凝土	9.03	−20.78	−0.40	47.30	56.57
	铺面砖	2.22	−4.44	1.09	48.37	−22.29
	沥青	−64.68	39.91	134.07	25.76	46.26

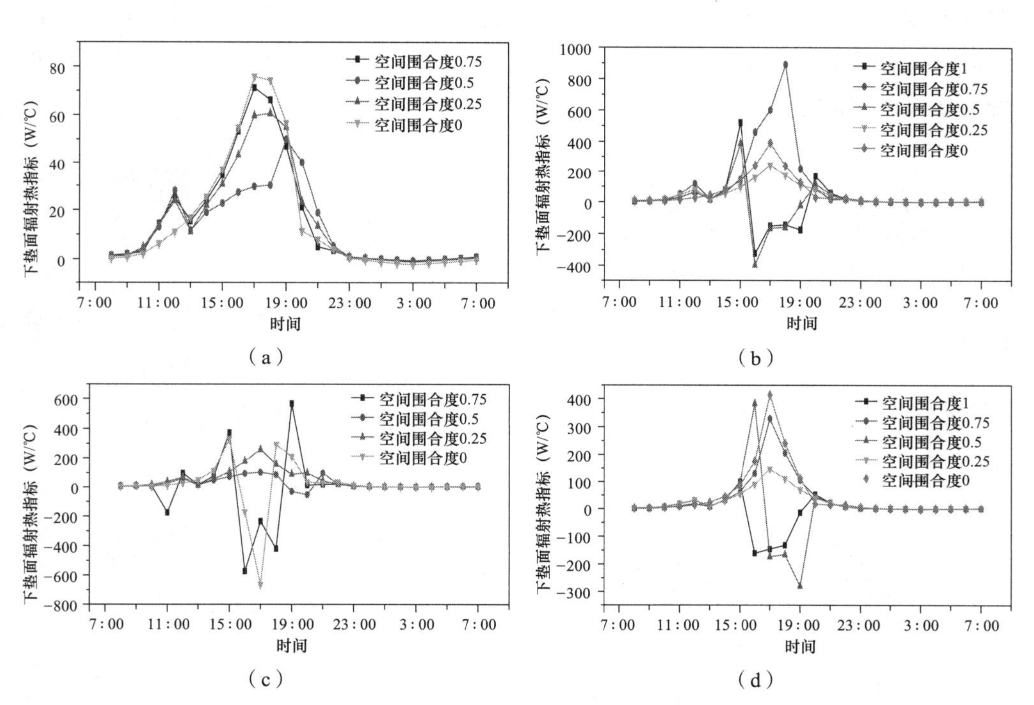

图 7-23　不同建筑空间围合度下不同下垫面逐时辐射热指标变化趋势图

（a）草地下垫面；（b）混凝土下垫面；（c）铺面砖下垫面；（d）沥青下垫面

通过分析表 7-19 发现不同建筑围合空间下的下垫面辐射热作用强度不同。随着建筑空间围合度的增加，草地和铺面砖下垫面的辐射热指标变化趋势一致，呈现先增大，后减小的趋势；混凝土下垫面呈现先减小后增大的趋势。当建筑空间围合度为 0 时，混凝土下垫面辐射热指标最大，为 56.57W/℃，铺面砖下垫面辐射热指标最小，为 −22.29W/℃；当建筑空间围合度为 0.25 时，铺面砖下垫面辐射热指标最大，为 48.37W/℃；当建筑空间围合度为 0.5 时，沥青下垫面辐射热指标最大，为 134.07W/℃；当建筑空间围合度为 0.75 时，混凝土下垫面辐射热指标最小，为 −20.78W/℃；当建筑空间围合度为 1 时，沥青下垫面辐射热指标最小，为 −64.68W/℃。

分析图 7-23 可以明显发现，围合度对不同下垫面的辐射热作用影响不同。4 种下垫面相比，对铺面砖下垫面影响较小。草地辐射热作用单向变化，以吸收热量为主，而混凝土和沥青下垫面存在显著的吸放热趋势的变化。

图 7-24 为不同建筑空间围合度下不同下垫面逐时空气温度、空气湿度变化趋势图。从图 7-24 中可以看出不同建筑空间围合度下不同下垫面的辐射热指标不同，且所对应的空气温度、空气湿度也不同。白天下垫面的辐射热指标、空气温度、湿度变化趋势大，夜晚变化趋势平缓。17∶00 左右，下垫面辐射热指标达到最大值；而空气温度则在 15∶00 左右达到最大值，空气湿度达到最小值。比较温湿度的变化规律，在不同围合度下，相对湿度的差异强于气温，特别是在夜间到清晨时间段内，4 种下垫面具有同样的规律。对气温而言，围合度对混凝土和沥青下垫面的影响较大。

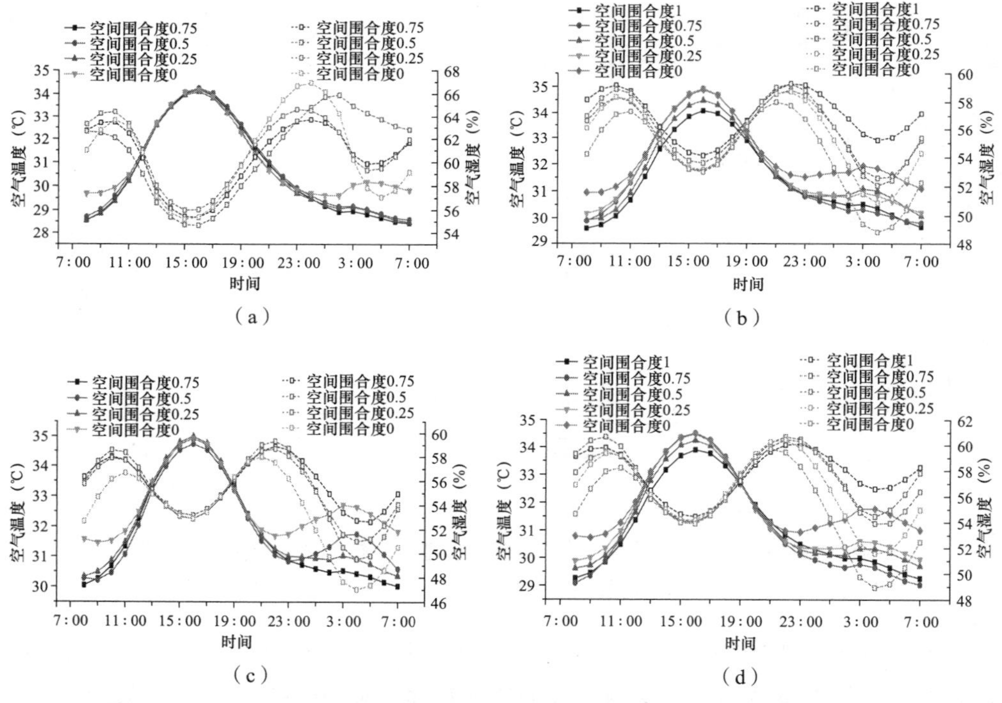

图 7-24　不同建筑空间围合度下不同下垫面逐时空气温度、湿度变化趋势图

（a）草地下垫面；（b）混凝土下垫面；（c）铺面砖下垫面；（d）沥青下垫面

综上分析，建筑的空间组合方式，即建筑的空间围合度，会对城市辐射热作用产生显著影响，且对不同类型下垫面的辐射场产生不同的影响，进而导致其对近地微气候产生不同的热影响。

参考文献

[1] Wu Z, Ren Y, Chen L. Evaluating urban geometry impacts on incident solar radiation on building envelopes[J]. Environmental Modeling&Assessment, 2021, 26(1): 113-123.

[2] Yuan F, Bauer M E. Comparison of impervious surface area and normalized difference vegetation index as indicators of surface urban heat island effects in Landsat imagery[J]. Remote Sensing of Environment, 2007, 106(3): 375-386.

[3] Ferrari A, Kubilay A, Derome D, et al. The use of permeable and reflective pavements as a potential strategy for urban heat island mitigation[J]. Urban Climate, 2020, 31: 100534.

[4] L. Doulos, M. Santamouris, I. Livada. Passive cooling of outdoor urban spaces. The role of materials[J]. Solar Energy, 77(2004): 231-249.

[5] Santamouris M, Gaitani N, Spanou A, et al. Using cool paving materials to improve microclimate of urban areas–Design realization and results of the flisvos project[J]. Building and Environment, 2012, 53: 128-136.

[6] Santamouris M. Cooling the cities–a review of reflective and green roof mitigation technologies to fight heat island and improve comfort in urban environments[J]. Solar energy, 2014, 103: 682-703.

[7] Sailor D J. Simulated urban climate response to modifications in surface albedo and vegetative cover[J]. Journal of Applied Meteorology and Climatology, 1995, 34(7): 1694-1704.

[8] 张新，孔永健，关彦斌. 沥青路面对城市大气受热的影响分析［J］. 金陵科技学院学报，2006，22(2)：16-18.

[9] 林波荣. 绿化对室外热环境影响的研究［D］. 北京：清华大学，2004.

[10] 刘大龙，贾晓伟，杨竞立，等. 城市辐射场模拟性能对比分析［J］. 清华大学学报（自然科学版），2019，59(03)：243-248.

[11] Cui Y P, Liu J Y, Hu Y F, et al. Modeling the radiation balance of different urban underlying surfaces[J]. Chinese Science Bulletin, 2012, 57(9): 1046-1054.

[12] Akbari H, Rose L S, Taha H. Characterizing the fabric of the urban environment: A case study of Sacramento, California[R]. Ernest Orlando Lawrence Berkeley National Lab., CA (US), 1999.

[13] Christen A, Vogt R. Energy and radiation balance of a central European city[J]. International Journal of Climatology: A Journal of the Royal Meteorological Society, 2004, 24(11): 1395-1421.

[14] 史一丛，陈海山，高楚杰，等. 土壤湿度初始异常对东亚区域气候模拟的影响［J］. 第

32届中国气象学会年会&我国气候模式发展与评估，气候模式预测技术，2015.

[15] 王磊，方修睦. 环境空气综合温度研究[J]. 煤气与热力，2019，39(7)：28-32.

[16] 商萍君，陈志，胡汪洋，等. 太阳辐射下建筑外墙墙面材料隔热性能的实验研究[J]. 制冷，2003，22(4)：1-5.

[17] 徐斌. Building Energy软件开发及建筑围护结构辐射特性的优化研究[D]. 合肥：中国科学技术大学，2012.

[18] 冉茂宇. 建筑外表涂层降温热衰减计算及其热工性能评价[J]. 建筑科学，2019，12.

[19] 王夕伟. 建筑墙体朝向及外表面吸收率对延迟时间和衰减系数的影响[J]. 交通节能与环保，2010(2)：37-39.

[20] Murshed S M, Simons A, Lindsay A, et al, Evaluation of two solar radiation algorithms on 3D city models for calculating photovoltaic potential[C]//GISTAM. 2018: 296-303.

[21] 李英，王玉卓. 建筑非透明外墙面材料热工性能研究[J]. 建筑技术，2009，40(1)：38-41.

[22] Hoelscher M T, Nehls T, Jänicke B, et al. Quantifying cooling effects of facade greening: Shading, transpiration and insulation[J]. Energy and Buildings, 2016, 114: 283-290.

[23] 苏艳艳. 建筑外饰面材料的太阳辐射性能对建筑节能的影响[J]. 江西建材，2015，6：14-15.

[24] 李彤. 基于太阳热辐射的建筑形体生成研究[D]. 南京：南京大学，2016.

[25] 梁永福. 住宅小区热辐射环境对局地微气候适应性的影响研究[D]. 广州：广东工业大学，2015.

[26] 区燕琼. 建筑外墙面热辐射性能对室外温度场的影响[D]. 广州：华南理工大学，2010.

[27] 赵辉辉. 城市建筑围合空间中复杂辐射场的分布规律[D]. 西安：西安建筑科技大学，2018.

[28] Ferreira M J, de Oliveira A P, Soares J, et al. Radiation balance at the surface in the city of São Paulo, Brazil: diurnal and seasonal variations[J]. Theoretical and applied climatology, 2012, 107(1): 229-246.

[29] 贾晓伟. 城市下垫面对室外辐射场及热环境的影响[D]. 西安：西安建筑科技大学，2019.

[30] 王成刚，孙鉴泞，蒋维楣. 南京地区不同季节水泥下垫面辐射特征的对比分析[J]. 太阳能学报，2008(7)：856-861.

[31] 李宏毅，肖子牛，朱玉祥. 藏东南地区草地下垫面湍流通量和辐射平衡各分量的变化特征[J]. 高原气象，2018，37(4)：923-935.

[32] Ganlin Z, Yaohui L I, Xuying S U N, et al. Characteristics of surface energy fluxes over different types of underlying surfaces in North China[J]. Journal of Arid Meteorology, 2019, 37(4): 577.

[33] Li Z, Zhao Y, Luo Y, et al. A comparative study on the surface radiation characteristics of

photovoltaic power plant in the Gobi desert[J]. Renewable Energy, 2022, 182: 764-771.

[34] Makshtas A, Makhotina I, Kustov V, et al. Energy exchange between surface and atmosphere on the Severnaya Zemlya archipelago in 2013-2019 years[C]//EGU General Assembly Conference Abstracts. 2020: 8027.

[35] 杨佳希，李振朝，韦志刚，等. 稀疏植被地表分光辐射及其反照率特征研究[J]. 太阳能学报，2017，38(3)：852-859.

[36] Chi Q, Zhou S, Wang L, et al. Exploring on the eco-climatic effects of land use changes in the influence area of the Yellow River Basin from 2000 to 2015[J]. Land, 2021, 10(6): 601.

[37] 郭建茂，于强，王连喜，等. 宁南地区地表特征参数及辐射平衡区域分布[J]. 地理研究，2007，26(6).

[38] 李国栋，邹国防，张俊华，等. 兰州夏季城市气候效应和建筑热环境耦合模拟[J]. 干旱区研究，2016，33(5)：952-960. DOI：10. 13866/j. azr. 2016.5.6.

[39] Cueto R G, Soto N S, Rincón Z H, et al. Parameterization of net radiation in an arid city of northwestern Mexico[J]. Atmósfera, 2015, 28(2): 71-82.

[40] 刘京，姜安玺，王琨. 城市局地－建筑耦合气候评价模型的开发应用[J]. 哈尔滨工业大学学报，2006，38(1)：38-40.

[41] 曾利悦. 建筑空调负荷与城市气候耦合模型研究[D]. 重庆：重庆大学，2019.

[42] 刘登伦. CTTC模型的实验验证与研究[D]. 广州：华南理工大学，2013.

[43] Miller C, Thomas D, Kämpf J, et al. Long wave radiation exchange for urban scale modelling within a cosimulation environment[C]//Proceedings of International Conference CISBAT 2015 Future Buildings and Districts Sustainability from Nano to Urban Scale. LESO-PB, EPFL, 2015 (CONF): 871-876.

[44] Vallati A, Mauri L, Colucci C, et al. Effects of radiative exchange in an urban canyon on building surfaces' loads and temperatures[J]. Energy and Buildings, 2017, 149: 260-271.

[45] Song B G, Park K H, Jung S G. Validation of ENVI-met model with in situ measurements considering spatial characteristics of land use types[J]. Journal of the Korean Association of Geographic Information Studies, 2014, 17(2): 156-172.

[46] Matzarakis A, Rutz F, Mayer H. Modelling radiation fluxes in simple and complex environments—application of the RayMan model[J]. International Journal of Biometeorology, 2007, 51(4): 323-334.

[47] Lindberg F, Thorsson S. SOLWEIG–the new model for calculating the mean radiant temperature[C]//The Seventh International Conference on Urban Climate. 2009, 29.

[48] 吉沃尼. 人·气候·建筑[M]. 北京：中国建筑工业出版社，1982.

[49] 皇甫昊. 室外热环境因素对人体热舒适的影响[D]. 长沙：中南大学，2014.

[50] 刘大龙，宋庆雨，刘加平. 复杂辐射场对城市微气候的影响[J]. 暖通空调，2021. 51

（1）：23-28.
[51] Akshay K N M. Analysis of short and long wave radiation over Bengaluru[J]. Mapana Journal of Sciences, 2016, 15(1): 47.
[52] Wang J, Feng J, Yan Z, et al. Nested high-resolution modeling of the impact of urbanization on regional climate in three vast urban agglomerations in China[J]. Journal of Geophysical Research: Atmospheres, 2012, 117(D21).
[53] Yuan X, Hamdi R, Ochege F U, et al. Assessment of surface roughness and fractional vegetation coverage in the CoLM for modeling regional land surface temperature[J]. Agricultural and Forest Meteorology, 2021, 303: 108390.
[54] Yi L, Qiulin L, Kun Y, et al. Thermodynamic analysis of air-ground and water-ground energy exchange process in urban space at micro scale[J]. Science of the Total Environment, 2019, 694: 133612.
[55] 潘留仙. 热辐射和热辐射不可逆性的研究［J］. 城市学刊，1993（6）.
[56] 寿亦萱，张大林. 城市热岛效应的研究进展与展望［J］. 气象学报，2012，70（3）：338-353.
[57] Lemonsu A，Grimmond C S B，Masson V，Modeling the surface energy balance of the core of an old Mediterranean city: Marseille[J]. Journal of Applied Meteorology and Climatology，2004，43(2): 312-327.
[58] 徐新良，乔治，田光进，等，城市热环境：格局－机理－模拟［M］. 北京：科学技术文献出版社，2015.
[59] 阿瑟·H·罗森菲尔德，约瑟夫·J·罗姆，哈斯姆·阿克巴里，等. 为城市涂上白色和绿色［J］. 中国环境管理，1999，2（1）：31-33.
[60] Akbari H. Measured energy savings from the application of reflective roofs in two small non-residential buildings[J]. Energy, 2001: 953-967.
[61] Bansal N K. Effect of exterior surface color on the thermal performance of building[J]. Building and Environment, 1992, 27(1): 31-37.
[62] Terjung W H, Louie S. A climatic model of urban energy budgets[J]. Geographical Analysis. 1977 (4): 341–367.
[63] Kobayashi T, Takamura T. Upward longwave radiation from a non-black urban canopy[J]. Boundary-Layer Meteorology, 1994, 69(1-2): 201-213.
[64] Asawa T, Hoyano A, Nakaohkubo K. Thermal design tool for outdoor spaces based on heat balance simulation using a 3D-CAD system[J]. Building & Environment, 2008, 43(12): 2112-2123.
[65] 蒋福建，李峥嵘，赵群，等. 遮阳翻板-围护结构间的长波辐射换热数值分析［J］. 太阳能学报，2016，37（3）：690-696.

[66] BlancoI, SchettiniE, VoxG. Effects of vertical green technology on building surface temperature[J]. Urban Agriculture and City Sustainability, 2019: 37.

[67] 吕明，彭诚，吴建青，等. 建筑围护材料表面辐射特性及建筑节能[J]. 新型建筑材料，2013(11)：63-67.

[68] Allegrini J, Dorer V, Carmeliet J. Impact of radiation exchange between buildings in urban street canyons on space cooling demands of buildings[J]. Energy and Buildings, 2016, 127: 1074-1084.

[69] Black J N. The distribution of solar radiation over the earth's surface[J], Archiv fur Meteorologie, Geophysik, und Bioklimatologie Serie A Meteorologie und Geophysik 1956, 7: 165-189.

[70] Fariba Besharat, Ali A. Dehghan, Ahmad R. Faghih, Empirical models for estimating global solar radiation: A review and case study[J]. Renewable and Sustainable Energy Reviews, 2013, 21: 798-821

[71] Ångstrőm A. Solar and terrestrial radiation[J]. Quarterly Journal of Royal Meteorological Society, 1924, 50: 121-125.

[72] 孙治安，施俊荣，翁笃鸣. 中国太阳总辐射气候计算方法的进一步研究[J]. 南京气象学院学报，1992，15(2)：21-28.

[73] 高国栋，陆瑜蓉. 中国地表面辐射平衡与热量平衡[M]. 北京：科学出版社，1982.

[74] Soler A. Monthly specific Rietveld's correlations[J]. Solar and Wind Technology, 1990, 7: 305-312

[75] 鞠晓慧，屠其璞，李庆祥. 我国太阳总辐射气候学计算方法的再讨论[J]. 南京气象学院学报，2005，28(4)：516-521.

[76] Rietveld M.. A new method for estimating the regression coefficients in the formula relating solar radiation to sunshine[J]. Agricultural Meteorology, 1978, 19: 243-252.

[77] Zabara K.. Estimation of the global solar radiation in Greece[J]. Solar and Wind Technology, 1986, 3(4): 267-272.

[78] Prescott JA.. Evaporation from water surface in relation to solar radiation[J]. Transactions of the Royal Society of Australia, 1940, 46: 114-121.

[79] 王炳忠. 我国的太阳能资源及其计算[J]. 太阳能学报，1980，1(1)：1-9.

[80] Newland F J.. A study of solar radiation models for the coastal region of South China[J]. Solar Energy, 1988, 31: 227-235.

[81] Bakirci K.. Correlations for estimation of daily global solar radiation with hours of bright sunshine in Turkey[J]. Energy, 2009, 34: 485-501.

[82] Ogelman H., Ecevit A., Tasdemiroglu E.. A new method for estimating solar radiation from bright sunshine data[J]. Solar Energy, 1984, 33: 619-625.

[83] Bahel V., Bakhsh H., Srinivasan R.. A correlation for estimation of global solar radiation[J].

Energy, 1987, 12: 131-135.

[84] 刘大龙. 区域气候预测与建筑能耗演化规律研究 [D]. 西安：西安建筑科技大学，2010.

[85] Hargreaves G H., Samani Z A.. Estimating potential evapotranspiration[J]. Journal of Irrigation and Drainage Engineering, 1982, 108(IR3): 223-230.

[86] Allen R.. Evaluation of procedures of estimating mean monthly solar radiation from air temperature[R]. Rome: FAO, 1995.

[87] Annandale J G., Jovanic N Z., Benade N., etc. Software for missing data error analysis of Penman-Monteith reference evapotranspiration[J]. Irrigation Science, 2002, 21: 57-67.

[88] Bristow KL., Campbell GS.. On the relationship between incoming solar radiation and daily maximum and minimum temperature[J]. Agricultural and Forest Meteorology, 1984, 31: 159-166.

[89] Meza F., Varas E.. Estimation of mean monthly solar global radiation as a function of temperature[J]. Agric. For Meteorol., 2000, 100: 231-241.

[90] Chen R, Ersi K, Yang J, et al.. Validation of five global radiation models with measured daily data in China[J]. Energy Conversion and Management, 2004, 45: 17, 59-69.

[91] Gariepy J. Estimation of global solar radiation[R]. International report, Service of meteorology, Government of Quebec, Canada. 1980.

[92] 曹雯，申双和. 我国太阳日总辐射计算方法的研究 [J]. 南京气象学院学报，2008，31（4）：587-591.

[93] Swartman R K, Ogunlade O.. Solar radiation estimates from common parameters[J]. Solar Energy, 1967, 11: 170-172.

[94] De Jong R, Stewart D W.. Estimating global solar radiation from common meteorological observations in western Canada[J]. Canadian Journal of Plant Science, 1993, 73: 509-518.

[95] Supit I, Van Kappel R R.. A simple method to estimate global radiation[J]. Solar Energy, 1998, 63: 147-160.

[96] Abdalla Y A G.. New correlation of global solar radiation with meteorological parameters for Bahrain[J]. International Journal of Solar Energy, 1994, 16: 111-120.

[97] Ojosu J O, Komolafe L K.. Models for estimating solar radiation availability in south western Nigeria[J]. Nigerian Journal of Solar Energy, 1987, 6: 69-77.

[98] 李新，程国栋，卢玲. 空间内插方法比较 [J]. 地球科学进展，2000，15（3）：260-264.

[99] 乌仔伦，刘瑜，张晶，等. 地理信息系统原理方法和应用 [M]. 北京：科学出版社，2001.

[100] Goovaerts P.. Geostatistics for Natural Resource Evaluation[M]. New York: Oxford University Press, 1997.

[101] Nalder I A., Wein R W.. Spatial interpolation of climate normals: test of a new method in the

Canadian boreal forest[J]. Agric. For Meteorol., 1998, 92: 211-225.

[102] Journel, A. G., Huijbregts, C. J.. Mining Geostatistics [M]. London: Academic Press, 1978.

[103] 樊天锁，芮兵. 样条插值的MATLAB实现 [J]. 佳木斯大学学报（自然科学版），2011，29(2)：238-210.

[104] Bi C X, Geng L, Zhang X Z. Cubic spline interpolation-based time-domain equivalent source method for modeling transient acoustic radiation[J]. Journal of Sound and Vibration, 2013, 332: 5939-5952.

[105] 郑小波，罗宇翔，于飞. 西南复杂山地农业气候要素空间插值方法比较 [J]. 中国农业气象，2008，29(4)：458-462.

[106] Dozier J , Frew J.. Rapid calculation of terrain parameters for radiation modeling from digital elevati-on data [J]. IEEE Transaction on Geo-science and Remote Sensing , 1990 , 28 (5) : 963-969.

[107] 傅抱璞，虞静明，卢其尧. 山地气候资源与开发利用 [M]. 南京：南京大学出版社，1996. 8-39.

[108] 翁笃鸣. 中国辐射气候 [M]. 北京：气象出版社，1997：250-278.

[109] 李占清，翁笃鸣. 丘陵山地总辐射的计算模式 [J]. 气象学报，1988，46(4)：461-468.

[110] 李新，程国栋，陈贤章，等. 任意地形条件下太阳辐射模型的改进 [J]. 科学通报，1995，44(9)：993-998.

[111] 杨昕，汤国安，王雷. 基于DEM的山地总辐射模型及实现 [J]. 地理与地理信息科学，2004，20(5)：41-44.

[112] 祝昌汉. 我国直接辐射的计算方法及分布特征 [J]. 太阳能学报. 1985，6(01)：1-11.

[113] 翁笃鸣. 中国太阳直接辐射的气候计算及其分布特征 [J]. 太阳能学报. 1986，7(2)：121-130.

[114] 高国栋，陆渝蓉. 我国辐射平衡各分量计算方法及时空分布的研究(2)：太阳辐射各分量 [J]. 南京大学学报（自然科学版），1978，2(2)：83-99.

[115] Mghouchi Y E, Ajzoul T, Bouardi A E. Prediction of daily solar radiation intensity by day of the year in twenty-four cities of Morocco[J]. Renewable & Sustainable Energy Reviews, 2016, 53(C): 823-831.

[116] Liu B Y H. The long-term average performance of flat-plate solar-energy collectors: With design data for the U. S. its outlying possessions and Canada[J]. Solar Energy, 1963, 7(2): 53-74.

[117] Reindl D T, Beckman W A, Duffie J A. Evaluation of hourly tilted surface radiation models[J]. Solar Energy, 1990, 45(1): 9-17.

[118] Skartveit A, Olseth J A. Modelling slope irradiance at high latitudes[J]. Solar Energy, 1986,

36(4): 333-344.

[119] Klucher T M. Evaluation of models to predict insolation on tilted surfaces[J]. Solar Energy, 1979, 23(2): 111-114.

[120] 姜盈霓，程小军，刘静．日太阳散射辐射月均值的估算[J]．可再生能源，2008，26（05）：8-12.

[121] 王炳忠，张纬敏．中国大陆散射日射与总日射和地外日射的关系[J]．太阳能学报，1994（3）：201-208.

[122] Benson R B, Paris M V, Sherry J E, et al. Estimation of daily and monthly direct, diffuse and global solar radiation from sunshine duration measurements[J]. Solar Energy, 1984, 32(4): 523-535.

[123] Zhang J, Zhao L, Deng S, et al. A critical review of the models used to estimate solar radiation[J]. Renewable & Sustainable Energy Reviews, 2017, 70: 314-329.

[124] Besharat F, Dehghan A A, Faghih A R. Empirical models for estimating global solar radiation: A review and case study[J]. Renewable & Sustainable Energy Reviews, 2013, 21(21): 798-821.

[125] 高国栋．气象学基础[M]．南京：南京大学出版社，1990.

[126] Klein S A. Calculation of monthly average insolation on tilted surfaces[J]. Solar Energy, 1976, 19(4): 325-329.

[127] Hay J E. Calculating solar radiation for inclined surfaces: Practical approaches[J]. Renewable Energy, 1993, 3(4-5): 373-380.

[128] Hay J E. Calculation of monthly mean solar radiation for horizontal and inclined surfaces[J]. Solar Energy, 1979, 23(4): 301-307.

[129] Perez R, Stewart R, Arbogast C, et al. An anisotropic hourly diffuse radiation model for sloping surfaces: Description, performance validation, site dependency evaluation[J]. Solar Energy, 1986, 36(6): 481-497.

[130] 杨金焕，毛家俊，陈中华．不同方位倾斜面上太阳辐射量及最佳倾角的计算[J]．上海交通大学学报，2002（7）：1032-1036.

[131] Jain P C. Modelling of the diffuse radiation in environment conscious architecture: The problem and its management[J]. Solar & Wind Technology, 1989, 6(4): 493-500.

[132] 章熙民，任泽霈，梅飞鸣．传热学[M]．北京：中国建筑工业出版社，2007：226-245.

[133] 杨贤荣，马庆芳，原庚新，等．辐射换热角系数手册[M]．北京：国防工业出版社，1982.

[134] 白心爱．辐射换热角系数的计算[J]．红外，2008，29（8）：30-33.

[135] 郑德晓．辐射空调房间的角系数研究[D]．长沙：湖南大学，2016：25-31.

[136] 胡健．多壁面辐射板与围护结构及人体间的角系数研究[D]．长沙：湖南大学，2017：

50-51.

[137] Lin T P, Tsai K T, Hwang R L, et al. Quantification of the effect of thermal indices and sky view factor on park attendance[J]. Landscape and Urban Planning, 2012, 107(2): 137-146.

[138] Grimmond C S B, Potter S K, Zutter H N, et al. Rapid methods to estimate sky-view factors applied to urban areas[J]. International Journal of Climatology, 2001, 21(7): 903-913.

[139] Cristina S, Polo L, Mariaemma S, et al. Solar radiation and daylighting assessment using the Sky-view Factor (SVF) analysis as method to evaluate urban planning densification policies impacts[J]. Energy Procedia, 2016, 91: 989-996.

[140] 文小航．中国大陆太阳辐射及其与气象要素关系的研究［D］．兰州：兰州大学，2008.

[141] 中国气象局．气象辐射观测方法［M］．北京：气象出版社，1996.

[142] 杨善勤．民用建筑节能设计手册［M］．北京：中国建筑工业出版社，2014.

[143] 刘加平．建筑物理［M］．第4版．北京：中国建筑工业出版社，2009.

[144] 中华人民共和国住房和城乡建设部．民用建筑热工设计规范：GB 50176—2016［S］．北京：中国建筑工业出版社，2016.

[145] 杨世铭，陶文铨．传热学［M］．北京：高等教育出版社，2006，412-433.

[146] 刘加平．关于室外综合温度［J］．西安建筑科技大学学报（自然科学版），1993（2）：175-178.

[147] 彦启森，等．建筑热过程［M］．北京：中国建筑工业出版社，1986.

[148] LIU B Y H, JORDANRC. The interrelationship and characteristic distribution of direct, diffuse and total solar radiation［J］. Solar Energy, 1960, 4(3) : 119.

[149] 张晴原，JoeHuang. 中国建筑用标准气象数据库（含光盘）［M］. 北京：机械工业出版社，2004.

[150] Huttner S. Further development and application of the 3D microclimate simulation ENVI-met[J]. Mainz: Johannes Gutenberg-Universitat in Mainz, 2012, 147.

[151] Matzarakis A, Rutz F. Application of the Ray Man model in urban environments[J]. Freiburg: Meteorological Institute, University of Freiburg, 2010.

[152] Hammerberg K, Mahdavi A. GIS-based simulation of solar radiation in urban environments[J]. eWork and eBusiness in Architecture, Engineering and Construction: ECPPM 2014, 2014: 243.

[153] Lindberg F, Grimmond C S B. The influence of vegetation and building morphology on shadow patterns and mean radiant temperatures in urban areas: model development and evaluation[J]. Theoretical and Applied Climatology, 2011, 105(3-4): 311-323.

[154] 陶苏林，戚易明，申双和．中国1981～2014年太阳总辐射的时空变化［J］．干旱区资源与环境，2016，30（11）：143-147.

[155] 周淑贞，邵建民．上海城市对太阳辐射的影响［J］．地理学报，1987（4）：319-327.

[156] 王炳忠．太阳辐射测量仪器的分级［J］．太阳能，2011（15）：20-23 + 17.

［157］江苏省无线电科学研究所有限公司，中国气象局气象探测中心．长波辐射表：中华人民共和国国家质量监督检验检疫总局；中国国家标准化管理委员会，2017：28.

［158］程艳艳．山东半岛，中原与关中三城市群城市化比较研究［D］．开封：河南大学，2008.

［159］刘宇峰，原志华，孔伟．1993—2012年西安城区城市热岛效应强度变化趋势及影响因素分析［J］．自然资源学报，2015(6)：12.

［160］Xia L I U, Chunlin W, Yuanshu J, et al. Study on annual variation and simulation of temperature in four urban underlying surfaces[J]. Journal of Tropical Meteorology, 2011, 27(3): 373-378.

［161］王咏薇，蒋维楣，季崇萍．土地利用变化对城市气象环境影响的数值研究［J］．南京大学学报(自然科学版)，2006(6)：562-581.

［162］徐永明，刘勇洪．基于TM影像的北京市热环境及其与不透水面的关系研究［J］．生态环境学报，2013，22(4)：639-643.

［163］YANG Xinyan, LI Yuguo. The impact of building density and building height heterogeneity on average urban albedo and street surface temperature[J]. Building and Environment, 2015, 90: 146-156.

［164］聂雨．寒冷地区居住区夏季热环境及规划设计研究［D］．西安：西安建筑科技大学，2004.

［165］宇田川光弘，近藤靖史，秋元孝之，等．建筑环境工程学——热环境与空气环境［M］．陶新中，译．北京：中国建筑工业出版社，2016.

［166］SUN Yuming, Augenbroe G. Urban heat island effect on energy application studies of office buildings[J]. Energy and Buildings, 2014, 77: 171-179.

［167］叶琪．太阳能—土壤源热泵系统优化［D］．哈尔滨：哈尔滨工业大学，2008.

［168］侯国庆．普通窗户玻璃与贴太阳膜玻璃能耗的理论分析与实验研究［D］．长沙：湖南大学，2008.

［169］田智华．建筑遮阳性能的实验检测技术研究［D］．重庆：重庆大学，2005.

［170］陈顺超．混凝土矩形空心墩温度作用及竖向开裂问题研究［D］．西安：长安大学，2015.

［171］埃维特·埃雷尔，戴维·珀尔穆特，特里·威廉森．城市小气候——建筑之间的空间设计［M］．叶齐茂，倪晓辉，译．北京：中国建筑工业出版社，2014.

［172］王大鹏，傅智，房建宏，等．太阳辐射对青藏高原不同路面类型表面热状况及其下伏多年冻土的影响［J］．公路交通科技，2008，25(3)：38-43.

［173］董海荣，祁少明．建筑外饰面材料太阳辐射吸收性能对建筑物耗热量的影响［J］．建筑技术，2012，43(8)：752-754.

［174］张建荣，徐向东，刘文燕．混凝土表面太阳辐射吸收系数测试研究［J］．建筑科学，2006(1)：42-45.

［175］董海荣，祁少明，麻建锁．涂料外饰面的太阳辐射吸收性能测试方法分析［J］．太阳能学报，2012，33（9）：1600-1603.

［176］Yang Y, Zhou Y, Wang T. Preparation of optically active polyurethane/TiO_2/MnO_2 multilayered nanorods for low infrared emissivity[J]. Materials Letters, 2014, 133: 269-273.

［177］Liu J, Xu Q, Shi F, et al. Dispersion of $Cs_{0.33}WO_3$ particles for preparing its coatings with higher near infrared shielding properties[J]. Applied Surface Science, 2014, 309: 175-180.

［178］Al Bosta M M S, Ma K J. Influence of electrolyte temperature on properties and infrared emissivity of MAO ceramic coating on 6061 aluminum alloy[J]. Infrared Physics & Technology, 2014, 67: 63-72.

［179］Song J, Qin J, Qu J, et al. The effects of particle size distribution on the optical properties of titanium dioxide rutile pigments and their applications in cool non-white coatings[J]. Solar Energy Materials and Solar Cells, 2014, 130: 42-50.

［180］方小凯，吴运龙，孙亚红，等．基于地物发射率的城市热环境分析［J］．城市环境与城市生态，2016，29（1）：1-6.

［181］徐冰洁，陈琦，刘鹏飞，等．高发射率红外辐射材料的研究进展［J］．功能材料，2018，49（12）.

［182］Stazi F, Tomassoni E, Bonfigli C, et al. Energy, comfort and environmental assessment of different building envelope techniques in a Mediterranean climate with a hot dry summer[J]. Applied Energy, 2014, 134: 176-196.

［183］Ramadan M, Khaled M, El Hage H, et al. Effect of air temperature non-uniformity on water–air heat exchanger thermal performance–Toward innovative control approach for energy consumption reduction[J]. Applied Energy, 2016, 173: 481-493.

［184］Vernon H M. The measurement of radiant heat in relation to human comfort[J]. Journal of Industrial Hygiene, 1932, 14: 95-111.

［185］庄晓林，段玉侠，金荷仙．城市风景园林小气候研究进展［J］．中国园林，2017，33（4）：23-28.

［186］PAG J K. Application of building climatology to the problems of housing and building for human settlements [M]. Geneva: WMO, 1976: 5.

［187］Tsoka S. Investigating the relationship between urban spaces morphology and local microclimate: A study for Thessaloniki[J]. Procedia Environmental Sciences, 2017, 38: 674-681.

［188］彭翀，张晨，耿虹．景观下垫面对夏季微气候的影响及优化策略研究——以河北省隆尧县为例［J］．中国园林，2017，33（10）：79-84.